Walter Holzapfel

Dächer

Erweiterter Wissen für Sachverständige und Baufachleute

AF706276

Walter Holzapfel

Dächer

Erweitertes Wissen für Sachverständige und Baufachleute

2., aktualisierte Auflage

Fraunhofer IRB Verlag

Bibliografische Information der Deutschen Nationalbibliothek:
Die Deutsche Nationalbibliothek verzeichnet diese Publikation in der Deutschen Nationalbibliografie; detaillierte bibliografische Daten sind im Internet über www.dnb.de abrufbar.

ISBN (Print): 978-3-8167-8817-1
ISBN (E-Book): 978-3-8167-8818-8

Herstellung: Tim Oliver Pohl
Layout: Sonja Frank
Umschlaggestaltung: Martin Kjer
Satz: Dörr + Schiller GmbH, Stuttgart
Druck: Druck: BoD – Books on Demand, Norderstedt

Alle Rechte vorbehalten.
Dieses Werk ist einschließlich aller seiner Teile urheberrechtlich geschützt. Jede Verwertung, die über die engen Grenzen des Urheberrechtsgesetzes hinausgeht, ist ohne schriftliche Zustimmung des Fraunhofer IRB Verlages unzulässig und strafbar. Dies gilt insbesondere für Vervielfältigungen, Übersetzungen, Mikroverfilmungen sowie die Speicherung in elektronischen Systemen.
Die Wiedergabe von Warenbezeichnungen und Handelsnamen in diesem Buch berechtigt nicht zu der Annahme, dass solche Bezeichnungen im Sinne der Warenzeichen- und Markenschutz-Gesetzgebung als frei zu betrachten wären und deshalb von jedermann benutzt werden dürften.
Sollte in diesem Werk direkt oder indirekt auf Gesetze, Vorschriften oder Richtlinien (z. B. DIN, VDI, VDE) Bezug genommen oder aus ihnen zitiert werden, kann der Verlag keine Gewähr für Richtigkeit, Vollständigkeit oder Aktualität übernehmen. Es empfiehlt sich, gegebenenfalls für die eigenen Arbeiten die vollständigen Vorschriften oder Richtlinien in der jeweils gültigen Fassung hinzuzuziehen.

Die hier zitierten Normen sind mit Erlaubnis des DIN Deutsches Institut für Normung e. V. wiedergegeben. Maßgebend für das Anwenden einer Norm ist deren Fassung mit dem neuesten Ausgabedatum, die bei der Beuth Verlag GmbH, Burggrafenstraße 6, 10787 Berlin, erhältlich ist.

© by Fraunhofer IRB Verlag, 2013
Fraunhofer-Informationszentrum Raum und Bau IRB
Nobelstraße 12, 70569 Stuttgart
Telefon +49 7 11 9 70-25 00
Telefax +49 7 11 9 70-25 08
irb@irb.fraunhofer.de
www.baufachinformation.de

Vorwort

»Erweitertes Wissen für den Sachverständigen« – oder, »Wie vermeide ich Fehler« könnte der Titel auch lauten, beide Titel treffen den Kern und das Anliegen dieses Buches.

Anders als in üblichen Veröffentlichungen mit Grundlagenwissen wird hier gezielt auf technische Probleme am und um das Dach eingegangen und es werden Anforderungen aufgezeigt, die in anderen Publikationen nicht zu finden sind: Wetterschutzleistung, Alterung von Bitumenabdichtungen, homogene Verklebung, Dauerhaftigkeit von Kunststoffabdichtungen, Lagesicherheit und Dachverankerung, Türschwellendichtung und wasserabweisender Schnitt. Probleme mit der Luftdichtheit an Dachelementen und Sandwichprofilen werden ebenso beschrieben wie immer wiederkehrende Fehler im Umgang mit Dichtschichten. Ein besonderer Abschnitt ist Solardachkonstruktionen gewidmet. Es werden insbesondere Konstruktionsempfehlungen für die Einbindung in und auf Flach- und Steildächer sowie Hinweise auf konstruktive und handwerkliche Fehler gegeben.

Im zweiten Teil erfährt der sachverständige Leser Details über den Umgang mit Problempunkten und Schäden am Dach, was Allgemeinverbindlichkeit und Zermürbungstaktik bedeuten und in welcher Weise Ursachen von Dachundichtigkeiten aufgespürt werden können; dass es scheinbare und tatsächliche Farbabweichungen gibt und woraus sie entstehen. Schließlich werden nachvollziehbare Verfahren zur Bewertung optischer Unzulänglichkeiten (»Mängel«) aufgezeigt und Hinweise für geeignete und ungeeignete Formulierungen im Gutachten gegeben.

Seit der ersten Auflage 2009 haben sich viele Bauregeln geändert. Diese zweite Auflage wurde daher im Text völlig neu gefasst und erweitert. Möge das reich bebilderte Buch nicht nur der kurzweiligen Information, sondern hin und wieder auch der Kenntniserweiterung dienen.

Walter Holzapfel

im April 2013

Inhaltsverzeichnis

1 Baukonstruktionen vor dem Hintergrund der Schadensmöglichkeiten und Schadenshäufigkeit

1.1 Regensicherheit und Wasserdichtigkeit – Wasserableitung und Wassersperrung

Damit sich Planer, Handwerker und Sachverständige in der täglichen Arbeit richtig und zweifelsfrei verstehen, müssen sie sich einer einheitlichen Terminologie bedienen, die jeden Zweifel ausschließt. Grundlage hierfür sind einheitliche Begriffe und Kennungen, und das Wissen darum, was sie bedeuten.
Einer der am häufigsten missverstandenen Begriffe ist die Regensicherheit, die oft als *»Regendichtigkeit«* oder *»Wetterdichtigkeit«* fehlbezeichnet bzw. fehlverstanden wird: Regensicherheit bedeutet Wasserableitung und dieses wiederum:

- Abfangen lotrecht fallender Niederschläge
- Abführen der Niederschläge auf kurzem Weg zur Dachtraufe
- Wasser und Niederschlag können unter Winddruck, durch Rückstau (Schmutz, Schnee, Eis) oder kapillar eindringen.

Schuppen- und plattenförmige Deckwerkstoffe bewirken Wasserableitung und bei ausreichender Dachneigung Regensicherheit, aber niemals Wasserdichtigkeit: Dachdeckungen können nicht wasserdicht sein, Eindringen von Wasser ist nie auszuschließen.

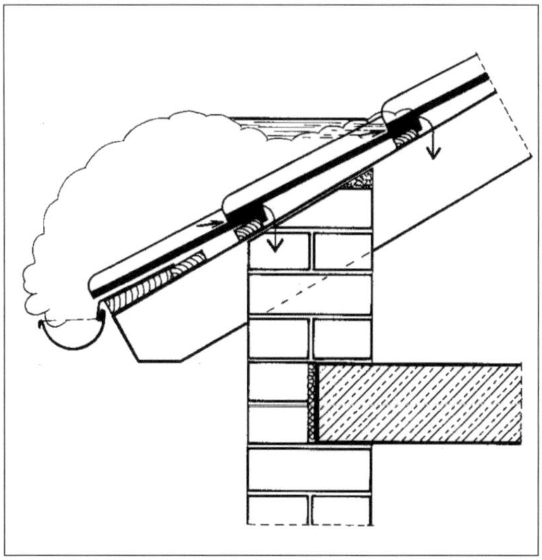

Abb. 1: In Dachdeckungen eindringendes Wasser aus Rückstau, Windeintrieb oder Kapillarität ist möglich und kein Mangel [Quelle: ZVDH].

Grundregel für Dachdeckungen, Abdichtungen und Außenwandbekleidungen

(1) Dachdeckungen müssen regensicher sein. Das wird im Normalfall erreicht, wenn die in den Fachregeln angegebenen werkstoffabhängigen Regeldachneigungen und Werkstoffüberdeckungen eingehalten werden. Bei Unterschreitung der Regeldachneigung müssen zusätzliche Maßnahmen, z. B. Unterdächer, Unterdeckungen, Unterspannungen, geplant und ausgeführt werden.

(2) Durch extreme Witterungseinwirkungen, wie z. B. Treibregen, Flugschnee, Vereisungen und Schneeablagerungen, örtliche Gegebenheiten, klimatische Verhältnisse, steile oder flache Dächer, lange Sparren, Dachverschneidungen etc. kann kurzfristig bzw. vorübergehend Niederschlagsfeuchte unter die Dachdeckung gelangen und zu Durchfeuchtungen der darunterliegenden Räume führen. Derartige Einwirkungen können nur ausgeschlossen werden, wenn zusätzliche Maßnahmen, wie z. B. Unterdächer, Unterdeckungen, Unterspannungen, geplant und ausgeführt werden.

Ein Hinweis für den Leser: Im Buch wird immer wieder auf die Fachregeln des Dachdeckerhandwerks hingewiesen. Zur besseren Auffindbarkeit sind diese Passagen grau hinterlegt.

1.2 Technische Möglichkeiten für das regensichere Dach

Die Regensicherheit einer Dachdeckung hängt von technischen Vorbedingungen, der Art und Form der Deckwerkstoffe und der Art ihrer Verlegung ab. Selbst Fachleuten sind diese Zusammenhänge oft unbekannt oder werden zumindest ignoriert.
Deshalb sind nachfolgend einige wesentliche Grundbegriffe beschrieben.

1.2.1 Wasserführung

a) Dachpfannen und Wellplatten:
Bei allen muldenförmigen Deckwerkstoffen (Dachpfannen und Wellplatten) wird das Niederschlagswasser von den Krempen zur Pfannen(-wellen)mulde und von dort konzentriert in Richtung Dachtraufe geleitet. Die Muldenrinnenableitung hat den Nachteil, dass bei Bruch oder Herausrutschen nur einer Dachpfanne das gesamte Wasser der darüber liegenden Pfannen gesammelt in das Dach geleitet wird.

Abb. 2:
Wasserableitung bei Dachpfannen: Wasser wird in die Wassermulde und von dort zur Traufe geleitet.

b) Dachschiefer und Dachplatten:

Ganz anders bei Schiefer- und Dachplattendeckungen: Abrinnendes Wasser wird nach dem Prinzip des Teekanneneffektes an den Rundrücken der Decksteine gesammelt um konzentriert an den Fersen der Decksteine abzutropfen. Dieses Prinzip der Wasserführung spielt im Bereich von Kehlen und Anschlüssen eine besonders große Rolle, wie noch gezeigt werden wird.

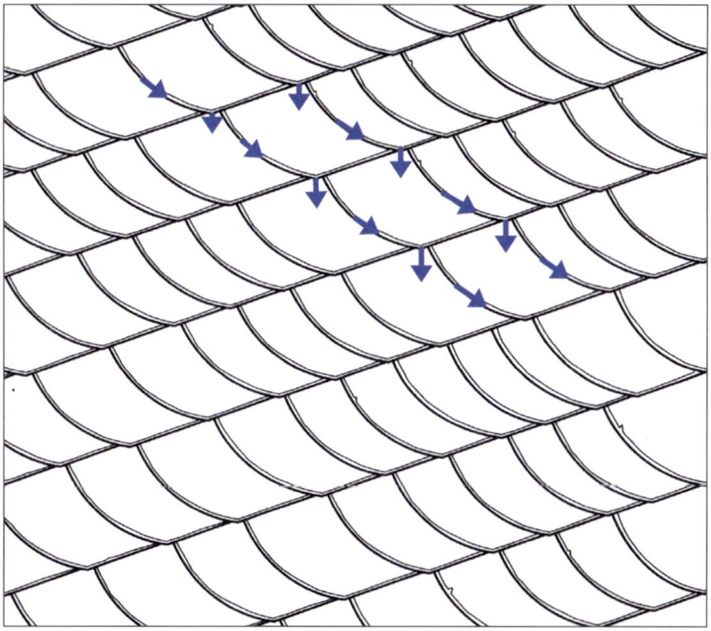

Abb. 3:
Wasserableitung bei Dachschiefer und Dachplatten: Wasser wird an den Rücken der Decksteine zur Plattenferse geleitet und tropft dort ab.

Das besondere Wasserleitprinzip dieser Deckungen bewirkt, dass selbst bei Bruch oder Herausrutschen eines Decksteins aus der Deckung diese noch immer regensicher ist (ausgenommen wenige in die Fehlstelle treffende Regentropfen).

Abb. 4: Doppeldeckungen (Biberschwanzziegel, Rechteckplatten aus Schiefer und Faserzement) [Quelle: ZVDH]

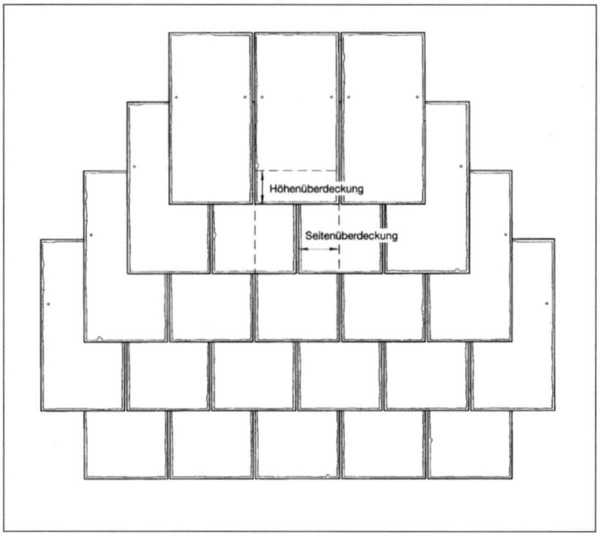

c) Doppeldeckungen:
Senkrechte offene Stoßfugen werden von Platten unterdeckt, die jeweils dritte Deckreihe überdeckt noch die erste Deckreihe. Die Regensicherheit wird von den Überdeckungen der Elemente bestimmt. Bruch einer Platte leitet Regenwasser in die dann offene Langfuge.

1.2.2 Überdeckung und Überlappung

Art, Größe und Ausbildung der Höhen- und Seitenüberdeckung bestimmen maßgeblich das Wetterschutzverhalten der Deckwerkstoffe. Eng liegende Überdeckungen können Wasser kapillar in das Dach fördern, insbesondere bei Deckelementen mit glatten Oberflächen (FZ-Dach- und Wellplatten, Biberdachsteine). Bei Deckelementen mit rauen oder unebenen Oberflächen ist kapillarer Wassereinzug gering (Dachschiefer, Biberschwanzziegel).
Einfache Formen der muldenförmigen Deckwerkstoffe sind nicht verfalzt (Wellplatte, Hohlpfanne) oder besitzen nur seitliche Wasserrillen ((Beton-)Dachstein). Unter Windeinwirkung können Wasser und Schnee sowie Kapillarwasser eindringen, vor allem nach Verstaubung und Verschmutzung der Überlappung. Bei diesen Deckwerkstoffen liegt die Sicherheit gegen das Eindringen von Wasser einzig in der Überlappungsbreite und Überlappungshöhe.

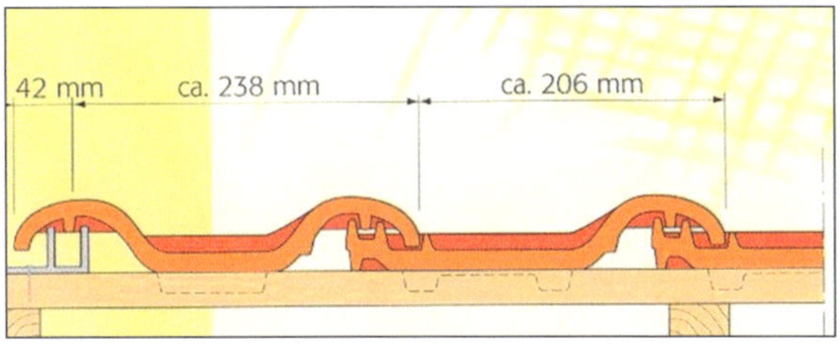

Abb. 5 (li.): Verfalzung der Dachziegel als Sperre gegen Wasserübertritt nach innen [Quelle: Creaton]

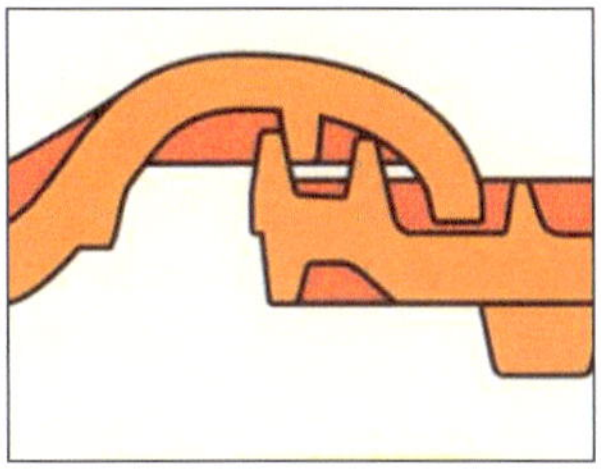

Abb. 6 (re.): Seitenfalz in Detailaufnahme [Quelle: Creaton]

1.2.3 Bedeutung der Verfalzung

Höhere Sicherheit gegen eindringendes Wasser bieten verfalzte Deckwerkstoffe (Dachziegel, Flachdachziegel), insbesondere solche mit mehrfachen (zweifachen/dreifachen) Ringverfalzungen.

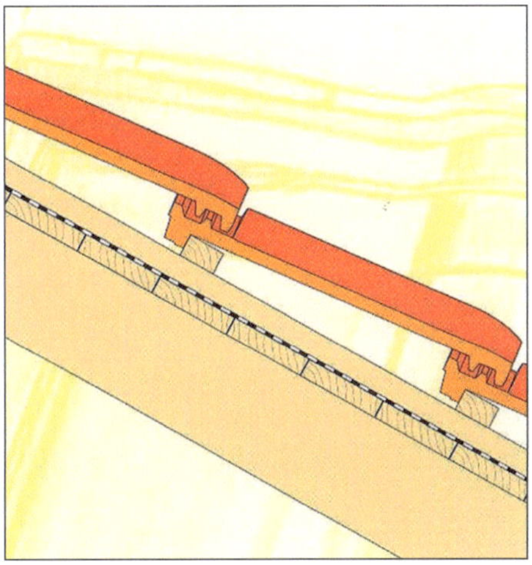

Abb. 7 (li.): Schnitt durch den Flachdachziegel mit Kopf- und Fußverfalzung [Quelle: Creaton]

Abb. 8 (re.): Dreifach verfalzte Dachziegel (ERLUS Karat) sind ab 10° Dachneigung noch regensicher [Quelle: Erlus]

Abb. 9 (li.): Doppelt umlaufend verfalzter Flachdachziegel [Quelle: Nelskamp]

Abb. 10 (re.): Dachstein mit seitlichen Führungsrippen, jedoch ohne Kopffalze [Quelle: Braas]

1.2.4 Dachneigung

Grundregeln des Dachdeckerhandwerkes

[...]

(2) Regeldachneigung ist die unterste Dachneigungsgrenze, bei der sich in der Praxis eine Dachdeckung als regensicher erwiesen hat.

(3) Mindestdachneigung ist die unterste Dachneigungsgrenze, die nicht unterschritten werden darf.

Fachregeln im Dachdeckerhandwerk sind in wesentlichen Teilen aus jahrhundertelangen praktischen Erfahrungen entstanden. So haben sich im Bereich Schieferdeckungen, Ziegeldeckungen und Falzdeckungen Vorschriften herausgebildet, die weitgehenden Schutz vor Witterungsunbilden gewährleisten.

Mit fortschreitender Entwicklung neuer Bau- und Deckstoffe wurde im Regelwerk dieser sichere Weg verlassen: Regeln für Dachsteine oder Faserzementplatten sind auf Mindestforderungen abgestellt und enthalten nicht mehr die eigentlich notwendigen Sicherheiten. So ist überhaupt nicht verständlich, weshalb die Fachregel als Regeldachneigung verfalzte Flachdachziegel und nicht kopfverfalzte Dachsteine mit 22° Dachneigung gleichstellt, kopfverfalzte Reform- und Muldenfalzziegel aber in eine höhere Neigungsgruppe einordnet.

Die Neigungsregeln des Dachdeckerhandwerks sind nur für Dachschiefer-, Dachziegel- und verfalzte Metalldeckungen bewährte Richtlinien. Andere Neigungsregeln sind Mindestanforderungen ohne Sicherheitsbeiwerte.

1.2.5 Wetterschutzleistung

Die Wetterschutzleistung ist das Schutzmaß des Deckwerkstoffes gegen eindringenden Niederschlag. Sie hängt ab von der Form des Deckwerkstoffes und Art und Form seiner Höhen- und Seitenüberlappungen.

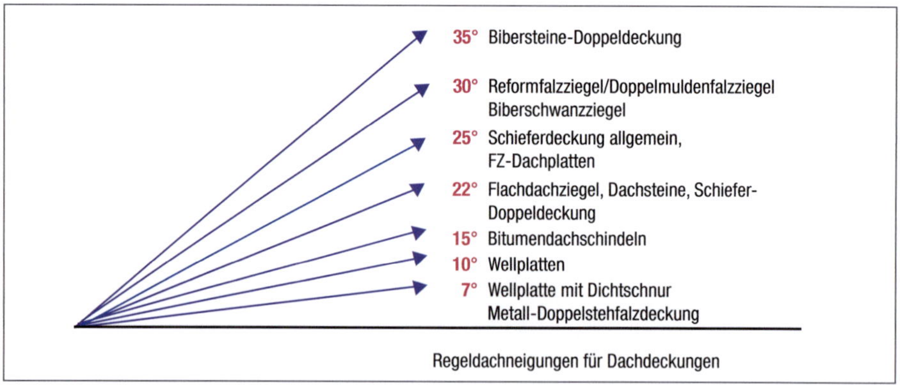

Abb. 11: Regeldachneigungen für Dachdeckungen gemäß Fachregeln des Dachdeckerhandwerks

Dabei werden sowohl Überdeckungsmaße und Regeldachneigungen nach den Fachregeln zugrunde gelegt, wie auch praktische Erfahrungen mit den Deckwerkstoffen (siehe Walter Holzapfel: Baustoffe für Dach und Wand; Typische Schäden am Dach, Köln: Rudolf Müller, Walter Holzapfel 2008; Walter Holzapfel: Steildächer, Stuttgart: Fraunhofer IRB Verlag 2010). Aus den Bewertungen der Deckwerkstoffe ergeben sich abweichende Empfehlungen für notwendige Mindestdachneigungen:

		hoch ↑
Metall-Doppelstehfalzdeckung	7°	
Selbsttragende Metallklemmprofile ohne Querstoß	7°	
Trapezprofile ohne Querstoß	10°	
Schieferdeckung allgemein	25°	
Biberschwanzziegel-Doppeldeckung	30°	
Flachdachziegel 3-fach verfalzt	10°	
Flachdachziegel 2-fach verfalzt	22°	
FZ-Dachplatten-Doppeldeckung	25°	
Reformfalzziegel/Doppelmuldenfalzziegel	30°	
Selbsttragende Metallklemmprofile mit Querstoß	15°	
Trapezprofile mit Querstoß	20°	
Bitumendachschindeln	20°	
FZ-Einfachdeckung	30°	
Dachsteine	30°	
FZ-Wellplatten	30°	
Kunststoff-Wellplatten	30°	
		↓ gering

Abb. 12: Wetterschutzleistung der Dachdeckungen und empfohlene Mindestdachneigungen in °

1.2.6 Überdeckung und Kapillarität

Oberflächenglatte Deckwerkstoffe erzeugen in Überlappungen (Überdeckungen) hohe Kapillarität, unabhängig von der Überlappungsbreite. Besonders anfällig für Kapillarundichtigkeiten sind Kunststoff- und Metallprofile, FZ-Platten und Wellplatten, ebenflächige Dachsteine (Biberdachstein), und pfannenförmige Dachsteine. Kapillarität entsteht auch durch Staub- und Schmutzeinlagerung in der Überdeckung, anfällig dafür sind auch Dachdeckungen aus Bitumendachschindeln, FZ-Dachplatten und Biberdachsteinen. Dachschiefer- und Biberschwanzziegeldeckungen sind wegen der Oberflächenrauigkeit der Deckelemente weniger kapillargefährdet. Die Kapillarundichtigkeit ist in der Baupraxis ein weitgehend unterschätztes Phänomen, obwohl viele Wasserschäden auf Kapillarwasser zurückzuführen sind.

Abb. 13 (li.): FZ-Wellplattendeckung mit Lichtwellplatten: Kapillarwasser tritt über die Überdeckung ein.

Abb. 14 (re.): Kapillarität entsteht auch durch Staub- und Schmutzeinlagerung in der Überdeckung, besonders anfällig sind hierbei alle Well- und Dachsteindeckungen.

Abb. 15 (li.): Wasserspuren in der Kopfüberdeckung und auf der Unterdeckbahn als Nachweis eingedrungenen Wassers

Abb. 16 (re.): Stark kapillargefährdet sind Dachdeckungen aus Bitumendachschindeln, FZ-Dachplatten und Biberdachsteinen.

1.2.7 Wassereintrieb

Wassereintrieb unter Winddruck unter die Überlappung kann bei nicht verfalzten Deckwerkstoffen eintreten, weitgehend unabhängig von der Dachneigung. Stark gefährdet sind alle Deckungen aus Dachsteinen und solche aus muldenförmigen unverfalzten Dachziegeln (Hohlpfannen) in der Vorschnittdeckung sowie Deckungen aus FZ-Platten und Wellplatten.

Das Maß des Wetterschutzes im Steildach wird bestimmt durch

- Wasserführung
- Überdeckungsmaß und Überlappungsbreite
- Verfalzung

Abb. 17 und 18: Wasserspuren im Überdeckungsbereich, auf Lattung und Unterspannbahn, und an der Innenseite der Dachsteine.

- Dachneigung
- Wetterschutzleistung der Deckwerkstoffe
- Kapillarität der Überlappungen/Überdeckungen
- Wassereintrieb unter Windeinwirkung.

1.2.8 Maßnahmen zur Erzielung des Wetterschutzes

a) Gestaltung/äußere Form/Neigung des Daches

Einfache Dachformen erhöhen die Regensicherheit und mindern das Risiko von Konstruktions- und Ausführungsfehlern. Prototyp ist das einfache gleichhüftige Satteldach ohne Gauben und Kehlen. Verschneidungen, Kehlen, Absätze, Dach durchbrüche erhöhen das Risiko sowohl der Konstruktion und Herstellung wie auch der Schadanfälligkeit und Dachundichtigkeit. Kehlen beispielsweise verdichten den abzuführenden Niederschlag in Richtung des Kehlauslaufs und bewirken dort schwallartig ansteigendes Wasser. Genauso wirken Wasserausläufe an Dachgauben, sofern diese direkt auf die Dachdeckung abgeleitet werden.

b) Lage und Ausrichtung des Bauwerks

Höhenlage, Geländeform (Hanglage) und Bebauungsdichte haben entscheidenden Einfluss auf die Wettersicherheit des Daches: Windanfälligkeit der Deckung und Wassereintrieb in die Deckung hängen ab von Art und Stärke des direkten Windangriffs. Wichtig sind Klimazone (Seewind, Schnee in Berglandschaften) und Windinnendruck.

Abb. 19: Verschachtelte Dachformen erhöhen das Risiko für den Wetterschutz: Die Aufwendungen für zusätzliche Sicherheit (Unterdach) müssen erhöht werden.

c) Entwässerung

Wasser soll immer nach außen geführt und nach außen abgeleitet werden. Schwall- oder Stauwasser müssen vermieden werden oder zumindest nach außen überlaufen können. Innen liegende Entwässerungen und Stufenentwässerungen (Wasser wird von einer Dachfläche auf die nächste geleitet) und innen liegende Muldenrinnen erhöhen das Risiko für das Dach.

1.2.9 Anforderungen an die Konstruktion

Planern, Handwerkern und Sachverständigen muss bewusst sein, dass ein erhöhtes Risiko in Form des Deckmaterials, Gestaltung oder Lage des Daches höherwertige Schutzmaßnahmen voraussetzt.

Abb. 20: Stufenentwässerung erzeugt Schwallwasser und sollte vermieden werden.

Die für den einfachen Dachsattel angemessene Bedachung reicht im Regelfall dann nicht mehr aus, wenn zusätzliche Risiken vorliegen.
Das Maß des Wetterschutzes ist, wie erläutert, für jede Deckart ein anderes. Folglich ist nicht jeder Deckwerkstoff für jeden Einsatzzweck brauchbar. Der Umstand, dass keine Dachdeckung wasserdicht (sondern nur regensicher) sein kann, wird im heutigen Hochbau meist geflissentlich übersehen und kaum jemand macht sich Gedanken über das Maß des geforderten oder erforderlichen Wetterschutzes. Die eigentlich geforderte Dichtigkeit des Daches ist schon bei der Planung eine vernachlässigte Größe. Dabei erlauben Werkstoffauswahl und Schichtenfolge (Unterbau) einen breit weit gefächerten Maßnahmenkatalog.

Zur Erinnerung:

- Die Fachregeln benennen immer nur die Mindestmaßnahmen.
- Bauliche oder örtlich bedingte Gefahren werden nicht bedacht.
- Der Kunde und Hausbesitzer erwartet aber immer eine hochwertige Ausführung.
- Mindestanforderungen und hochwertige Ausführung sind selten zur Deckung zu bringen.

Der Planer und Dachdecker muss Möglichkeiten auch erhöhter Sicherheit für das Dach kennen und nutzen. Der Kunde (Hausbesitzer) sollte Unterschiede und Möglichkeiten kennen und entscheiden können, welchen Grad der Sicherheit er für notwendig hält. Die Wärmeschutznorm 4108, Energieeinsparverordnung und Merkblätter der Fachregeln fordern für das ausgebaute Dachgeschoss praktisch Wasserdichtigkeit; DIN 4108-2 fordert unter dem Punkt »4.2.2 Maßnahmen zum Stauwasser- und Schlagregenschutz«

> *Fachregeln des Dachdeckerhandwerkes*
> *5.11 Anforderungen an ausgebaute Dachgeschosse*
> (1) Durch den Dachausbau werden die unterhalb des Daches befindlichen Räume einer Gebäudenutzung zugeführt, die der Nutzung von Räumen in Normalgeschossen gleichzusetzen ist und deshalb den gleichen Anforderungen unterliegen. Insbesondere müssen in gleicher Weise die bauaufsichtlichen Anforderungen, wie z. B. des Wärme-, Brand-, Schall- und Blitzschutzes sowie der Standsicherheit, beachtet werden.
> (2) Den höheren Nutzungsanforderungen entsprechend soll keine Feuchtigkeit infolge Treibregen, Flugschnee, Vereisungen oder Schneeablagerungen eindringen, so dass Unterdächer, Unterdeckungen, Unterspannungen als zusätzliche Maßnahme geplant und ausgeführt werden müssen. Wasserdichtigkeit kann nur durch Abdichtungen oder durch Unterdächer mit eingebundener Konterlattung erreicht werden.

Wärmeschutz und Energie-Einsparung in Gebäuden mit folgendem Wortlaut: *»Der Wärmeschutz von Bauteilen darf durch Tauwasserbildung bzw. Niederschlagseinwirkung nicht unzulässig vermindert werden.«*

1.2.9.1 Zusätzliche Schutzmaßnahmen

Da Dachdeckungen allein – richtig ausgeführt – zwar regensicher, aber nicht wasserdicht sind, bedarf das zu Wohnzwecken genutzte Dach zusätzlicher Schutzmaßnahmen, um

- Wasserschäden zu verhindern
- den Wärmeschutz zu sichern
- die Baukonstruktion zu schützen.

Grundregel für Dachdeckungen, Abdichtungen und Außenwandbekleidungen

[...]

(2) Durch extreme Witterungseinwirkungen, wie z. B. Treibregen, Flugschnee, Vereisungen und Schneeablagerungen, örtliche Gegebenheiten, klimatische Verhältnisse, steile oder flache Dächer, lange Sparren, Dachverschneidungen etc. kann kurzfristig bzw. vorübergehend Niederschlagsfeuchte unter die Dachdeckung gelangen und zu Durchfeuchtungen der darunter liegenden Räume führen. Derartige Einwirkungen können nur ausgeschlossen werden, wenn zusätzliche Maßnahmen, wie z. B. Unterdächer, Unterdeckungen, Unterspannungen, geplant und ausgeführt werden.

Fachregel für Dachdeckungen mit Dachziegeln und Dachsteinen
Fachregeln des Dachdeckerhandwerkes
1.1.3 Erhöhte Anforderungen

Erhöhte Anforderungen ergeben sich aus

- Dachneigung
- Konstruktion
- Nutzung
- klimatischen Verhältnissen
- technischen Anlagen
- örtlichen Bestimmungen.

1.3.2 Zuordnung von Zusatzmaßnahmen (Fachregel für Dachdeckungen mit Dachziegeln und Dachsteinen)

(1) Dachdeckungen mit Dachziegeln/-steinen sind auch mit Zusatzmaßnahmen nicht mehr auszuführen, wenn die Dachneigung weniger als 10° beträgt.

(2) Wasserdichte Unterdächer sind immer dann anzuordnen, wenn die Regeldachneigung um mehr als 10° unterschritten wird und erhöhte Anforderungen gegeben sind.

(3) Regensichere Unterdächer sind immer dann anzuordnen, wenn die Regeldachneigung um 6° bis 10° unterschritten wird.

(4) Unterdeckungen oder Unterspannungen sind immer dann anzuordnen, wenn die Regeldachneigung bis zu 6° unterschritten wird. In Abhängigkeit der erhöhten Anforderungen sind verschweißte oder verklebte bzw. überlappte oder verfalzte Unterdeckungen notwendig.

(5) Unterspannungen gelten als Mindest-Zusatzmaßnahme:

- bei Unterschreitung der Regeldachneigungen bis zu 6° in Abhängigkeit der erhöhten Anforderungen,
- bei Einhaltung der Regeldachneigung, wenn erhöhte Anforderungen an das Dach gestellt werden.

Auch bei Einhaltung der Regeldachneigung ohne erhöhte Anforderungen können Unterspannungen als zusätzlicher Schutz gegen Treibregen, Flugschnee und Staub eingesetzt werden.

[...]

(9) In Tabelle 1 werden regensichernde Zusatzmaßnahmen als Mindestmaßnahmen in Abhängigkeit der erhöhten Anforderung aufgeführt. Die Tabelle dient der Orientierung und entbindet nicht von der eigenverantwortlichen Einschätzung der auf das Bauvorhaben bezogenen Anforderungen.

Tab. 1: Zuordnung von Zusatzmaßnahmen (für Dachziegel und Dachsteine) (Mindestmaßnahmen!)

	Erhöhte Anforderung[1)]			
	Nutzung – Konstruktion – klimatische Verhältnisse			
Dachneigung	**keine weitere erhöhte Anforderung[1)]**	**eine weitere erhöhte Anforderung[1)]**	**zwei weitere erhöhte Anforderungen[1)]**	**drei weitere erhöhte Anforderungen[1)]**
≥ Regeldachneigung RDN	–	Unterspannung	Unterspannung	überlappte oder verfalzte Unterdeckung
≥ (RDN -6°)	Unterspannung	Unterspannung	überlappte oder verfalzte Unterdeckung	verschweißte oder verklebte Unterdeckung
≥ (RDN –10°)	regensicheres Unterdach	regensicheres Unterdach	regensicheres Unterdach	wasserdichtes Unterdach
< (RDN –10°)	regensicheres Unterdach	wasserdichtes Unterdach	wasserdichtes Unterdach	wasserdichtes Unterdach

1) Bei besonders hohen Anforderungen ist eine höherwertige Zusatzmaßnahme zu wählen

Für Dachdeckungen mit Dachschiefer, FZ-Dachplatten, Wellplatten, Bitumenschindeln, Metallprofilen gelten jeweils eigenständige Regeln für notwendige Zusatzmaßnahmen.

Merkblatt für Unterdächer, Unterdeckungen und Unterspannungen

Allgemeine Anforderungen

(1) Für die Zuordnung von Unterdach, Unterdeckung oder Unterspannung in Bezug auf die jeweilige Ausführungssituation ist Tabelle 1.1 »Einstufung von Unterdach, Unterdeckung und Unterspannung« anzuwenden.

(2) In den Fachregeln des Dachdeckerhandwerks sowie im »Merkblatt Wärmeschutz bei Dächern« wird festgelegt, welche Einstufung (Ziffer) mindestens notwendig ist. Bei Festlegungen in mehreren Regelwerksteilen, z. B. sowohl in Fachregeln als auch im o. g. Merkblatt, ist die höherwertige Einstufung (Ziffer) anzuwenden.

[...]

(6) Direkt befestigte Deckmaterialien auf Schalung und Vordeckung, z. B. Schiefer, Faserzement, Bitumenschindeln und Metallbleche, die aufgrund der Übereinstimmung mit den Fachregeln regensicher sind, er-

füllen die Anforderungen der überdeckten Unterdeckung mit Bitumenbahnen (Ziffer 2.2 der Tabelle 1.1).

(7) Über Unterdächern, Unterdeckungen, Unterspannungen ist der Einbau von Konterlatten, Konterklötzchen oder anderen Abstandshaltern von mindestens 24 mm Dicke notwendig. Der hierdurch sichergestellte Abstand zwischen der zusätzlichen Maßnahme und der Dachdeckung diender sicheren Ableitung von durch die Deckung eingedrungener Feuchtigkeit

- der sicheren Ableitung von abtropfendem Tauwasser von der Unterseite der Deckwerkstoffe
- zur Unterlüftung der Deckung.

Tab. 1.1: Einstufung von Unterdach, Unterdeckung und Unterspannung

	Art	Ausführung	Konterlatten-einbindung	Naht- und Stoßausbildung
1	Unterdach			
1.1	Wasserdichtes Unterdach	- Kunststoffdachbahn - Kunststoff-Dichtungsbahn - Bitumen-/Polymerbitumen-Dachdichtungsbahn - Bitumen-/Polymerbitumen-Schweißbahn	über Konterlatte	verschweißt oder verklebt
1.2	Regensicheres Unterdach	Wie 1.1	unter Konterlatte	verschweißt oder verklebt
2	Unterdeckung			
2.1	Verschweißte oder verklebte Unterdeckung	Unterdeckplatte Unterdeckbahn	unter Konterlatte	verschweißt oder verklebt
2.2	Überdeckte Unterdeckung mit Bitumenbahnen	- Bitumen-/Polymerbitumen-Dachdichtungsbahn - Bitumen-/Polymerbitumen-Schweißbahn - Bitumen-Dachbahn	unter Konterlatte	überdeckt oder verklebt
2.3	Überlappte oder verfalzte Unterdeckung	Unterdeckplatte Unterdeckbahn	unter Konterlatte	lose überlappend oder verfalzt
3	Unterspannung	Gespannte Unterspannbahn Frei hängende Unterspannbahn	unter Konterlatte	lose überlappend

1.2.10 Unterdächer

a) Wasserdichtes Unterdach

Ein wasserdichtes Unterdach wird auf Schalung mit verklebter Dichtbahn (Bitumenschweißbahn, Kunststoffdachbahn) und trapezförmigen Konterlatten ausgeführt. Mit entsprechend ausgebildeten An- und Abschlüssen ist dieses Unterdach so wasserdicht wie ein Flachdach und hat den höchsten möglichen Schutz- und Sicherheitswert. Selbst bei massiven Schäden an der Dachdeckung durch Sturm oder Hagel ist ein solches Dach immer noch wasserdicht.

Das wasserdichte Unterdach erhöht darüber hinaus die Windsogsicherheit der Dachdeckung, da die feste Unterlage den Saugeffekt in den Dachraum verringert. Schalungen mit Dachabdichtungen werden deshalb auch zum Schutz gegen Windsogschäden erfolgreich eingesetzt.

b) Regensicheres Unterdach

Das regensicheres Unterdach wird auf Schalung mit trocken verlegter überlappter Dichtbahn ausgeführt, Konterlatten sind über der Dachbahn verlegt und offen vernagelt. Das regensichere Unterdach bietet hohe Sicherheit bei Dachneigungen über 20°, zeigt jedoch Probleme an Kehlen und Dachöffnungen. Konterlatten und andere Auflagerkonstruktionen dürfen nicht im Bereich von Kehlen und Traufen genagelt werden und sind so anzuordnen, dass sie den Wasserablauf nicht behindern.

c) Unterdeckung auf Dämmschicht und Sparren, meist aus Folien oder Vliesen.

Unterdeckbahnen dürfen nur auf den Sparren gestoßen und nur in der Höhenüberlappung genagelt werden. Unterdeckbahnen können in Überlappungen mit integrierten Klebestreifen verklebt werden und bieten aufgrund der Verletzlichkeit der Bahnen für das Dach einen mäßigen Schutz. Bahnen mit trockenen Überlappungen sind nur bei Dachneigungen ab 25 ° sinnvoll und bieten geringen Schutz gegen eindringendes Wasser. Unterdeckungen sind generell mit Problemen an Kehlen, Traufen und Dachöffnungen behaftet, sie bieten nur einen niedrigen Sicherheitswert.

d) Unterdeckplatten

Unterdeckplatten sind im einfachen Dach ohne Kehlen und Dachöffnungen eine der Unterdeckung ähnliche Schutzmaßnahme. Die Platten müssen gefalzt oder überlappt verlegt werden.

Kehlen, Gauben, Dachfenster und Schornsteine werden nach Herstellervorgaben regelmäßig mit Klebebändern abgeklebt. Klebebänder sind aber unter der Dachdeckung – bei Erwärmung bis 70°C und unter Feuchteeinfluss – nicht dauerhaft haltbar und damit ungeeignet. Sicher sind dort unterlegte Kehl- und Anschlussbleche oder unterlegte Kehl- und Anschlussdichtbahnen auf versenkter Holzschalung.

Beispiele für Unterdächer

Mit entsprechend ausgebildeten An- und Abschlüssen ist dieses Unterdach so wasserdicht wie ein Flachdach – höchster Sicherheitswert.

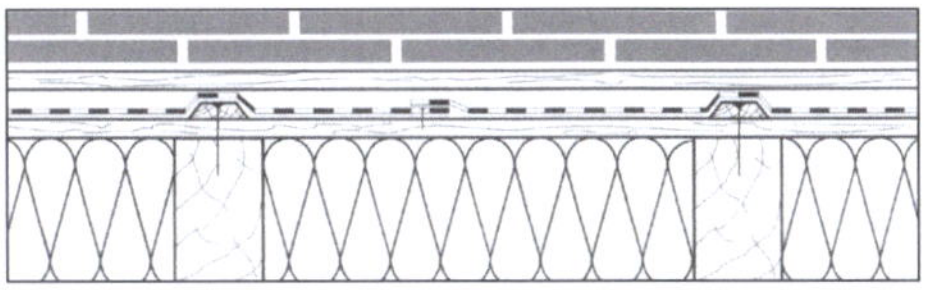

Abb. 21: Wasserdichtes Unterdach auf Schalung Konterlatten überklebt [Quelle: ZVDH]

Hohe Sicherheit bei Dachneigung über 20°, jedoch Probleme an Kehlen und Dachöffnungen.

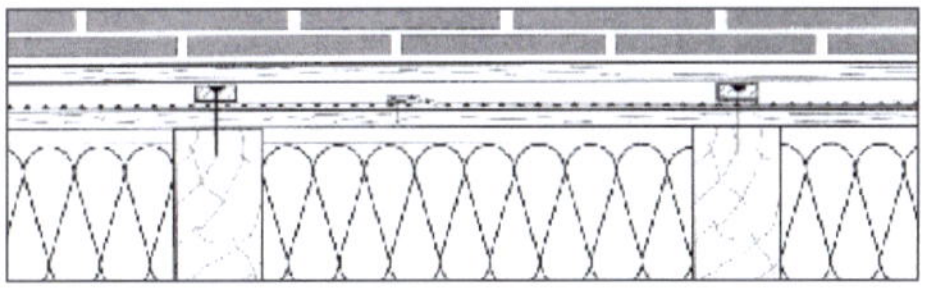

Abb. 22: Regensicheres Unterdach auf Schalung; Konterlatten sind über der Dachbahn verlegt und offen vernagelt [Quelle: ZVDH].

Alle Überlappungen sind offen, Probleme an Kehlen, Traufen und Dachöffnungen – niedriger Sicherheitswert.

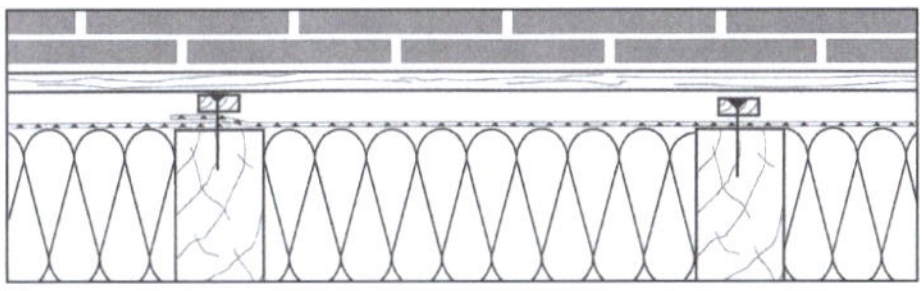

Abb. 23: Unterdeckung auf Dämmschicht und Sparren, meist aus Folien oder Vliesen, Überlappung nur auf Sparren [Quelle: ZVDH]

Bei Unterdächern müssen die Dichtbahnen bis zum Außenrand geführt und dort aufgekantet werden.

Anschluss bei allen Unterdächern
Anschlusshöhe >5 cm
oberhalb Oberkante Dachdeckung

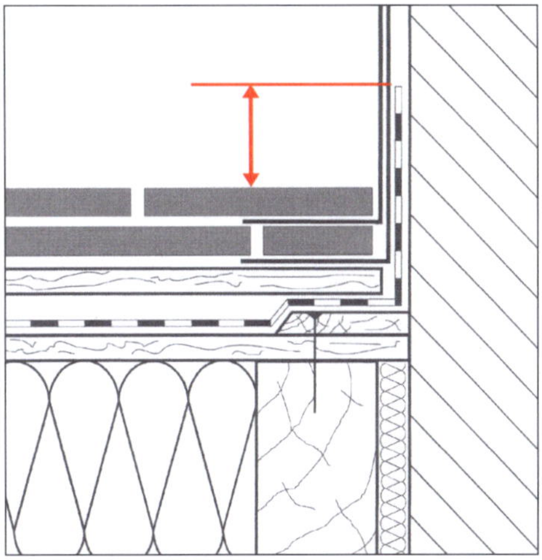

Abb. 24: Ausführungsbeispiel für den Wandanschluss beim Unterdach [Quelle: ZVDH]

e) Unterspannungen
Unterspannungen sind als Schutzmaßnahme im genutzten Dach ungeeignet.

f) An- und Abschlüsse
Bei Unterdächern und Unterdeckungen müssen Dichtbahnen und Unterdeckbahnen bis zum Außenrand (Dachüberstand) geführt und dort aufgekantet werden. Anschlüsse sind mindestens 5 cm über Oberkante Deckmaterial hochzuführen und in ihrer Lage zu sichern.

g) Dachtraufe
Unterdächer und Unterdeckungen sollen unter der Traufbohle über ein Abtropfblech entwässert werden. Entwässerung in die Rinne und über die Traufbohle ist nach Fachregel möglich, jedoch mit der Gefahr verbunden, dass ein – nicht zulässiger – Wassersack entsteht.

1.2.11 Entwässerung von Unterdächern

a) Entwässerung unter der Traufbohle
Unterdeckung oder Unterdach werden unter die Traufbohle und auf ein gesondertes Abtropfblech geführt. Wasser, das auf das Unterdach gelangt, tropft frei nach unten ab. Das kann dem Bauherren als Indikator für mögliche Schäden in der Dachdeckung dienen. Der besondere Vorzug ist, dass diese Methode auch für flache Dachneigungen geeignet ist, das Unterdach kann unter die Kehlschalung verlegt werden.

Abb. 25: Entwässerung unter der Dachrinne [Quelle: ZVDH]

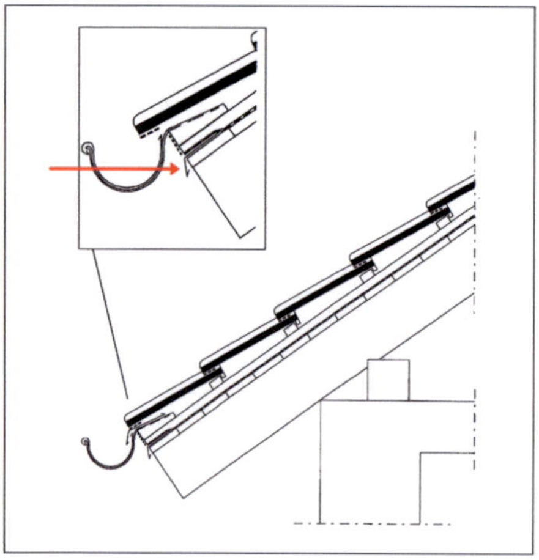

b) Entwässerung in die Dachrinne

Unterdeckung oder Unterdach sind über die Traufbohle und auf das Traufblech geführt. Die Rinnenentwässerung ist nur bei Dachneigungen ab 25° machbar. In aller Regel muss über der Traufbohle als flächige Unterlage eine breite, spitz zulaufende Keilbohle eingebaut werden, um Wassersäcke zu verhindern.

In Abbildung 26 ist Unterdeckung/Unterdach über die Traufbohle und auf das Traufblech geführt. Besonderer Nachteil ist, dass Unterdach und Unterdeckung auf die Kehlschalung geführt werden müssen, was meist zu Beschädigungen (Nagellöchern) führt.

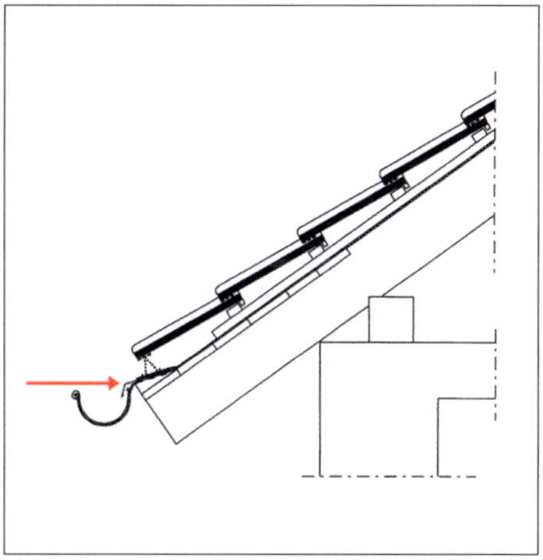

Abb. 26: Entwässerung in die Dachrinne [Quelle: ZVDH]

1.2.12 Belüftet oder unbelüftet

Unterdächer mit dampfdichten Deckschichten (Bitumen- oder Kunststoffdachbahnen) oder Metalldachdeckungen erfordern belüftete Dachkonstruktionen und Dampfsperren mit Sperrwerten von mindestens 100 m L_R. Neuere Rechenverfahren (WUFI) zeigen bei unbelüfteten Dächern im Verlauf der Jahre teilweise Feuchtekumulationen im Fachwerk, die von gängigen Rechenverfahren nicht aufgedeckt werden. Vagabundierende Feuchte, die im einschaligen Flachdach unbedeutend ist, kann in der Holzkonstruktion möglicherweise zu Spätschäden führen. Darauf weisen Fachleute zunehmend hin.

Bei der unbelüfteten Dachkonstruktion sollten als Unterdächer diffusionsoffene Dichtbahnen verwendet werden.

1.3 Die Dachabdichtung

Wasserdichte Dächer benötigen keine Dachdeckung, sondern Abdichtungen.

Abdichtung bedeutet:

- Es darf weder fallendes noch stehendes Wasser eindringen.
- Anschlüsse müssen bis zur Anschlusshöhe wasserdicht sein; über Anschlusshöhe ist Regensicherheit gefordert.
- Abschlüsse (Dachränder) müssen bis zur Außenkante wasserdicht sein; Stauwasser muss im Notfall schadlos nach außen ablaufen können.

Abb. 27: Flachdachabdichtung aus Kunststoffdachbahnen

Wesentliche Elemente der Dachabdichtung sind:

- die Abdichtung (Dachhaut)
- der Bewegungsausgleich und die Windsicherung
- der Wärmeschutz
- Dampfsperre und Luftsperre
- An- und Abschlüsse.

Die Dachabdichtung wird hergestellt als

- hochpolymere Abdichtung (aus Kunststoff- oder Kautschuk-Dachdichtungsbahnen)
- bituminöse Abdichtung (aus Bitumen- oder Bitumenschweißbahnen)
- Flüssigkunststoff-Abdichtung (meist mehrkomponentig).

Grundregel für Dachdeckungen, Abdichtungen und Außenwandbekleidungen

(1) Abdichtungen müssen wasserdicht sein. Aufgrund unterschiedlicher Anforderungen sind Dachabdichtungen und Bauwerksabdichtungen zu unterscheiden.

(2) Dachabdichtungen müssen bis zur Oberkante der An- und Abschlüsse wasserdicht sein. Dies erfordert auch wasserdichte Anschlüsse an Dachdurchdringungen sowie die Einhaltung bestimmter Anschlusshöhen.

Fachregel für Dächer mit Abdichtungen – Flachdachrichtlinien

(1) Diese Fachregel gilt für die Planung und Ausführung von Abdichtungen auf

- flachen und geneigten Dachflächen
- nicht genutzten und extensiv begrünten Dachflächen
- genutzten Flächen (z. B. Balkonen, Dachterrassen und intensiv begrünten Dachflächen)
- mit allen für die Funktionsfähigkeit des Dachaufbaus erforderlichen Schichten sowohl bei Neubauten als auch Dacherneuerung.

Für nicht genutzte Dächer sind neben der Fachregel auch die Regelungen der DIN 18531 – Abdichtungen für nicht genutzte Dächer – zu beachten.

(2) Regel für Abdichtungen genutzter Dächer
Diese Regel gilt für die Planung und Ausführung von Abdichtungen genutzter Dach- und Deckenflächen gegen nicht drückendes Wasser, z. B. Balkone, Terrassen, intensive Dachbegrünung und genutzte Deckenflächen im Freien mit allen für die Funktionsfähigkeit des Abdichtungsaufbaus erforderlichen Schichten sowohl bei Neubauten als auch bei Erneuerung der Abdichtung. Für diese Bauwerksabdichtungen sind neben der Fachregel auch die Regelungen der DIN 18195 -Bauwerksabdichtungen- zu beachten.
(3) Die Fachregel gilt nicht für Abdichtungen.

Fachregeln des Dachdeckerhandwerkes
1.2.9 Dachabdichtung
Eine Dachabdichtung ist ein flächiges Bauteil zum Schutz eines Bauwerks gegen Niederschlagswasser. Sie besteht aus einer über die gesamte Dachfläche reichenden, wasserundurchlässigen Schicht. Zur Dachabdichtung gehören auch Anschlüsse, Abschlüsse, Durchdringungen und Fugenausbildungen.

(1) Für nicht genutzte Dachabdichtungen nach DIN 18531-1 werden je nach geplantem Anwendungszweck 2 Kategorien unterschieden.

(2) Anwendungskategorie K1 (Standard- Dachkonstruktion)
Dachabdichtungen, an die übliche Anforderungen gestellt werden, sind der Anwendungskategorie K1 zuzuordnen. Die Anwendungskategorie K1 stellt die Mindestanforderung an Dachabdichtungen dar.

(3) Anwendungskategorie K2 (höherwertige Dachkonstruktion)
Bei Dachabdichtungen, die der Anwendungskategorie K2 entsprechen, sind eine erhöhte Zuverlässigkeit, eine längere Nutzungsdauer und/oder ein geringerer Instandhaltungsaufwand zu erwarten. Abdichtungen der Anwendungskategorie K2 erfordern nicht nur höhere Anforderungen an die Planung des Gefälles, die Anordnung der Entwässerungselemente und die Detailgestaltung, sondern auch erhöhte Anforderungen an die zu verwendenden Stoffe und den Systemaufbau. Dachabdichtungen, an die durch Planer/Bauherren (z. B. aufgrund höherwertiger Gebäudenutzung, Hochhäuser, Dächer mit erschwertem Zugang) erhöhte Anforderungen gestellt werden, sollten nach der Kategorie K2 geplant und ausgeführt werden.

2.3.1 Dachneigung, Gefälle

(1) Flächen, die für die Auflage einer Dachabdichtung und/oder den damit zusammenhängenden Schichten vorgesehen sind, sollen für die Ableitung des Niederschlagswassers mit einem Gefälle von mindestens 2 % geplant werden.

(2) Für Dachabdichtungen der Anwendungskategorie K2 ist ein Gefälle von mindestens 2 % in der Abdichtungsebene und mindestens 1 % im Bereich von Kehlen einzuhalten. Bei der Gefälleplanung müssen Toleranzen und/oder Gegengefälle der Unterlage berücksichtigt werden.

(3) Wenn Dächer und/oder Dachbereiche mit einem Gefälle unter 2 % geplant und ausgeführt werden, können diese nur der Anwendungskategorie K1 zugeordnet werden. In diesen Fällen sind besondere Maßnahmen erforderlich, um der höheren Beanspruchung in Verbindung mit stehendem Wasser gerecht zu werden. Die Stoffauswahl für die Dachabdichtung ist nach der Bemessungsregel für die Anwendungskategorie K2 vorzunehmen.

1.3.1 Hochpolymere Abdichtung

Hochpolymere Dachabdichtungen (»Kunststoff«-Dachabdichtung) bestehen aus Kunststoffbahnen mit weitgehend homogenem Aufbau mit oder ohne Trägereinlagen und mit und ohne Kaschierung; sie werden grundsätzlich einlagig verlegt. Die Kunststoffdachbahn ist im Querschnitt wasserdicht. Nähte, Überlappungen und Anschlüsse werden verschweißt, verklebt oder vulkanisiert. Verschweißte Nähte (PVC, ECB, VAE, PE-C, FPO) stehen der Bahn in Festigkeit und Dichtigkeit nicht nach. Nähte thermoplastischer Kunststoffdachbahnen werden auf dem Dach mit Warmgas (»Heißluft«) oder Quellschweißmittel plastifiziert und homogen verschweißt. Verschweißte Kunststoffnähte sind mechanisch mindestens so fest wie die Kunststoffbahn selbst und dauerhaft wasserdicht (Beispiel: PVC). Verklebte Nähte aus Dichtband, Dichtrand, Schmelzklebeband, Kontaktkleber (Beispiel: PIB (Typ fk), Kautschuk) sind unter stehendem Wasser meist nicht dauerhaft. Bei Dichtungen mit Klebenähten sind Dächer, Kehlen und Anschlüsse zwingend mit Gefälle auszubilden.
Vulkanisieren von Kautschuk ist nur industriell möglich. Kautschukdachbahnen werden deshalb mit halbvulkanisierten Deckschichten, besonders präparierten schweißfähigen Fügerändern oder Schmelzschichten hergestellt, um Baustellennahtverschluss zu ermöglichen.

Abb. 28 (li.): Beispiel: Rhepanol-fk

Abb. 29 (re.): Die Nahtverklebung durch Dichtrand löst sich unter dauernd stehendem Wasser.

Als »wurzelfest« ausgewiesene Kunststoffdachbahnen sind als Dachabdichtung nur mit verschweißten Nähten wurzelfest! Verklebte Nähte können nicht wurzelfest sein. Wurzelfestigkeit ist begrenzt und je nach Kunststoffart unterschiedlich stark ausgeprägt. Wasserunterläufigkeit einer Abdichtung setzt die Wurzelfestigkeit herab. Gegen aggressive Wurzeln (Bambus, Schilf) ist kein bekannter Kunststoff wurzelsicher (hier helfen nur Edelstahlwannen).

Abb. 30 (li.): Schweißnaht (Beispiel: PVC)

Abb. 31 (re.): Flachdächer sollen 2 % Gefälle haben, das gilt auch für Muldenbereiche.

Abb. 32 (li.): Dachmulde mit Kunststoffdachbahnen; hier wurden Kerbrissschäden festgestellt.

Abb. 33 (re.): Üblicher Anblick von Wasser- und Schmutzsammelstellen auf einem Flachdach.

Stoff	K1	K2
	Mindestnenndicke[1] in mm, Eigenschaftsklasse E1	
ECB Ethylencopolymerisat-Bitumen	2,0	2,3
EVA Ethylen-Vinylacetat-Terpolymer	1,2	1,5
FPO Flexibles Polyolefin	1,2	1,5
PE-C chloriertes Polyethylen	1,2	1,5
PIB Polyisobutylen	1,5	1,5[2]
PVC-P Polyvinylchlorid, weich, nicht bitumenverträglich, homogen	1,5	1,8
PVC-P Polyvinylchlorid weich nicht bitumenverträglich mit Einlage, Verstärkung oder Kaschierung	1,2	1,5
PVC-P Polyvinylchlorid, weich, bitumenverträglich	1,2	1,5
TPE Thermoplastisches Elastomer	1,2	1,5
EPDM Ethylen-Propylen-Dien-Terpolymer mit Verstärkung	1,3	1,6
EPDM Ethylen-Propylen-Dien-Terpolymer mit Verstärkung und einseitiger Polymerbitumenschicht (PBS)	1,3	1,6
EPDM Ethylen-Propylen-Dien-Terpolymer homogen	1,1	1,3
IIR Isobutylen-Isopren-Copolymer	1,2	1,5

Tab. 2: Bemessung von Dachabdichtungen aus Kunststoff- und Elastomerbahnen (nicht genutzte Abdichtung)

1) Dickenangabe ohne Kaschierung und/oder Selbstklebeschicht
2) zusätzliche Bedingungen:
- Verhalten unter simuliertem Hagelschlag nach DIN EN 13583 auf hartem Untergrund: mindestens 25 m/s
- Perforationsverhalten nach DIN 16726: dicht bei Fallhöhe 700 mm
- Falzen in der Kälte nach DIN 16726: keine Risse bei –40 °C

Hersteller von Kunststoff-Dachbahnen zeichnen die Dicke der Bahnen oft als Gesamtdicke von Kunststoffbahn und Vlieskaschierung aus. Eine 1,2 mm dicke Kunststoffbahn wird dann mit einer Dicke von beispielsweise 2,2 mm ausgewiesen. Maßgebende Dicke gemäß Fachregel ist aber nur die der reinen Kunststoffbahn.

Fachregeln für Dächer mit Abdichtungen (Flachdachrichtlinien)

Werkstoffe und Anforderungen

(4) Kunststoff- und Elastomerbahnen können als homogene Bahnen, Bahnen mit Einlagen, Bahnen mit Verstärkung oder Bahnen mit Kaschierung verwendet werden. Diese Bahnen werden sowohl mit als auch ohne Selbstklebeschicht bzw. Polymerbitumenbeschichtung eingesetzt. Geeignet sind:

- Kunststoffbahnen aus
  - Ethylencopolymerisat-Bitumen ECB
  - Ethylen-Vinylacetat Terpolymer EVA
  - Chlorierte Polyethylen PE-C
  - Flexible Polyolefine FPO
  - Polyisobutylen PIB
  - Polyvinylchlorid PVC-P
  - thermoplastische Elastomere, nicht vernetzte TPE
- Elastomerbahnen aus
  - Ethylen-Propylen-Dien-Terpolymer EPDM
  - Isobutylen-Isopren-Kautschuk (Butylkautschuk IIR)

2.5.6.3 Dachabdichtungen aus Kunststoff- und Elastomerbahnen

(1) Dachabdichtungen mit Kunststoff- und Elastomerbahnen werden einlagig ausgeführt.

(2) Die Verwendung von Kunststoff- und Elastomerbahnen in Dachabdichtungen einer bestimmten Anwendungskategorie und Beanspruchungsklasse richtet sich nach der Art der verwendeten Polymere, der Bahnendicke sowie der Art von ggf. verwendeten Einlagen und Kaschierungen. Bahnen der Eigenschaftsklasse E1 können für alle Beanspruchungsklassen in einlagiger Verlegung verwendet werden. Für die Anwendungskategorien K1 und K2 sind Bahnen nach Tabelle 5 (der Fachregeln) zu verwenden.

(3) Bitumenverträgliche Kunststoff- oder Elastomerbahnen können als einlagige Abdichtung auch auf einer unteren Lage aus Bitumenbahnen voll- oder teilflächig verklebt werden. Für die obere Lage aus Kunststoff- oder Elastomerbahnen gelten bei Dachabdichtungen der Anwendungskategorie K1 und K2 die gleichen Anforderungen wie für die einlagige Verlegung.

(siehe auch Tab. 2)

Bei genutzten Flächen sind Dachabdichtungen aus Bahnen mit einer Dicke von mindestens 1,5 mm, bei ECB mindestens 2,0 mm auszuführen. Abdichtungen mit weniger als 2 % Entwässerungsgefälle müssen mit Dichtstoffen nach K2 (in höherer Qualität) ausgeführt werden und gelten nur als »Standardausführung«.

Kunststoff-Dachbahnen altern durch

- Verspröden (von der Oberfläche nach innen fortschreitend)
- Schrumpfung
- Auskreiden.

Mit fortgeschrittener Alterung können bei örtlicher Überlastung Brüche auftreten (Dehnzonen, Eckstücke, Lüfteranschlüsse).
Nach einer Untersuchung von Götze an Abdichtungen aus PVC-Kunststoffdachbahnen ist die Haltbarkeit (praktische Nutzbarkeit) von PVC-Dachbahnen von ihrer Dicke abhängig und beträgt bei 0,8 mm dicken Bahnen 10 Jahre, bei 1,2 mm dicken Bahnen 18 Jahre, bei 1,5 mm 23 Jahre und bei 1,8 mm 28 Jahre.
Der Grund dieses nahezu linearen Verhältnisses zwischen Dicke und Haltbarkeit liegt im Alterungsverhalten: Kunststoffe altern von der Oberfläche her, Alterung und Versprödung schreiten von außen nach innen fort. Dieses Verhalten zeigen im Wesentlichen alle Kunststofferzeugnisse.
Zu beachten ist, dass mit Alterung und Versprödung die Kerb- und Rissempfindlichkeit zunimmt. Das ist der Grund, weswegen bei älteren Bahnen bei örtlichen Überlastungen Kerbbrüche und Risse auftreten. Die Dicke einer Kunststoffbahn beeinflusst maßgeblich deren Nutzdauer. Dickere Bahnen halten länger.

Abb. 34: Oberflächenkorrosion bei einer PVC-Bahn (sandpapierartige Oberflächenrauigkeit)

Mit der Alterung geht auch eine von außen nach innen fortschreitende Schrumpfung einher. In Ausnahmefällen – wie bei dem in Abb. 35 gezeigten Schadensfall – können Füllstoffe auswandern, was eine Gefügeschrumpfung auslöst.

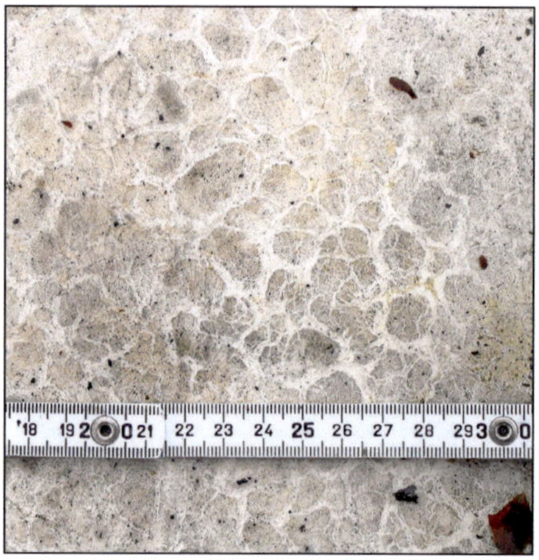

Abb. 35 (li.): Gefügeschrumpfung einer PIB-Bahn infolge Rezepturfehler und Füllstoffverlust

Abb. 36 (re.): Spannungsbruch in einer VAE-Bahn infolge Alterung, Versprödung und Schrumpfung, ausgelöst durch eine örtliche Beschädigung (Stoß oder Druck)

Die besonderen Vorzüge der Kunststoffdachbahnen liegen in

- hoher Wassersperrfähigkeit im Bahnenquerschnitt
- hoher Flexibilität und Dehnfähigkeit
- hoher Nahtsicherheit bei Schweißnähten.

Kunststoffbahnen verlangen jedoch

- typgerechte Anwendung und Ausführung
- in der Regel mechanische Randfixierungen gegen Rückstellkräfte (Verbundbleche, Linienanker)
- große Sorgfalt bei der Verlegung und das Beachten der Herstelleranweisungen
- Schutz gegen mechanische Beschädigungen (Trenn- und Schutzlagen)
- PVC-Dachbahnen (PVC-NB) sind nicht bitumenbeständig und verlangen Trennlagen zu Bitumen und Hartschaumdämmstoffen (Ausnahme: bitumenverträgliches PVC (BV)).

Kunststoffgerechte Anwendung ist die lose Verlegung unter Auflast oder lose Verlegung mit mechanischer Verankerung, oder die Verlegung auf bewegungsausgleichendem Trennvlies mit mechanischer Randverankerung. Kunststoffdachbahnen müssen immer in der Abdichtungsebene randfixiert werden. Mechanische Verankerungen auf einer Attika oder in Anschlusshöhe sind falsch und wirkungslos.

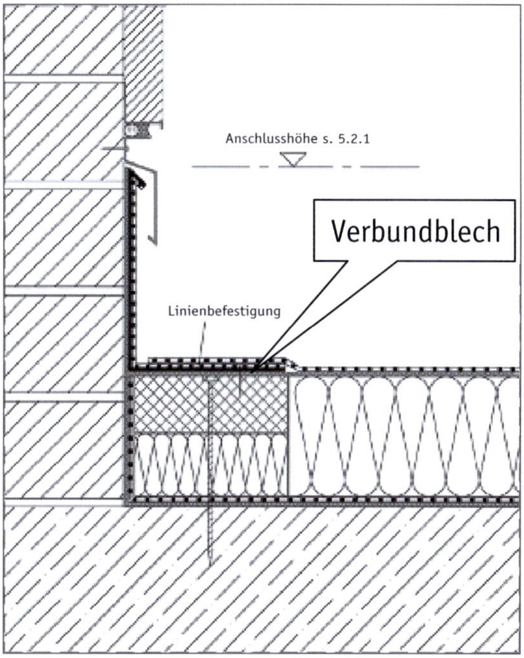

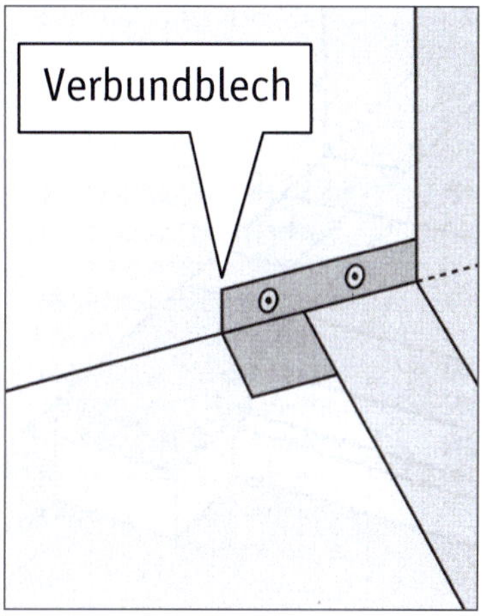

Abb. 37 (li.): Kunststoffdachbahnen müssen an Rändern und Anschlüssen randfixiert werden, hier durch Verbundblechwinkel mit lagesicherer Verankerung auf einer Randbohle [Quelle: ZVDH].

Abb. 38 (re.): Schema des Verbundblechanschlusses [Quelle: WOLFIN Bautechnik]

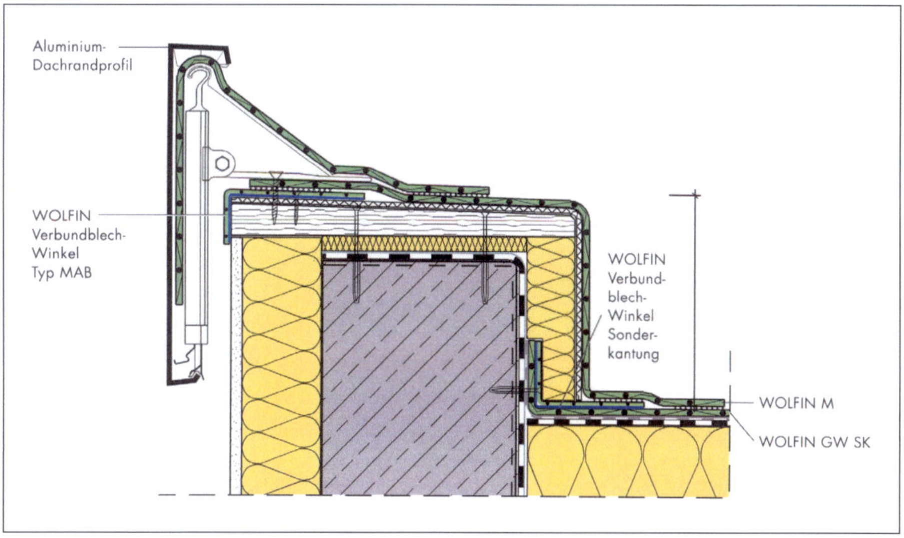

Abb. 39: Auch an Dachrändern sind Kunststoffdachbahnen randzusichern, entweder durch Verbundblech oder Telleranker [Quelle: WOLFIN Bautechnik].

1.3.2 Abdichtung aus Bitumenbahnen und Bitumenschweißbahnen

Bitumendach- oder Schweißbahnen sind im Gegensatz zu Kunststoffbahnen als solche keine Abdichtung. Erst das vollflächige – homogene – Verkleben/Verschmelzen mehrerer Bahnen miteinander erzeugt die gewünschte Dichtwirkung. Bitumenabdichtungen bestehen nach den Fachregeln deshalb in der Regel aus mindestens zwei (oder auch mehr) Lagen, die vollflächig miteinander verklebt (verschmolzen) sein müssen.
Die heute überwiegend verwendeten Bitumenschweißbahnen bestehen aus einer mit Bitumen getränkten Trägereinlage Glasvlies oder Glasmischgewebe (GV), Polyesterfaservlies (PV), Glasgewebe (G) oder Metallfolie (A oder Cu), einer Schmelzschicht aus vergütetem Bitumen und einer oberseitigen Deckschicht z. B. aus Elastomerbitumen. Oberlagendachbahnen sind dabei mit Steingranulat oder -splitt abgestreut.

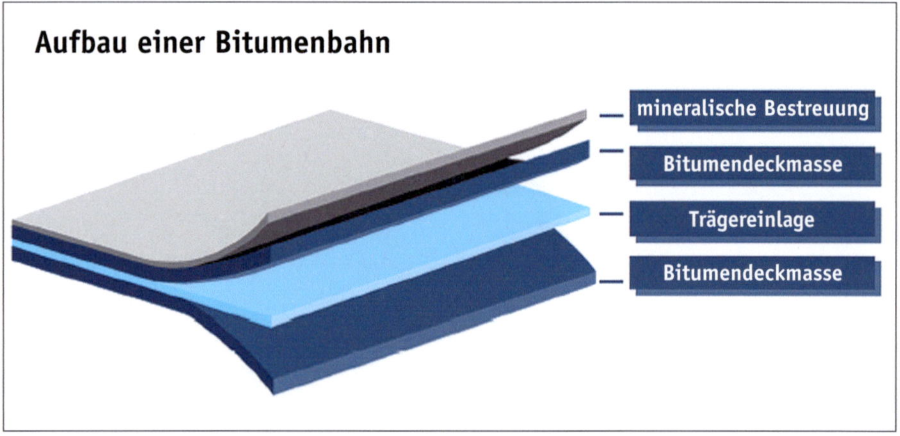

Abb. 40: Der normgerechte Aufbau deutscher Bitumenschweißbahnen besteht immer aus Bitumendeckmasse, Trägereinlage, und Schmelzschicht (»Bitumendeckmasse«) auf der Unterseite. Oberlagsbahnen sind meist mineralisch bestreut [aus: abc der Bitumenbahn].

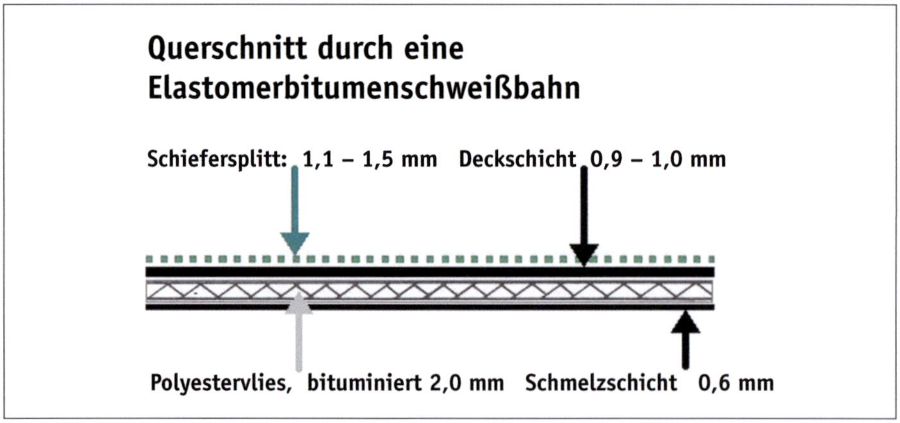

Abb. 41 Schichtdicken der Bitumenschweißbahnen nach deutschen Normen.

Die Bitumendeckschicht ist maximal 0,9–1,0 mm dick. Sie unterliegt in der Oberlage der direkten Bewitterung, nur durch dünne Granulat- oder Splittschicht geschützt und ist von Beginn der Verlegung einem unumkehrbaren Alterungs- und Abwitterungsprozess ausgesetzt.

Das Bitumen wird durch Besonnung und Bewitterung physikalisch (Austrocknung), chemisch (Krackung) und biologisch abgebaut. Dabei versprödet und schrumpft die Deckschicht und bildet craqueléartige Rissmuster.

Abb. 42 (li.): Ansicht einer neu hergestellten Abdichtung

Abb. 43 (re.): Gealterte Deckschicht

Abb. 44 (li.): Fortgeschrittene Alterung

Abb. 45 (re.): Deckschicht weitgehend abgebaut

Abb. 46: Schollenförmiges Abblättern der Deckschicht einer Elastomerbitumenschweißbahn

Fachregeln des Dachdeckerhandwerks (Flachdachrichtlinien)

2.5.6 Dachabdichtung

2.5.6.2 Dachabdichtungen aus Bitumenbahnen

Dachabdichtungen aus Bitumen- oder Polymerbitumenbahnen werden in der Regel mehrlagig ausgeführt.

(2) In Abhängigkeit einer bestimmten Anwendungskategorie und Beanspruchungsklasse sind Bitumen- und Polymerbitumenbahnen nach Anwendungstyp und Eigenschaftsklasse gemäß Tabelle 3 zu wählen.

Tab. 3: Bemessung von Dachabdichtungen aus Bitumen- und Polymerbitumenbahnen

Anwendungskategorie der Dachabdichtung	Beanspruchungsklasse der Dachabdichtung	Dachabdichtung (Lagen und erforderliche Anwendungstyp/Eigenschaftsklasse[3])	
K1	IA, IB, IIA, IIB	zweilagig	obere Lage: DO/E 1
			untere Lage: DU/E 2
	IIA, IIB	zweilagig	obere Lage: DO/E 1
			untere Lage: DU/E 4[1]
	IA, IB, IIA, IIB	einlagig	DE/E 1[2]
K2	IA, IB, IIA, IIB	zweilagig	obere Lage: DO/E 1
			untere Lage: DU/E 1

[1] mindestens V60 S 4

[2] Nur zulässig für Bahnen nach Produktdatenblatt, Tabelle 5, Zeile 10

[3] Eigenschaftsklasse nach Produktdatenblatt Bitumenbahnen, Tabelle 1

In der Flachdachrichtlinie ab 8/2008 werden angelehnt an DIN 18531 Flachdächer in Beanspruchungskategorien geteilt, auf die Art, Qualität und Lagenzahl der Abdichtungen abzustimmen sind:

Beanspruchungsstufen	Hohe mechanische Beanspruchung Stufe I	Mäßige mechanische Beanspruchung Stufe II
Hohe thermische Beanspruchung Stufe A	IA	IIA
Mäßige thermische Beanspruchung Stufe B	IB	IIB

Tab. 4: Beanspruchungsklassen für Dachabdichtungen

Die homogen verklebte mehrlagige Bitumenabdichtung ist die Regelausführung.
Die in Fachregeln enthaltene »einlagige Abdichtung« ist dem Zeitgeist geschuldet und das – schlechte – Ergebnis des jahrelangen Zwists um die Einlagigkeit bei Kunststoffabdichtungen.

Die einlagige Verlegung ist an besondere Bedingungen geknüpft:

- Mindestdachneigung 2 %, auch in Rinnen, Mulden, Kehlen und Anschlüssen.
- Verwendung eines verbesserten Bahnentyps »DE« mit verringertem Schwindverhalten, höherer Wärmestandfestigkeit und höherem Wasserdurchlasswiderstand.
- Schweißnähte müssen mind. 10 cm weit überlappt sein, Kopfstöße und Anschlüsse von Schieferbesplittung befreit werden.
- Alle Anschlüsse, Kehlen, Mulden, Rinnen müssen zweilagig ausgeführt werden, Kehlen müssen mit einer zusätzlichen Lage verstärkt werden.
- Nicht für Begrünungen geeignet.

Ob die einlagig verlegte Bitumenabdichtung sicher und insbesondere dauerhaft sein kann, muss sich noch erweisen. Erst durch das Verschmelzen der Deck- und Schmelzschichten und gleichzeitiges Aktivieren und Verschmelzen der Tränkung der Trägereinlage entsteht eine geschlossene und wasserhaltende Dichtschicht. Unvermeidbare Alterung und Versprödung erfordern eine durchgängig homogene Dichtschicht, die erst bei mehrlagiger Abdichtung vorliegt.
Bitumenschweißbahnen werden in unterschiedlichen Arten und Qualitätsstufen hergestellt. Mindestanforderungen deutscher Erzeugnisse sind in DIN-Normen festgelegt. Die diesen Normen entsprechenden Schweißbahnen stellen die unterste Qualitätsstufe dar (Mindestanforderung).
Höherwertige Schweißbahnen werden unter eigenen Markennahmen vertrieben. Europäische EN-Normung stellt auf Anforderungsprofile ab und gibt technische Mindestwerte vor.

a) Elastomerbitumenschweißbahnen

Deckschicht- und Schmelzschichtbitumen sind mit SBS-Kautschuk im Anteil von 5 bis 15 % gemischt. Der Kautschukanteil erhöht Wärmestandfestigkeit, Kaltbiegeverhalten (Dehnfähigkeit) und Duktilität: Das Bitumen lässt sich schwerer und zu nur teigiger Konsistenz schmelzen. Aufschweißen ist zeitaufwendiger als bei destilliertem Bitumen und darf nur mit kleiner Brennerflamme durchgeführt werden (Gefahr des Überhitzens und Verbrennens von Bitumen und Trägereinlage). Bahnen benötigen immer einen Oberflächenschutz (Kies, Besplittung).

b) Plastomerbitumenschweißbahnen

Beimischung von bis zu 40 % ataktischem oder isotaktischem Polypropylen zum Bitumen (APP-Bitumen, APP-Schweißbahn). Die Bahnen kommen ursprünglich aus dem Mittelmeerraum. Hochwertige Bahnen ertragen direkte Besonnung ohne Oberflächenschutz. Das APP-Bitumen lässt sich leicht verflüssigen, was den Aufschmelzvorgang sehr erleichtert und die Homogenität mehrlagiger Abdichtungen verbessert. Weiterer Vorzug der APP-Bahnen ist ihre besondere Wärmestandfestigkeit: Hochwertige Bahnen sind selbst an lotrechten Wänden standsicher. Nachteilig ist, dass sich das Bitumen nicht mit Flüssigkunststoff verträgt (Flüssigkunststoffanschlüsse auf APP-Bitumen sind i. d. R. nicht möglich).

Plastomerbitumenschweißbahnen haben eine um bis zu 25 ° höhere Schmelztemperatur als Elastomerbitumenbahnen. Kombinationen unterschiedlicher Bahnen – insbesondere im Verbund mit Kaltselbstklebebahnen auf EPS-Hartschaum – können zu Schmelzschäden führen!

c) APAO-modifizierte Polymerbitumenschweißbahnen

APAO-Bitumen sind mit Polyalphaolefinen modifiziert, sie vereinen die Vorzüge von Elastomer- und Plastomerbitumen; mit APP-Bitumen sind sie mischbar.

Besondere Vorzüge von APAO-Schweißbahnen sind Kälteflexibilität bis –25 ° und Wärmestandfestigkeit bis 130 °, hohe Fließ- und Netzfähigkeit, hohe Beständigkeit gegen UV-Strahlung, Oxidation und Alterung.

d) Französische Schweißbahnen

haben gegenüber deutschen Erzeugnissen einen anderen Aufbau. Bei ihnen ist der Träger als offenes Mischgewirk im Bitumen eingebettet, also nicht als Trägereinlage zwischen Deckschichten. Die Bahnen sind meist nur 2,5 bis 3,5 mm dick, das Bitumen jedoch i. d. R. stark mit Polymerstoffen gefüllt. Die Bahnen erreichen technische Werte oft über denen der deutschen Erzeugnisse.

e) Sonderbahnen

Deutsche Hersteller kopieren seit Jahren mit Sonderbahnen das Prinzip der französischen Schweißbahnen, insbesondere in Kaltselbstklebebahnen oder Dachbahnen für einlagige Abdichtungen.

1.3.2.1 Anforderungsprofile

Nach DIN 18195-5 können Balkone als »mäßig beanspruchte Flächen« eingestuft und damit einlagig mit Bitumenbahnen abgedichtet werden. Nach DIN 18531 »Dachabdichtungen« (Nov. 2005) und Flachdachrichtlinien ab 2008 werden Dächer eingeteilt in die Anwendungskategorien

- K1 (Standard)
- K2 (verbesserte Ausführung)
- Beanspruchungsklassen IA, IIA, IB, IIB.

Dachbahnen werden eingeteilt in Eigenschaftsklassen mit Anforderungsprofilen. In der untersten Beanspruchungsklasse IIB (= mäßige mechanische und mäßige thermische Beanspruchung) sind einlagige Dachabdichtungen mit Polymerbitumenbahnen erlaubt. Die einlagige Verlegung ist beschränkt auf Anwendungskategorie K1 (Standardausführung). Die Besonderheit der in DIN 18531 und den Flachdachrichtlinien neu eingeführten einlagigen Verlegung ist an Vorbedingungen und besondere Ausführungsregeln geknüpft.

- Es dürfen nur »DE«-Bahnen nach DIN 18531-2 verwendet werden.
- Die Unterlage (Dachdecke oder Wärmedämmung) muss ein Gefälle von mindestens 2,0 % haben.
- An- und Abschlüsse, Kanten und Kehlen sind mehrlagig auszuführen.
- Einlagige Abdichtungen dürfen nicht begrünt werden.
- Längs- und Quernähte sind mindestens 100 mm breit zu überlappen.
- Bei Kiesschüttung ist eine Schutzlage erforderlich.

Tab. 5: Anwendungstypen Dachabdichtung

Typkurzzeichen	Verwendung in Dachabdichtungen
DE	Bahnen für einlagige Dachabdichtung
DO	Bahnen für die Oberlage einer mehrlagigen Dachabdichtung
DU	Bahnen für die untere Lage einer mehrlagigen Dachabdichtung
DZ	Bahnen für Zwischenlage bzw. zusätzliche Lage einer mehrlagigen Dachabdichtung

1.3.3 Abdichtung aus Flüssigkunststoff

Die meistgebrauchten Dichtstoffe sind:

- ungesättigte Polyesterharze FUP
- Polyurethanharze PU
- reaktive Methylmethacrylate PMMA.

Flachdachrichtlinie

(1) Flüssigabdichtungen auf Basis von Reaktionsharzen sind mehrkomponentige, flüssige Abdichtungssysteme mit Vliesarmierung. Die Basisharze werden in Eimergebinden bzw. Containern angeliefert.

(2) Die Dicke der fertigen Flüssigabdichtung muss mindestens sein:

K1:	1,8 mm
K2:	2,1 mm
genutzte Abdichtungen:	2,0 mm

(3) Die Eignung der Flüssigabdichtungen muss durch ein allgemeines bauaufsichtliches Prüfzeugnis einer anerkannten Prüfstelle vom Hersteller nachgewiesen werden.

(7) Die Verträglichkeit der Werkstoffe bzw. Bahnen untereinander muss sichergestellt sein.

(3) Flüssigabdichtungen sollen vollflächig haftend aufgetragen werden. Eine Vorbehandlung des Untergrundes ist erforderlich (z. B. Säubern, Trocknen, gegebenenfalls Grundieren).

(4) Flüssigabdichtungen sollen mindestens zweischichtig mit Armierung ausgeführt werden. Das kann durch Streichen, Rollen oder Spritzen erfolgen. Als Armierung sollen Kunststofffaservliese mindestens 110 g/m² eingesetzt werden. Die Einlage ist in eine vorgelegte Menge Flüssigabdichtung einzuarbeiten und frisch in frisch abzudecken.

(6) Für Flüssigabdichtungen dürfen nur solche Produkte verwendet werden, die der Bauregelliste entsprechen. Der Eignungsnachweis muss der Europäischen Technischen Zulassung auf Basis der Zulassungsleitlinie ETAG 005 entsprechen.

Abb. 47 (li.): Üblicher Applikationsvorgang bei Flüssigkunststoff: Deckend auftragen …

Abb. 48 (re.): … verteilen und Vliesbahn einrollen

Abb. 49 (re.): Vliesbahn anrollen und nochmals deckend beschichten.

Hochwertige und langlebige Flüssigkunststoffe sind mindestens zweikomponentig. Einkomponentig einzubauende Beschichtungen sind preiswerter und einfacher in der Anwendung, haben aber meist nicht die Standfestigkeit und Dauerhaftigkeit der mehrkomponentigen Stoffe. Auswahl der Stoffe, Anwendung und Einbau sind Fachfirmen vorbehalten, die über ein fundiertes Fachkönnen verfügen sollten. Besondere Voraussetzungen:

- Untergrund: der Untergrund muss fest, lagesicher und trocken sein und darf nicht mehr als 5 Masse-% Feuchtigkeit aufweisen. Lose, sandige, körnige oder splittige Auflagen müssen entfernt werden.
- Grundierung: mit wenigen Ausnahmen muss der Untergrund vorbehandelt (geprimert) oder sogar angeschliffen werden.
- Einige Kunststoffe sind alkaliempfindlich (UP-Harze) und dürfen nicht auf frischen Beton oder Estrich aufgebracht werden.
- Beschichtungen müssen vollflächig haftend aufgebracht werden; lose liegende Beschichtungen werden bei Belastung zerstört.
- Anschlüsse müssen vor dem Aufbringen mit Malerkreppband abgeklebt werden, um saubere Übergänge zu erhalten.

- Wasserdichte Anschlüsse an Fremdstoffe sollten erst nach Freigabe durch den Hersteller ausgeführt werden. Meist sind besondere Vorbehandlungen (Anschleifen, Primern) notwendig. Nicht dauerhaft sind Anschlüsse auf beschieferten Bitumenbahnen, bewittertem Holz, Lackanstrichen und Fassadenanstrichen sowie auf sandigen Putzflächen.
- Abdichtungen über Dehnfugen oder Metallstößen werden mit einem Zusatzstreifen aus Vlies und Flüssigkunststoff verstärkt. Bei Bewegungen löst sich die Beschichtung über der Fuge ab und ist durch die Verstärkung vor Bruch geschützt. Das bedeutet auch, dass wasserdichte Anschlüsse an Metallprofilstöße nicht möglich sind.

1.3.4 Bewegungsausgleich und Windsicherung

Dachabdichtungen müssen einerseits Windangriff (Windsog und -druck) standhalten, auf der anderen Seite darf zum Untergrund (Dachdecke, Wärmedämmschichten) keine starre Verbindung hergestellt werden, die nur zu Bewegungsbrüchen führen würde. Die Dachabdichtung darf in der Dichtungsebene nicht verschieblich sein und muss doch Bewegungen im Schichtenpaket zulassen. Um diese Forderungen insgesamt zu ermöglichen, sind Schichten und Schichtenfolge des Dachschichtenpakets exakt festgelegt.

1.3.4.1 Sicherung gegen Windsog

Eine Sicherung gegen Windsog kann sichergestellt werden durch

- Auflasten (Kiesschicht, Plattenbelag)
- mechanische Anker (Breitkopfnägel, Telleranker, Haftleisten oder -bänder, Klettbänder)
- Verklebungen (Schmelzkleber, Kaltkleber, PUR-Schaumkleber, Dispersionskleber).

Abb. 50 (li.): Kiesauflast und Betonplatten

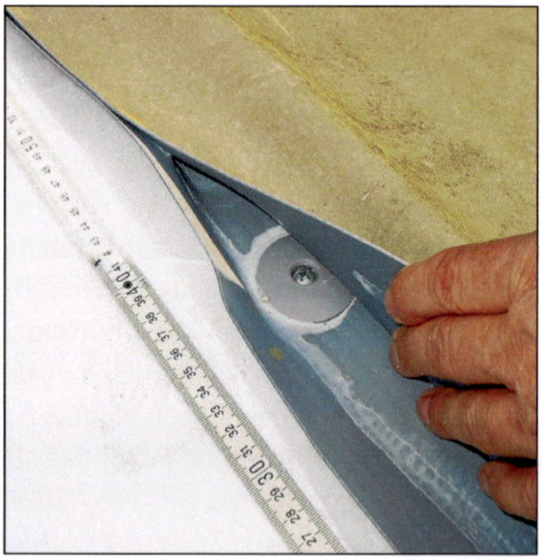

Abb. 51 (re.): Telleranker mit Schweißstreifen

Abb. 52: Fehlende Schubsicherung auf Tonnen-Sheddach

Für Kleber sind Vorgaben aus der Fachregel (Anzahl von Klebestrichen oder Klebeflächenanteil) oder der Herstelleranweisungen anzuwenden, das Gleiche gilt für Sicherungen durch Auflasten. Auflasten können und mechanische Verankerungen müssen rechnerisch nachgewiesen werden. Dachanker müssen eine bauaufsichtliche Zulassung haben.

1.3.4.2 Sicherung gegen Verschieben

Zusätzlich zur Windsogsicherung müssen Lagen des Flachdaches gegen seitliches Verschieben gesichert werden (Randfixierung): Das gilt nicht nur für die Abdichtung, sondern auch für die Wärmedämmschicht und prinzipiell für alle Schichten des Daches.

- Abnageln mit Breitkopfstiften
- Telleranker
- Randleisten/Metallbänder
- Verbundbleche

vorgeschrieben bei

- loser Verlegung und Verlegung unter Auflast
- leichten Dachdecken (Trapezprofildecken)
- plastisch bleibenden Flächenklebern
- Gebäudehöhen über 20 m.

Zusätzliche Schubsicherung ist notwendig und vorgeschrieben bei Schrägflächen >3 ° (5,2 %) Neigung. Schubsicherungen können durch Einbau von Kanthölzern oder Z-Profilen in die Ebene der Wärmedämmschicht hergestellt werden.

1.3.4.3 Bewegungsausgleich oder Verbundklebung

Der Bewegungsausgleich zwischen Dachdecke und Dachschichtenpaket wird hergestellt durch die *Ausgleichsschicht:*

- Dach-/Dampfsperrbahn mit Gleitschicht, Verklebung punkt- oder streifenförmig
- Trennfolie oder Trennvlies
- unterseitig grob besandete Dachbahn.

Bei Bitumen-Abdichtungen, die direkt auf eine Betondecke verlegt werden (Tiefgaragendecke, Umkehrdach) bevorzugt man die vollflächige Verklebung, um Wasserunterläufigkeit zu verhindern. Genauso verfährt man bei direkt auf Beton aufgebrachten Flüssigkunststoffen. Dabei muss die Rissbildung in der Betondecke begrenzt werden, und Dehnfugen sind aus der Dichtebene herauszuheben.
Bewegungsausgleich zwischen Wärmedämmschicht und Dachabdichtung (Dachhaut) wird hergestellt durch die *Dampfdruckausgleichsschicht:*

- Dach-/Dampfsperrbahn mit Gleitschicht, Verklebung punkt- oder streifenförmig
- Trennfolie oder Trennvlies
- unterseitig grob besandete Dachbahn als erste Lage auf der Dämmung.

Als hervorragende Lösung haben sich Bahnen mit Selbstklebestreifen bewährt, die einerseits ausreichende Haftung zu Hartschaumdämmstoffen erzeugen, andererseits den notwendigen Bewegungsausgleich sicherstellen. Kaltselbstklebebahnen mit flächigen Kleberschichten sind wenig vorteilhaft und neigen zu Schubfalten über Dämmstößen. Die Schmelzschichten der Kaltselbstklebebahnen haben Schmelzschichten aus ungefülltem Elastomerbitumen, das einen niederen Schmelzbereich von etwa 155–165 °C hat und leicht überhitzt (verflüssigt) werden kann. Schmelzschäden an EPS-Hartschaumdämmungen können bei flächigen Selbstklebebahnen mit aufgeschweißten Elastomerbitumenschweißbahnen auftreten. Plastomerbitumenschweißbahnen mit Schmelzbereichen um 180 °C dürfen nicht auf Kaltselbstklebebahnen mit flächiger Kleberschicht verlegt werden.

1.3.5 Wärmeschutz

Fachregeln des Dachdeckerhandwerkes
3 Werkstoffe und Anforderungen
(1) Als Wärmedämmstoffe sind z. B. geeignet:

- Polystyrol-Partikelschaum EPS
- Polystyrol-Extruderschaum XPS
- Polyurethan-Hartschaum PUR
- Phenol-Hartschaum PF

Abb. 53 (li.): Dampfdruckausgleich hergestellt durch Kaltselbstklebebahn mit Klebestreifen

Abb. 54 (re.): Verlegen einer Zusatzdämmung aus EPS-Platten

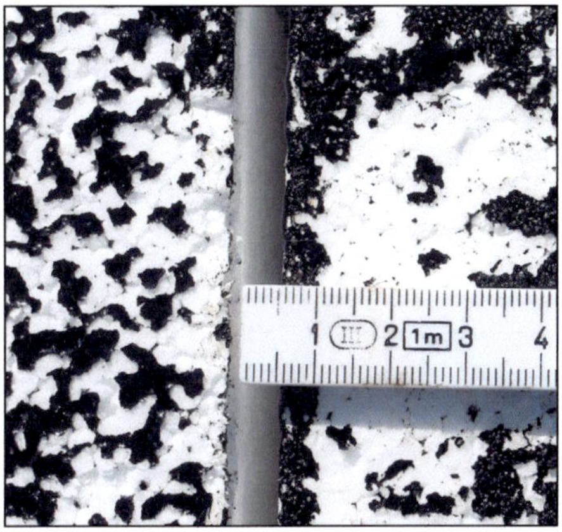

Abb. 55 (li.): Freigelegte Dämmschicht mit überbreiten Plattenfugen

Abb. 56: (re.) Dachdämmung mit zu breiten Fugen >7mm

- Mineralfaser-Dämmstoff MF
- Schaumglas SG
- Kork BK/IK
- Platten aus expandierten Mineralien
- Holzfaserdämmstoffe
- Schüttungen aus expandierten bituminierten Mineralien.

(2) Für die Wärmedämmung von Dächern mit Abdichtungen dürfen nur solche Dämmstoffe verwendet werden, die bauaufsichtlich eingeführten Normen oder bauaufsichtlichen Zulassungen entsprechen. Sie müssen amtlich überwacht werden. Leicht entflammbare Dämmstoffe dürfen nicht verwendet werden.

(3) Wärmedämmstoffe müssen den Produktdatenblättern im Regelwerk des Dachdeckerhandwerks entsprechen.

2 Regel für Abdichtungen nicht genutzter Dächer
2.5 Ausführung
2.5.4 Wärmedämmung

(1) Dämmplatten und rollbare oder klappbare Wärmedämmbahnen können lose verlegt, oder werkstoffspezifisch unter Berücksichtigung der Sicherung von Dachabdichtungen gegen Abheben durch Windkräfte, vollflächig oder teilflächig verklebt oder mechanisch befestigt werden.
(2) Soll die Wasserunterläufigkeit verhindert werden, sind Schaumglasplatten auf geschlossener Unterlage (z. B. Beton) vollflächig in Bitumen oder mit einem anderen geeigneten Klebstoff zu verlegen. In diesem Fall sind an die Ebenheit des Untergrundes besondere Anforderungen zu stellen.
(3) Platten- oder bahnenförmige Dämmstoffe sollen im Fugenversatz eng aneinander verlegt werden. Fugen aus zulässigen Maßabweichungen und temperaturbedingten Längenänderungen lassen sich nicht vermeiden. Hinsichtlich der Fugentoleranzen siehe auch **DIN EN ISO 6946.** An Fugen von Wärmedämmungen oder im Bereich von Randhölzern, Zargen u. ä. ergibt sich ein von den Werten der Fläche geringfügig abweichender Wärmedurchlasswiderstand. Dadurch können bei Reif, dünner Schneedecke oder Feuchtigkeit auf der Dachfläche Abzeichnungen erkennbar werden, die die Funktionsfähigkeit nicht beeinträchtigen.
(4) Roll- und Klappdämmbahnen sind auf Trapezprofilen generell in Spannrichtung (gleichlaufend zu den Obergurten) zu verlegen.
(5) Dämmplatten, auf die Dachabdichtungen unmittelbar aufgeklebt werden, dürfen auf der Oberseite keine Ausgleichskanäle aufweisen.
(6) Wird auf Dämmplatten aus Polystyrol-Hartschaum die erste Lage der Dachabdichtung geschweißt oder mit Heißbitumen aufgeklebt, müssen diese oberseitig mit überlappender Kaschierung versehen sein. Die Überlappungen müssen nicht verklebt werden.
(7) Polyurethan-Hartschaumplatten sind gemäß Herstellerverlegerichtlinien voll- oder gleichmäßig verteilt teilflächig auf dem Untergrund zu verkleben oder mechanisch zu befestigen.

Anwen-dungs-gebiete	Kurz-zeichen	Anwendungsbeispiele
Decke, Dach	DAD	Außendämmung von Dach oder Decke, vor Bewitterung geschützt, Dämmung unter Deckungen
	DAA	Außendämmung von Dach und Decke, vor Bewitterung geschützt, Dämmung unter Abdichtungen
	DUK	Außendämmung des Daches, der Bewitterung ausgesetzt (Umkehrdach)
	DZ	Zwischensparrendämmung, zweischaliges Dach, nicht begehbare, aber zugängliche oberste Geschossdecken
	DI	Innendämmung der Decke (unterseitig) oder des Daches, Dämmung unter den Sparren/Tragkonstruktion, abgehängte Decke usw.
	DEO	Innendämmung der Decke oder Bodenplatte (oberseitig) unter Estrich ohne Schallschutzanforderungen
	DES	Innendämmung der Decke oder Bodenplatte (oberseitig) unter Estrich mit Schallschutzanforderungen
Wand	WAB	Außendämmung der Wand hinter Bekleidung
	WAA	Außendämmung der Wand hinter Abdichtung
	WAP	Außendämmung der Wand unter Putz

Tab. 6: Anwendungsgebiete, ihre Kurzzeichen und Anwendungsbeispiele nach DIN V 4108-10

Produktei-genschaft	Kurz-zeichen	Beschreibung	Beispiele
Druckbe-lastbarkeit	dk	keine Druckbelastbarkeit	Hohlraumdämmung, Zwischensparren-dämmung
	dg	geringe Druckbelastbarkeit	Wohn- und Bürobereich unter Estrich
	dm	mittlere Druckbelastbarkeit	nicht genutztes Dach mit Abdichtung
	dh	hohe Druckbelastbarkeit	genutzte Dachflächen, Terrassen
	ds	sehr hohe Druckbelastbar-keit	Industrieböden, Parkdeck
	dx	extrem hohe Druckbelast-barkeit	hoch belastete Industrieböden, Parkdeck
Wasserauf-nahme	wk	keine Anforderungen an die Wasseraufnahme	Innendämmung im Wohn- und Büro-bereich
	wf	Wasseraufnahme durch flüssiges Wasser	Außendämmung von Außenwänden und Dächern
	wd	Wasseraufnahme durch flüssiges Wasser und/oder Diffusion	Perimeterdämmung, Umkehrdach

Tab. 7: Produkteigenschaften und ihre Kurzzeichen nach DIN V 4108-10

Tab. 7: (Fortsetzung)

Produkteigenschaft	Kurzzeichen	Beschreibung	Beispiele
Zugfestigkeit	zk	keine Anforderungen an die Zugfestigkeit	Hohlraumdämmung, Zwischensparrendämmung
	zg	geringe Zugfestigkeit	Außendämmung der Wand hinter Bekleidung
	zh	hohe Zugfestigkeit	Außendämmung der Wand unter Putz, Dach mit verklebter Abdichtung
Schalltechnische Eigenschaften	sk	keine Anforderung an schalltechnische Eigenschaften	Alle Anwendungen ohne schalltechnische Anforderungen
	sh	Trittschalldämmung, erhöhte Zusammendrückbarkeit	Schwimmender Estrich, Haustrennwände
	sm	mittlere Zusammendrückbarkeit	
	sg	Trittschalldämmung, geringe Zusammendrückbarkeit	
Verformung	tk	keine Anforderung an die Verformung	Innendämmung
	tf	Dimensionsstabilität unter Feuchte und Temperatur	Außendämmung der Wand unter Putz, Dach mit Abdichtung
	tl	Verformung unter Last und Temperatur	Dach mit Abdichtung

Tab. 8: Anwendungsgebiete und Differenzierungen der Produkteigenschaften der Wärmedämmstoffe nach DIN V 4108-10

Anwendung	Dämmstoff	MW	EPS	XPS	PUR	PF	CG	EPB	ICB	WF	WW
Dach, Decke	DAD	dk[a] dh	+	+	+	+	+	+	wk wf	dg dm ds	dk dh
	DAA	+	dm dh	dm dh ds dx	dh ds	+	dh ds dx	ds M.S.D.[b,c]	+	dh ds	+
	DUK	–	–	dh ds dx	–	–	–	–	–	–	–
	DZ	+[a]	+	–	+	+	–	+	+	+	+
	DI	+	+	+	+	+	+	+	dk dm	dk dm	dk dm
	DEO	+	+	dm dh ds dx	dh ds	dh ds	+	+	+	dg dm ds	+
	DES	sh sg	sh sm sg	–	–	–	–	M.S.D.[b, c] sh M.S.D.[b, c] sg	–	sh sg	–

1.3.6 Dampfsperre, Luftsperre, Windsperre

Die Dampfsperre soll den Dampfdurchgang in die Dachkonstruktion mindern, um Feuchteschäden zu vermeiden. Die Luftsperre soll den Luftdurchgang durch die Dachkonstruktion verhindern, um Wärmeverlust und Feuchteschäden zu vermeiden. Die immer außen und an Dachrändern angebrachte Windsperre soll verhindern, dass Außenluft die Wärmedämmschichten unter- oder durchströmt und damit den Wärmeschutz mindert.

Dampfsperre:

- PE-Folien mind. 0,2 mm
- Bitumenschweißbahnen mind. 3,5 mm (mit (und ohne) Metallbandeinlage (Al))
- Kautschukdachbahnen
- Bitumendachbahnen
- Verbundfolien.

Überlappungen und Anschlüsse müssen dauerhaft verklebt sein. Für die Auswahl von Sperrschichten schreibt DIN 4108 »Wärmeschutz im Hochbau« den rechnerischen Nachweis des Feuchtedurchgangs und der im Bauteil auftretenden Tauwassermengen vor.
Dabei sollen örtliche Klimadaten zugrundegelegt werden. Zielführende und weitgehend zuverlässige Berechnung bieten das Rechenverfahren nach EN ISO 13788, das monatlich auftretende Tauwasser- und Verdunstungsmengen bezogen auf jede Bauteilschicht ermittelt.
Das Rechenverfahren nach Teil 3 aus DIN 4108 mit festen Klimadaten und Zeitfenstern ist nur in Extremklimazonen (Berglandschaften) angemessen und liefert nur sehr ungenaue Ergebnisse, die in Flachlandzonen oft nicht zutreffen. Neuere Rechenverfahren (»WUFI«) erlauben extrapolierte Werte über Jahre hinaus. Die Rechenverfahren werden zunehmend verfeinert und an tatsächliche Prüfergebnisse angepasst.

Hilfsweise sind Sperrschichten auch nach Fachregeltabellen zu bemessen:

Wasserdampfdiffusionsäquivalente Luftschichtdicke in m	
außen $s_{d,e}$[1]	**innen $s_{d,i}$[2]**
$\leq 0{,}1$	$\geq 1{,}0$
$\leq 0{,}3$[3]	$\geq 2{,}0$
$>0{,}3$	$s_{d,i} \geq 6\, s_{d,e}$

[1] $s_{d,e}$ ist die Summe der Werte der wasserdampfdiffusionsäquivalenten Luftschichtdicken der Schichten, die sich oberhalb der Wärmedämmung befinden bis zur ersten durch die Außenluft belüfteten Luftschicht (z. B. Konterlattenebene oberhalb der Zusatzmaßnahme).

[2] $s_{d,i}$ ist die Summe der Werte der wasserdampfdiffusionsäquivalenten Luftschichtdicken aller Schichten, die sich unterhalb der Wärmedämmschicht bzw. unterhalb gegebenenfalls vorhandener Untersparrendämmungen befinden bis zur ersten an die Innenluft angeschlossene Luftschicht (z. B. Installationsebene, die über Öffnungen an die Innenluft angeschlossen ist).

[3] Bei nicht belüfteten Dächern mit $s_{d,e} \leq 0{,}2$ m kann auf chemischen Holzschutz verzichtet werden, wenn die Bedingungen nach DIN 68800-2 eingehalten werden.

Nach DIN 4108-3 können Bauteilschichten mit dampfdichter Oberfläche mit Dampfsperren $s_d > 100$ m L_R sicher und tauwasserfrei gesperrt werden. Berechnungen nach EN ISO 13788 bestätigen das in der Regel. Einige Fachleute weisen jedoch darauf hin, dass es im nicht belüfteten Holzdach mit Gefachdämmung im Lauf der Jahre zu kumulierter Feuchteanreicherung kommen könnte.
Aus Sicherheitsgründen sollten deshalb in der Holzkonstruktion bei sehr dampfdichten Deckschichten (Metalldeckung) nur belüftete Konstruktionen ausgeführt werden.

Abb. 57: Gefahrengeneigte Ausführung der Dampf- und Luftsperre auf einem Leichtdach: hier Folienüberlappung quer zum Trapezprofil

Im einschaligen nicht belüfteten Dach oberhalb der Holzkonstruktion und mit Schaumstoff- oder Mineralwolledämmungen sind geringe Restfeuchten (»vagabundierende Feuchte«) nicht schädlich.

Luftsperre (Luftdichtheitsschicht):

- Werkstoffe wie Dampfsperre
- Holzwerkstoffplatten
- Gipsfaser-/Gipskartonplatten
- Beton, Estrich
- Nassputz auf Mauerwerk.

Stöße, Überlappungen und Anschlüsse müssen dauerhaft verklebt (gedichtet) sein. An Dachrändern und Wandanschlüssen ist die Luftsperre nur bis Oberkante Wärmedämmung hochzuführen und dort anzuschließen. Sofern die Luftsperre gleichzeitig als Dampfsperre eingesetzt wird, ist sie am Dachrand bis Außenkante Attika zu führen, muss an und auf dieser aber flächig aufgeklebt sein, um Luftunterspülung und Kondenswasserausfall zu verhindern (Luftinnendruck aus dem Bauwerk führt zum Aufblasen der Sperrschicht).

Die Windsperre

Die Windsperre wird durch Hochführen der Dampf- und Luftsperrschichten bis Oberkante Wärmedämmschicht an Dachrändern hergestellt, sowie durch dicht schließende Sickenfüller bei Trapezprofildecken an Dachrändern und Dachöffnungen.

1.4 Probleme mit Leichtdächern

1.4.1 Wind- und Lagesicherung

1.4.1.1 Mechanische Verankerung

a) Saumbefestigung. Die weitgehend übliche Art der Verankerung wird mit Tellerankern im Überlappungsbereich der Dachbahnen vorgenommen (Saumbefestigung); die Überlappung muss dabei um die Breite des Ankertellers zuzüglich etwa 10 mm vergrößert werden. Im Leichtdach (auf Stahltrapezprofildecke) werden die Ankerabstände durch das Profilraster und durch die Bahnenbreite bestimmt. Nachteile der Verankerung im Überlappungsbereich sind:

- Ankerabstände sind an Profilraster und Bahnenbreiten gebunden.
- Bahnenbreiten über 1,00 m bedingen ungünstige weil zu große Befestigerabstände.
- Die Anker werden auf Biegung und Schrägzug, die Schweißnähte und Bahnen auf Schälung beansprucht.

Verankerungen auf weichen Dämmstoffen (Mineralfaserdämmplatten) sind grundsätzlich mit Schiebehülsen-Ankern auszuführen.

Abb. 58 (li.): Kunststoffabdichtung ohne Lagesicherung

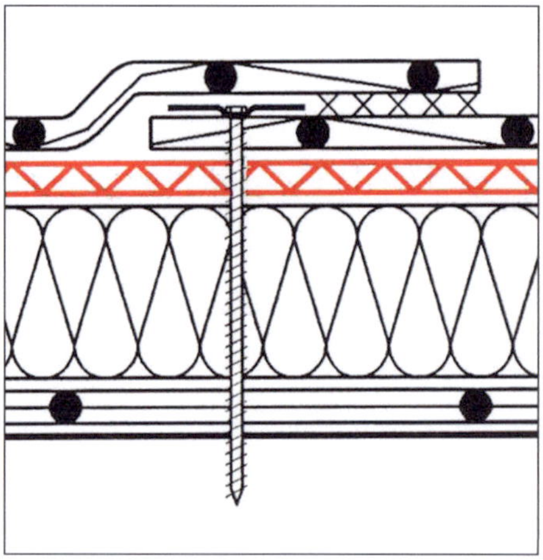

Abb. 59 (re.): Übliche Verankerung in der Nahtüberlappung [Quelle: FDT Flachdachtechnik]

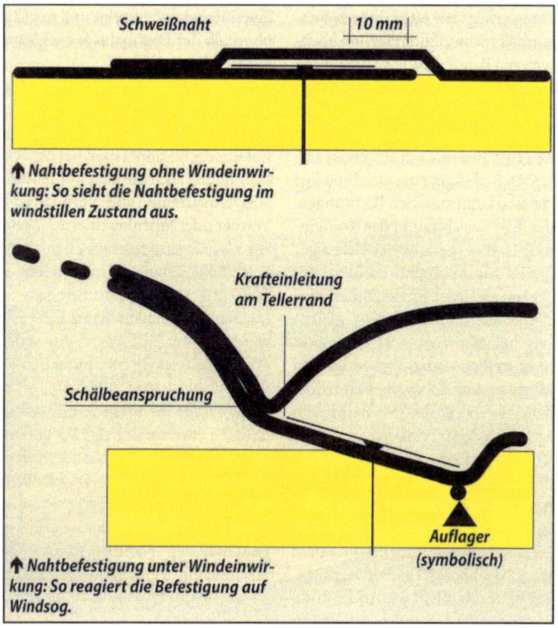

Abb. 60: Die Verankerung in der Naht hat technische Nachteile durch Verdrehen des Ankertellers, Kanteneinkerbung und Schälbeanspruchung der Naht (Zeichnung: M. Friedrich).

Alternativen mechanischer Saumbefestigung sind:

b) Verankerung reißfest kaschierter Roll- oder Klappdämmbahnen und Verklebung der Dachbahnen auf der Kaschierung.

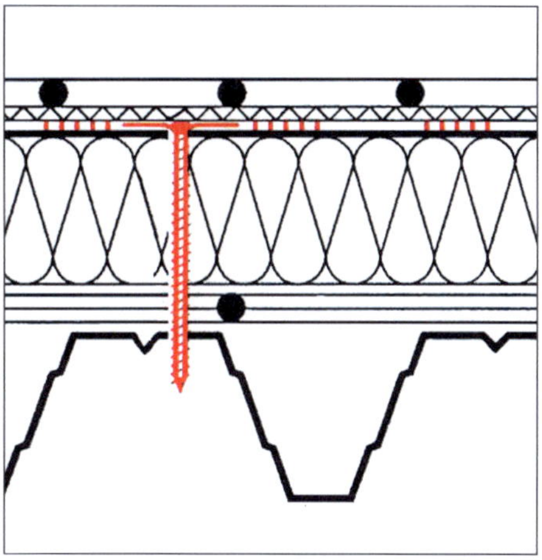

Abb. 61: Bessere Lösung: Verankern der reißfesten Dämmkaschierung mit verklebter Abdichtung [Quelle: FDT Flachdachtechnik]

c) Verankerung in Bahnenmitte oder beliebig und Abdeckung der Ankerplatten mit Dachbahnenstreifen oder -tellern (Abb. 62). Diese Methode ist nur bei Kunststoffdachbahnen sinnvoll.

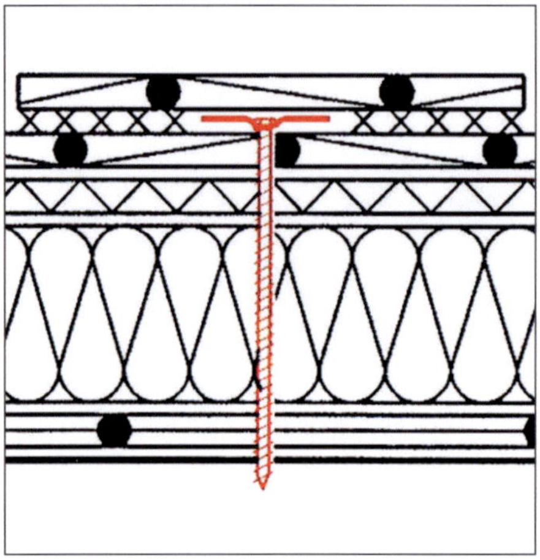

Abb. 62: Direktbefestigung bei Kunststoffdachbahnen mit aufgeschweißter Abdeckung [Quelle: FDT Flachdachtechnik].

d) Verankern von Dachbahnenstreifen, Folientellern oder Klettstreifen und Aufschweißen oder Aufkletten der Dachbahn (Abb. 63). Üblich bei Kunststoffdachbahnen, aber auch möglich bei Bitumenschweißbahnen.

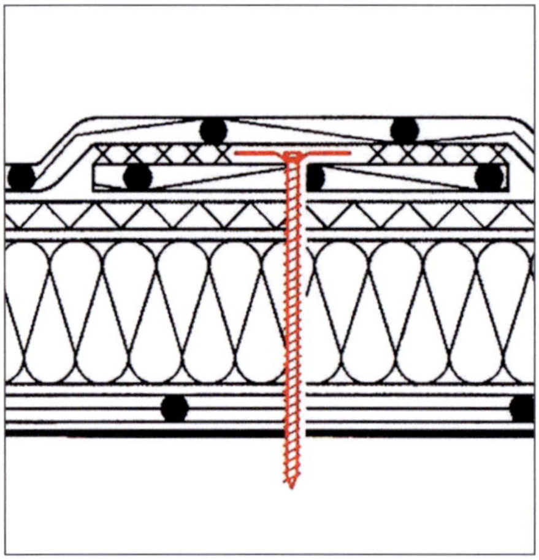

Abb. 63: Verankern von Schweißstreifen, Schweißtellern oder Klettstreifen [Quelle: FDT Flachdachtechnik].

e) Bei Kunststoff-/Bitumen- und Flüssigkunststoffabdichtungen:
Verankern der Ausgleichs-/Dampfdruckausgleichsschicht und Überkleben mit den Dichtlagen der Abdichtung.

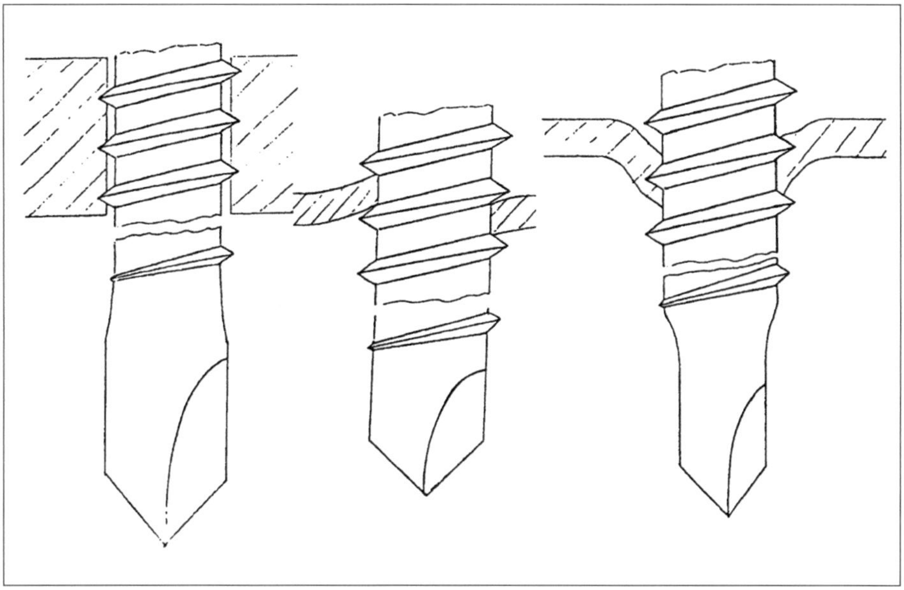

Abb. 64: Vergleich der Verkrallung von Gewindeschneidschraube, Bohrschraube und Quetschbohrschraube (von links nach rechts) [Quelle: EJOT Baubefestigungen].

Bei der mechanischen Verankerung der Dachabdichtung bestimmt die Geometrie der Bohrspitze die Ankersicherheit. Der Schneidbohrkopf (links und Mitte) erzeugt ungenügende Gewinde-Reibhaftung zum Stahlblech, die Schraube dreht sich heraus. Der Quetschbohrkopf (rechts) ist schmaler als der Gewindeschaft und erzeugt deshalb dauerhafte Verpressung von Schaft und Gewinde im Stahlblech (Abb. 64).

1.4.1.2 Verkleben mit PUR-Flüssigkleber

PUR-Flüssigkleber werden als Flüssigpaste in Streifen auf dem Untergrund verteilt; je nach Temperatur und Luftfeuchtigkeit schäumen sie auf und verkleben mit den aufgelegten Dämm- oder Dichtstoffen.

PUR-Kleber benötigen trockenen, sauberen (staubfreien) und möglichst ebenflächigen Untergrund, Lufttemperaturen von >5 °C bis <30 °C und Luftfeuchtigkeit von mind. 50 %.

Die Klebepaste muss in gleichmäßig breiten Streifen auf den Untergrund aufgetragen werden.

Die Menge aufzubringenden Klebers bemisst sich nach Herstellerangaben und nach den Fachregeln für Abdichtungen bei Klebestreifen zu ca. 40 g/m:

- Innenbereich (I): 4 Klebestreifen je m²
- Innenbereich (H): 5 Klebestreifen je m²
- Randbereich (G): 6 Klebestreifen je m²
- Eckbereich (F): 8 Klebestreifen je m²

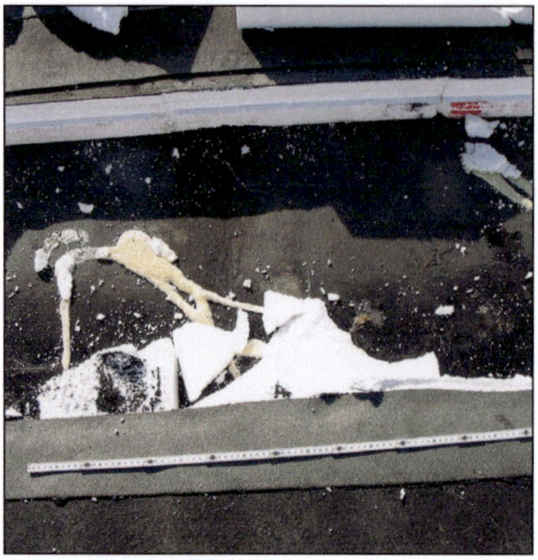

Abb. 65 (li.): Wechselnde Auftragsmengen bewirken Haftmängel.

Abb. 66 (re.): Die Abrissspuren zeigen, dass die EPS-Dämmplatte nur an Kleberhochpunkten haftete.

Abb. 67 (li.): PUR-Schaumkleber schäumen räumlich auf.

Abb. 68 (re.): Einbettung einer Zusatzdämmung in Fertigschaumkleber.

Ungleichmäßiger Kleberauftrag führt nur zu punktueller Haftung, weil der Schaum kissenartig entsprechend seiner Auftragsmenge aufschäumt. Wechselnde Auftragsmengen bewirken Haftmängel. Haftmängel entstehen auch bei unebenem Untergrund (alte Bitumenabdichtungen mit Nahtwülsten). Bei solchen Untergründen ist der Einsatz von Flüssigkleber nicht sinnvoll.

Abb. 68a (li.): Fertigschaumkleber ermöglichen wechselnde Auftragsmengen und Ausgleichen von Höhenunterschieden [Quelle: Wolfin Bautechnik GmbH]

Abb. 69 (re.): Verschiebung des Schichtenaufbaues auf plastisch bleibendem Kleber

Abb. 70 (li.): Dehnzone aus Dachverschiebung

Abb. 71 (re.): Klebestreifen aus plastischem Weichbitumen lassen Seitenverschieben des Dachaufbaus zu.

Abb. 72 u. 73: Nachweis der Seitenverschiebung

1.4.1.3 Verkleben mit PUR-Fertigschaumkleber

Fertigschaumkleber werden aus Spritzkartuschen aufgebracht; es entsteht sahneartiger Klebeschaum. Dämmplatten werden in den Kleber nach der Fliesenlegermethode aufgebracht: Dämmplatte ausrichten, leicht andrücken, bis zum Abbinden des Klebers nicht belasten (Abb. 68). Mit Fertigschaumklebern kann auch auf unebenem Untergrund verklebt werden, unregelmäßiges Auftragen vermindert nicht die Haftfähigkeit (Klebermenge wie unter 1.4.1.2)

1.4.1.4 Verkleben mit plastischen Bitumenklebern wie Klebepasten, Klebebändern, Selbstklebebahnen

Plastisch bleibende Bitumenkleber sind in der Regel windsicher, jedoch nicht lagesicher. Zusätzliche mechanische Verankerungen mindestens an allen Dachrändern und Anschlüssen sind notwendig.

Kaltselbstklebebahnen haben Schmelzschichten aus ungefülltem Elastomerbitumen, das einen niederen Schmelzbereich von etwa 155–165 °C hat und leicht überhitzt (verflüssigt) werden kann. Als hervorragende Lösung haben sich Kaltselbstklebebahnen mit Klebestreifen bewährt, die einerseits ausreichende Haftung zu Hartschaumdämmstoffen erzeugen, andererseits den notwendigen Bewegungsausgleich sicherstellen. Kaltselbstklebebahnen mit flächigen Kleberschichten sind wenig vorteilhaft und neigen zu Schubfalten über Dämmstößen. Schmelzschäden an EPS-Hartschaumdämmungen können bei flächigen Selbstklebebahnen mit aufgeschweißten Elastomerbitumenschweißbahnen auftreten. Plastomerbitumenschweißbahnen mit Schmelzbereichen um 180 °C dürfen nicht auf Kaltselbstklebebahnen mit flächiger Kleberschicht verlegt werden.

Fachregeln des Dachdeckerhandwerkes
2.6.1 Maßnahmen zur Aufnahme horizontaler Kräfte
[...]
(2) Zur Vermeidung nachteiliger Auswirkungen auf den Dachaufbau sind Maßnahmen zur Aufnahme horizontaler Kräfte erforderlich

- bei lose verlegten einlagigen Abdichtungen,
- bei Unterkonstruktionen aus Stahltrapezprofilen (außer bei vollflächig verklebtem Schichtenaufbau mit Schaumglas) sowie
- bei Dachaufbauten ohne schweren Oberflächenschutz und Wärmedämmstoffen aus Hartschaum, die mit Kaltkleber mit Nachklebeeffekt verklebt sind.

Einige Theorien zur Dachwanderung.

Horizontalverschiebungen an Flachdächern kommen nicht nur auf Leichtdächern, sondern auch auf massiven Dachschalen vor. Die Ursachen sind nicht endgültig erforscht. Immer sind Kleberschichten mindestens mit ursächlich beteiligt. Die zahlreichen Annahmen sind nachfolgend zusammengefasst:

a) Durchhangtheorie
Wechselseitige Spannungen zwischen oberen und unteren Dachschichten bei Durchhang und Aufschaukelung verändern Länge und Lage der Schichten. Scherspannungen bei unterschiedlichen Plastizitätsgraden führen dann zu Verschiebungen im System (Abb. 74).

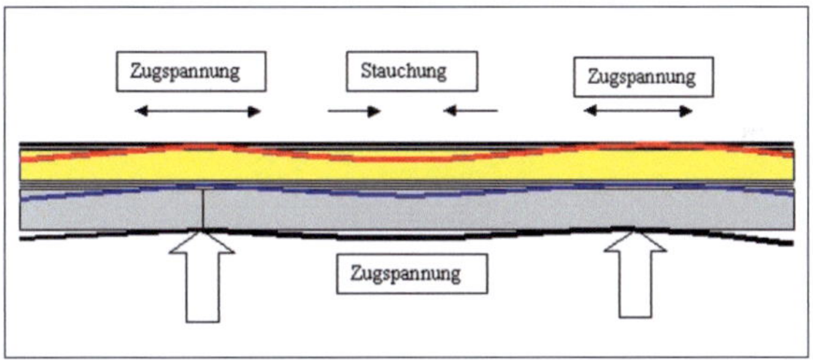

Abb. 74: Seitenverschiebung infolge wechselnder Durchbiegung

b) Theorie der Dämmstoffwanderung
Wärmespannungen, Dehnung und Schrumpfung in Hartschaumdämmstoffen wirken sich in direkten Längenänderungen und im Fall der PUR-Hartschäume auch in Bombierungen (Beulungen) aus. Aus kumulierten Dehnungen und Verkürzungen erzeugter Druck wird in Lageänderung der Dämmplatten umgesetzt, insbesondere bei plastischer Verklebung der Dämmplatten (Abb. 75).

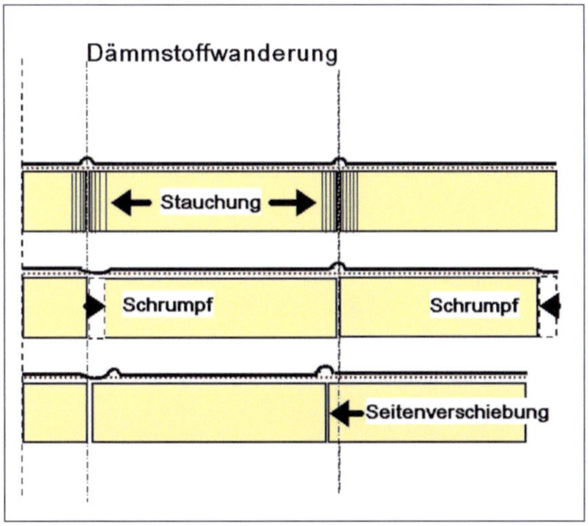

Abb. 75: Seitenverschiebung infolge Dämmstoffdehnung und -schrumpfung

c) Theorie der Profilbeulung (Raupeneffekt)
In Querrichtung sind Trapezprofile labile Systeme und nicht dimensionsstabil. Lasten und Windsog bewirken reversible Querschnittsänderungen, diese wiederum erzeugen einen Raupeneffekt, der den Dachaufbau seitlich verschiebt (Abb. 76).

Abb. 76: Raupeneffekt im Stahltrapezprofildach [Quelle: ThyssenKrupp Bausysteme].

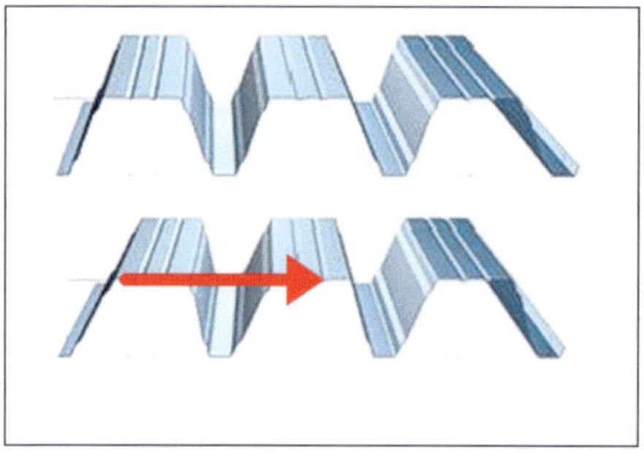

d) Theorie des elastoplastischen Systems
Bei weitgehend stabiler Temperatur der innen liegenden Schichten ändert sich die Temperatur der äußeren Schichten ständig. Plastische Dichtstoffe setzen Temperaturerhöhung nicht linear, sondern in Quellung um; es entstehen kissenförmige Aufwerfungen (Abb. 77). Die nach Abkühlen versteifenden Stoffe bilden die Quellung nicht zurück, sondern erzeugen Zugspannungen auf Klebeflächen des Systems.

Ähnlich verhalten sich weichplastische Kunststoffe, deren Wärmedehnung sich in blasenartiger Beulung äußert.

Abb. 77: Plastische Verformung einer Abdichtung aus Bitumenschweißbahnen

1.4.1.5 Sicherung gegen Wind

Grundregel für Dachdeckungen, Abdichtungen und Außenwandbekleidungen

[...]

(3) Die Übertragung von Windlasten von Dachdeckungen, Dachabdichtungen und Außenwandbekleidungen auf die Tragglieder wird bei den statischen Festlegungen der Unterkonstruktionen nicht erfasst. Aus diesem Grund sind die dabei zu berücksichtigenden Windlasten ebenfalls nach den für Standsicherheitsnachweise vorgeschriebenen Lastannahmen für Windlasten zu ermitteln und mit den bauteilspezifischen Sicherheitszuschlägen zu versehen. Diese Windlasten sind dann über Befestigungen oder von Schicht zu Schicht bis in die Unterkonstruktion abzuleiten.

Fachregel für Dächer mit Abdichtungen – Flachdachrichtlinien

(1) Dachabdichtungen und die dazugehörigen Schichten sind gegen Abheben durch Windlasten zu sichern (siehe »Hinweise zur Lastenermittlung«).

(2) Die erforderlichen Maßnahmen und die Ausführungsart zur Sicherung der Dachabdichtung und der dazugehörigen Schichten gegen Abheben durch Windkräfte sind bei der Planung festzulegen und in Ausschreibungen detailliert anzugeben.

(1) Als Flachdächer im Sinne von DIN 1055 gelten Dächer mit Dachneigungen bis 10° (17,6 %). Bei größeren Dachneigungen gelten die Angaben für geneigte Dächer. Die Einteilung der Dachfläche in Rand-, Eck- und Flächenbereiche erfolgt entsprechend den »Hinweisen zur Lastenermittlung«.

Zur Windsogberechnung und zur Bemessung der Windsogsicherheit sind Berechnungen nach DIN 1055-4 erforderlich. (Achtung: die 1/8-Randbreite ist nach geltender Norm nicht mehr richtig). Grundlagen sind die Einteilung in 4 Windzonen (siehe Windzonenkarte) und 4 Geländekategorien:

- I = Offene See oder offener See oder Gelände mind. 5 km
- II = Offenes Gelände mit Hecken, einzelnen Gehöften, Häusern, Bäumen
- III = Vorstädte, Industrie-/Gewerbegebiete, Wälder
- IV = Stadtgebiete mit mind. 15 % Bebauung > 15 m Höhe.

Anstelle der früher üblichen Einteilung in Rand-/Ecke- und Innenfläche gilt nun eine Einteilung in 2 Randbereiche, Eckbereiche und Innenfläche.

Abb. 78:
DIN 1055-4,
Bild 5.
e = b oder 2 h,
der kleinere
Wert ist maß-
gebend
b: Abmessung
quer zum Wind

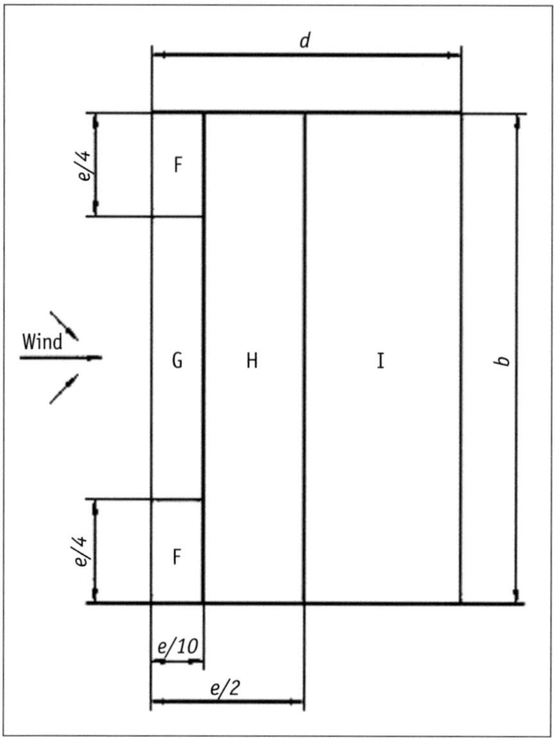

Die Größe der Rand- und Eckbereiche hängt von der Gebäudehöhe ab. Bei hohen Gebäuden wird der Mittenbereich kleiner oder verschwindet komplett. Fenster, Türen und Tore werden als geschlossen angesehen, sofern sie nicht betriebsbedingt bei Sturm geöffnet werden müssen. Öffnungsanteil Außenwände bei betriebsbedingter Öffnung:

< 1 %	= kein Innendruck
> 30 %	= voller Innendruck
1 bis 30 %	= Berechnung mittels μ-Werten

Gängige Tabellen dürfen nicht mehr benutzt, Windsogsicherungen müssen rechnerisch neu bestimmt werden.

DIN 1055-4:2005-03

6 Erfassung der Einwirkungen

6.1 Allgemeine Festlegungen

(1) Die Windlasten werden in dieser Norm in Form von Winddrücken und Windkräften erfasst. Die Windlast ist unabhängig von der Himmelsrichtung mit dem vollen Rechenwert des Geschwindigkeitsdruckes wirkend zu berechnen. Eine genauere Berücksichtigung des Einflusses der Windrichtung ist zulässig, wenn ausreichend gesicherte statistische Erkenntnisse vorliegen.
(2) Die Winddrücke wirken auf außen liegende Oberflächen von Baukörpern und infolge der Durchlässigkeit der äußeren Hülle auch auf innen liegende Oberflächen. Der Winddruck wirkt normal zur betrachteten Oberfläche. Wenn der Wind an größeren Flächen vorbeistreicht, kann es erforderlich werden, auch die parallel zur Fläche wirkenden Reibungskräfte zu berücksichtigen.
(3) Bei ausreichend steifen, nicht schwingungsanfälligen Tragwerken oder Bauteilen genügt es, die Windwirkung durch den Ansatz einer statischen Ersatzlast nach den Abschnitten 8 bis 10 zu erfassen. Die Ersatzlasten werden auf der Grundlage von Böengeschwindigkeiten festgelegt.
(4) Bei schwingungsanfälligen Konstruktionen wird die Beanspruchung infolge von böenerregten Schwingungen durch eine statische Ersatzlast nach Anhang C erfasst. Die Ersatzlast beruht auf der zeitlich gemittelten Windlast, die um den Böenreaktionsfaktor vergrößert wird.
In der DIN 1055-4 vom März 2005 ist festgelegt, dass Windlasten aus allen Himmelsrichtungen zu berücksichtigen sind. Nur wenn ausreichende statistische Grundlagen vorliegen, dürfen Windlasten aus bestimmten Richtungen vernachlässigt werden. Im Normalfall wird die Windeinwirkung senkrecht zur beanspruchten Fläche berücksichtigt. In besonderen Fällen sind auch Windlasten parallel zur Fläche anzunehmen (Reibungskräfte, Windsog).
Bei Baukonstruktionen wird in Bezug auf Windlastberechungen in »steife« und »schwingunsanfällige« Windlasten unterschieden. Bei steifen Tragwerken sind Windlasten wie Ersatzlasten statisch einwirkend zu behandeln. Schwingungsanfällige Tragwerke verlangen auch die Berücksichtigung von Windböen und den Erfassung der Ersatzlasten gemäß Anhang C der Norm. Zeitliche Einwirkungen sind in diesem Fall zu berechnen und Windböen gesondert nachzuweisen.

(Fortsetzung nächste Seite)

Vereinfachte Geschwindigkeitsdrücke für Bauwerke bis 25 m Höhe

Windzone		Geschwindigkeitsdruck q in kN/m² bei einer Gebäudehöhe h in den Grenzen von		
		$h \leq 10$ m	10 m $< h \leq$ 18 m	18 m $< h \leq$ 25 m
1	Binnenland	0,50	0,65	0,75
2	Binnenland	0,65	0,80	0,90
	Küste und Inseln der Ostsee	0,85	1,00	1,10
3	Binnenland	0,80	0,95	1,10
	Küste und Inseln der Ostsee	1,05	1,20	1,30
4	Binnenland	0,95	1,15	1,30
	Küste der Nord- und Ostsee und Inseln der Ostsee	1,25	1,40	1,55
	Inseln der Nordsee	1,40	–	–

1.4.1.6 Entwässerung

Geplante Entwässerung mit Deckengefälle vermeidet stehendes Wasser und damit verbundenes erhöhtes Risiko durch Schlammschichten, Eisschub, Kerbbeanspruchung der Dachabdichtung sowie Zusatzlasten und sie vermindert im Leckagefall die Menge des einlaufenden Wassers. Geplante Entwässerung setzt voraus:

- Dachablaufplanung bereits im Fundamentplan auf die Belange des Daches abstellen

Abb. 79 (li.): Ein Flachdach ist kein Gartenteich: Erhebliche Risikoerhöhung durch aufstehendes Wasser.

Abb. 80 (re.): Wasserschaden unter gefällelosem Flachdach

2.3 Anforderungen an Dächer mit Abdichtungen

2.3.1 Dachneigung, Gefälle

(1) Flächen, die für die Auflage einer Dachabdichtung und/oder den damit zusammenhängenden Schichten vorgesehen sind, sollen für die Ableitung des Niederschlagswassers mit Gefälle von mindestens 2 % geplant werden.

(2) Für Dachabdichtungen der Anwendungskategorie K2 ist ein Gefälle von mindestens 2 % in der Abdichtungsebene und mindestens 1 % im Bereich von Kehlen einzuhalten. Bei der Gefälleplanung müssen Toleranzen und/oder Gegengefälle der Unterlage berücksichtigt werden.

(3) Wenn Dächer und/oder Dachbereiche mit einem Gefälle unter 2 % geplant und ausgeführt werden, können diese nur der Anwendungskategorie K1 zugeordnet werden. In diesen Fällen sind besondere Maßnahmen erforderlich, um der höheren Beanspruchung in Verbindung mit stehendem Wasser gerecht zu werden. Die Stoffauswahl für die Dachabdichtung ist nach der Bemessungsregel für die Anwendungskategorie K2 vorzunehmen.

(4) Auch auf Dachflächen mit einer Dachneigung bis zu 5 % (ca. 3°) kann, bedingt durch die Durchbiegung und/oder zulässige Toleranzen in der Ebenheit der Unterlage, der Dicke der Werkstoffe, durch Überlappungen und Verstärkungen, Pfützenbildung vorkommen.

- Regenrohre in Außenwänden unbedingt vermeiden
- Gefällegebung bereits in der Dachdecke anlegen, damit alle Schichten Gefälle haben
- Gefällegebung ist auch in Mulden notwendig
- Gegengefälle an Attiken und Dachrändern zur Vermeidung von Wassermulden hinter der Attika.

Bei bestehenden Gebäuden können Gefälle auch nachträglich durch Gefälledämmschichten hergestellt werden. Nachteilig ist, dass die notwendige Gefällelage der Dampfsperre dann nicht möglich ist.

Abb. 81 (li.): Gegengefällekeil am Dachrand

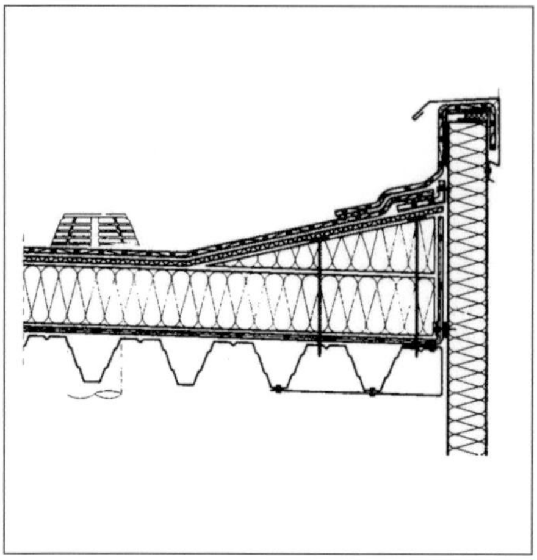

Abb. 82 (re.): Schon die Dachdecke muss konstruktiv geplantes Gefälle zu den Ablaufpunkten haben.

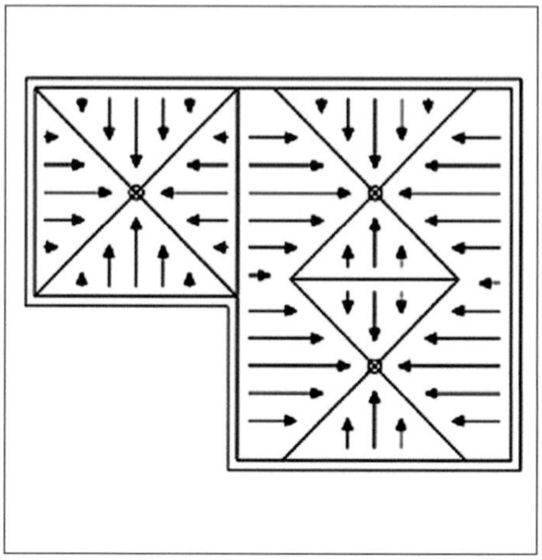

Abb. 83 (li.): Gefälledämmung ist kein vollwertiger Ersatz für die Dachentwässerung.

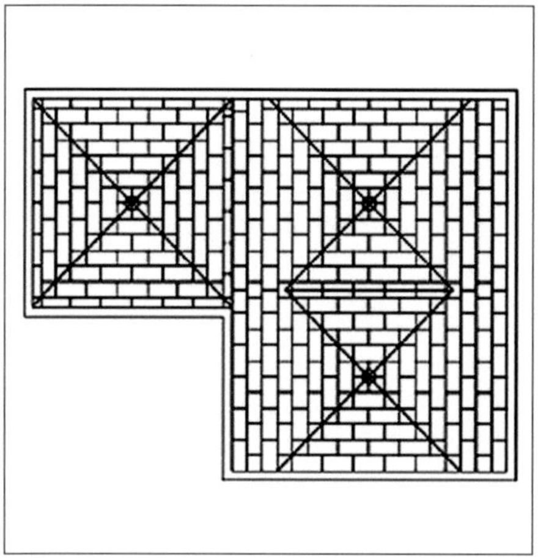

Abb. 84 (re.): Dach mit Gefälle, aber Wassermulde infolge ungenügenden Gegengefälles an der Attika.

1.4.2 Wärmedämmschichten im Leichtdach

Über Trapezprofilen müssen Dämmstoffe eine notwendige Mindeststeifigkeit aufweisen, um Einbrechen in die Tiefsicken auch bei Begehen des Daches zu vermeiden.

> (11) Bei Stahltrapezprofilen muss die notwendige Überbrückung der lichten Weite zwischen den Obergurten berücksichtigt werden. Die Mindestdicke der Wärmedämmung sollte ungeachtet des erforderlichen Wärmeschutzes nach Tabelle 3 (hier: Tabelle 9) gewählt werden.

(siehe auch Tab. 5)

Tab. 9: Empfohlene Mindestdicken auf Trapezprofilen

Größe lichte Weite zwischen den Obergurten in mm	Wärmedämmstoff Mindestdicke in mm			
	PS	PUR	Mineralfaser	Schaumglas
70	40	40	50	40
100	50	50	80	50
130	60	60	100	60
150	70	60	120	70
160	80	70	120	80
170	90	80	140	90
180	100	80	140	90

Mineralwolldämmplatten stauchen bei Belastung stark; dadurch sind Beschädigungen von Abdichtung und Anker möglich. Anstelle starrer Ankerschrauben müssen hier 2-teilige Anker mit Schiebehülse verwendet werden. Ankerschrauben mit Stützgewinde sind nur bedingt tauglich und versagen insbesondere in stark begangenen Dachbereichen.

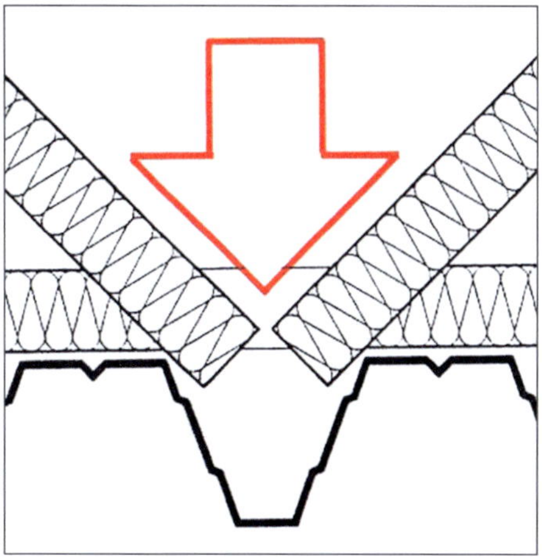

Abb. 85: Die Dämmung muss ausreichend trittsicher sein [Quelle: FDT Flachdachtechnik].

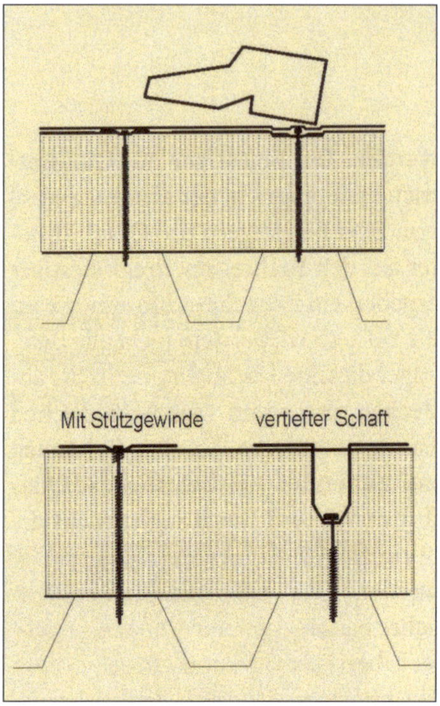

Abb. 86 (li.): Bei weichen Dämmstoffen kann bereits Begehen zur Perforierung der Abdichtung führen [Quelle: SFS intec GmbH & Co. KG].

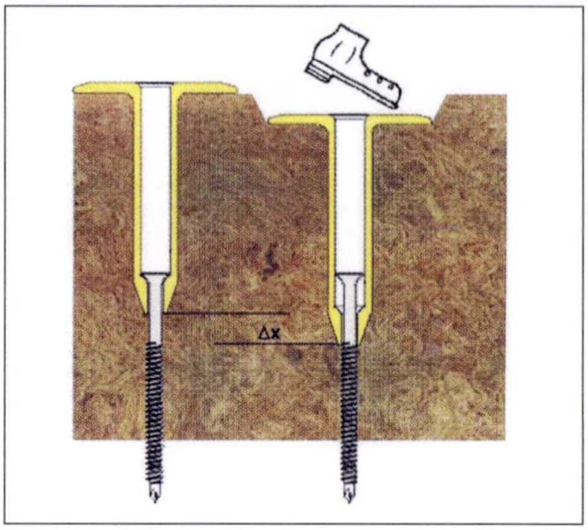

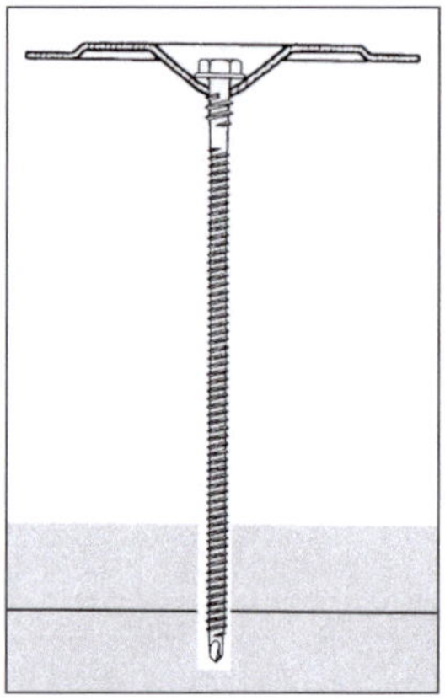

Abb. 87 (re. o.) und 88 (re. u.): Dachanker mit Schiebehülse und Anker mit Stützgewinde [Quelle: EJOT Baubefestigungen]

Über Dachrändern und Trennwänden müssen Sicken von Trapezprofilen mit Sickenfüllern aus MW-Dämmstoffen ausgefüllt (geschlossen) sein.

Abb. 89: Sickenfüller aus MW

1.4.3 Dampf- und Luftsperre im Leichtdach

> *Fachregel für Dachdecken aus Stahltrapezprofil:*
>
> 2.3 Anforderungen an nicht genutzte Dächer mit Abdichtungen
>
> (9) Der Einbau einer Dampfsperre und Luftdichtheitsschicht wird im Regelfall erforderlich. Dampfsperren, die gleichzeitig die Funktion einer Luftdichtheitsschicht übernehmen (z. B. auf Trapezprofilen ohne dichtende Maßnahmen an Blechüberdeckungen oder einer raumseitig vorhandenen ausreichend luftdichten Schicht), sind an Nähten und Stößen, An- und Abschlüssen und Durchdringungen ausreichend luftdicht anzuschließen.
>
> *2.5.3 Dampfsperre*
>
> (1) Dampfsperren können lose aufgelegt, punktweise, streifenweise oder vollflächig auf der Unterlage aufgeklebt werden. Die Überdeckungen sollen verklebt werden.
>
> (2) Dampfsperren sind
> - an An- und Abschlüssen bis Oberkante Dämmschicht/Dämmstoffkeil hochzuführen und anzuschließen,
> - an Durchdringungen anzuschließen.
>
> (3) Wenn die Dampfsperre zusätzlich die Funktion einer Luftdichtheitsschicht erfüllen soll, ist diese an Überdeckungen, An- und Abschlüsse und Durchdringungen dicht anzuschließen.
>
> (4) Bei der Bewertung der Dampfsperre für nicht klimatisierte, normal genutzte Räume können Durchdringungen von mechanischen Befestigungen vernachlässigt werden.
>
> (5) Dampfsperrbahnen sind auf Trapezprofilen generell in Spannrichtung gleichlaufend zu den Obergurten zu verlegen. Die Längsnaht muss auf einem Obergurt liegen. Die Quernaht kann auf einem temporären Hilfsauflager z. B. aus Blechstreifen hergestellt werden.

Sperrbahnen müssen in Richtung der Trapezprofile verlegt sowie auf den Obergurten überlappt und verklebt werden. Querüberlappungen müssen mit Blechprofilen oder festen Sickenfüllern unterlegt werden, um dichten Nahtverschluss zu ermöglichen.

Problematisch sind Sperrschichten aus Kunststofffolien, weil bis heute keine Klebebänder bekannt sind, mit denen dauerhafte Naht- und Anschlussverklebungen möglich wären, auch wenn dies von Herstellern behauptet wird. Zumindest bei Feuchtebelastung lösen sich Klebebänder wieder auf. Einzig sicher verklebbare Sperren sind Bitu-

Abb. 90 (li.): Sickenfüller sollen mindestens über Außenwänden luftdicht sein, nicht so wie auf diesem Beispiel.

Abb. 91 (re.): Sperrfolie ohne Anschluss an Dachrand und Außenwand

menschweiß- oder Selbstklebebahnen. Auch hier müssen quer zum Trapezprofil liegende Nahtüberlappungen immer druckfest unterlegt sein, am besten mit Sickenfüllern. An Dachrändern und Anschlüssen müssen Dampf- und Luftsperren dauerhaft dampf- und luftdicht an Außenwände angeschlossen sein. Dies gilt auch für Dachöffnungen und -durchgänge. Im Leichtdach muss außerdem der Dachrand winddicht (gegen Wind von außen) ausgebildet sein, um ein Unterströmen der Dämmschicht und der Abdichtung zu verhindern.

Abb. 92 a (li.): Lose eingelegte Kunststofffolie ist keine Dampfsperre.

Abb. 92 b (re.): Klebebänder auf PE-Folie sind nicht dauerhaft.

Abb. 92c (li.): Typische Ausführungsfehler: feuchte Sperrfolie, Querstoß ohne druckfeste Unterlage, zu schmales Klebeband

Abb. 92d (re.): Fachgerecht unterlegter Querstoß für eine Kleberverbindung

Abb. 92e: Sickenfüller als Drucklager für die Quernaht

1.4.4 Metallprofildächer

1.4.4.1 Trapezprofildächer

Profile als Dachdeckung müssen grundsätzlich mit Kalotte und Dichtschraube im Obergurt befestigt werden. Befestigungen im Untergurt (= Wasserlauf!) sind latent schadenträchtig und deshalb falsch. Die Verlegerichtung muss beachtet werden.

Dachdeckungen aus Trapezprofilen sollen möglichst (bis zur Höchstlänge) ohne Querstoß ausgebildet werden. Sind Querstöße unvermeidlich, sind diese mit doppelten elastischen Dichtbändern auszustatten. Besser und sicherer als Querstöße sind Gefällestufen.

Fachregel für Metallarbeiten

[...]

2) Das Trapezprofil wird bei Deckungen mit dem breiten Gurt als Untergurt (Negativlage) verlegt, um einen ungehinderten Abfluss des Regenwassers zu gewährleisten. Bei der Längsverbindung liegt die Überdeckung in diesem Fall oben. Bei Verwendung der Trapezprofile als Tragschale, z. B. für die Wärmedämmung eines Flachdaches, sind die Trapezprofile mit dem breiten Gurt obenliegend (Positivlage) zu verlegen.

Verlegetechnische Vorschriften und Hinweise

Trapezprofile werden grundsätzlich mindestens in jedem 2. Gurt an der den Windsog aufnehmenden Unterkonstruktion befestigt.
An den Rändern der Verlegefläche muss jede Profilrippe mit der Unterkonstruktion befestigt werden.
An Querstößen sollte die Befestigung in jeder Profilrippe erfolgen.
Werden Trapezprofile als wasserführende Schale von Dächern eingesetzt, so sind dichtende, nicht rostende Verbindungselemente zu verwenden. Der Abstand der Verbindungen sollte 500 mm nicht überschreiten.
Werden Trapezprofile als Dachdeckung (wasserführende Schale) verwendet, so ist die Querstoßüberdeckung in Abhängigkeit von der Dachneigung nach Tabelle zu wählen. Bei Dachneigung unter 15° sind geeignete Dichtbänder vorzusehen.
Bei selbsttragenden großformatigen Metalldeckungen über ausgebauten Dächern sind als zusätzliche regensichernde Maßnahme zum Schutz der Wärmedämmung gegen abtropfendes Wasser sowie gegen Flugschnee und Treibregen mindestens Unterspannungen einzubauen.

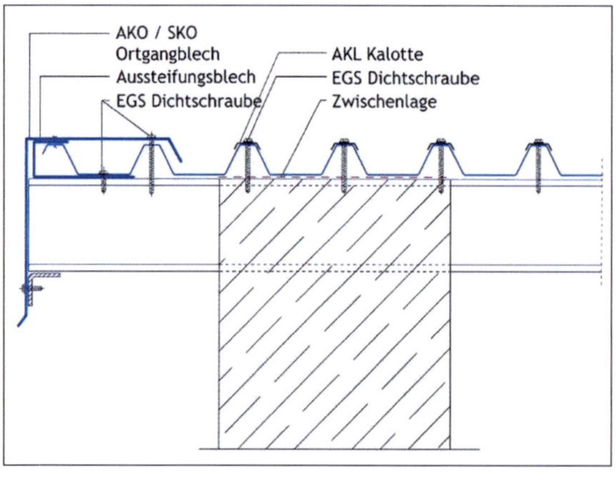

Abb. 93: Montageprinzip des Trapezprofildaches am Dachrand [Quelle: Aluform Systeme GmbH]

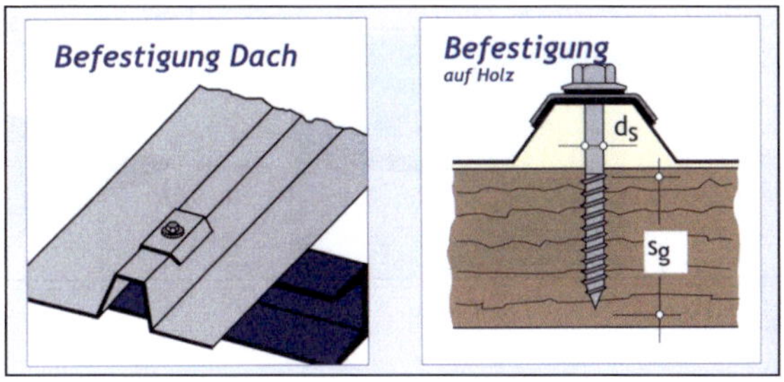

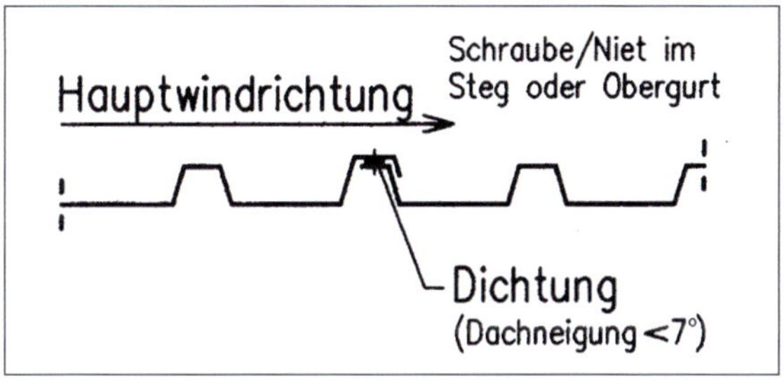

Abb. 94 (li. oben) und 95 (re.): Richtige Profilbefestigung mit Kalotte [Quelle Abb. 94: ThyssenKrupp Bausysteme]

Abb. 96 (li. unten): Überlappung und Hauptwindrichtung [Quelle: ZVDH]

Tab. 10 aus DIN 18807 enthält Neigungs- und Überdeckungsregeln, die eine regensichere Dachdeckung nicht sicherstellen und sich nicht bewährt haben.
Nachfolgende Tabelle aus den Fachregeln für Metalldeckungen zeigt Mindestneigungen und Mindestüberlappungen bei Querstößen. Diese gelten auch für Einbauteile (Dachöffnungen). Für alle Profildeckungen gilt, dass sie an den Traufen und Kehlen abgekantet, an Firsten, Graten und Anschlüssen aufgekantet werden müssen. Firste, Grate und Anschlüsse werden mit Sickenfüllern gegen Wassereintrieb ausgestattet. Zu beachten sind auch die IFBS-(Industrieverband für Bausysteme im Metallleichtbau) Fachregeln, deren Neigungs- und Überdeckungsregeln im Wesentlichen denen der Dachdecker-Metallfachregeln gleichen.

Dachaufbau		**Überdeckungslänge mm**
Trapezprofile mit oberseitiger Dachabdichtung		50–150
Trapezprofile als Dachdeckung		
Dachneigung		
Grad	Prozent	
bis 3	< 5	ohne Querstoß
3 bis 5	5 bis 9	200
5 bis 20	9 bis 36	150
über 20	> 36	100

Tab. 10: Dachneigungen und Überdeckungslängen (Tabelle 6, aus DIN 18807 Teil 3) – Mindestdachneigung erfüllen keinen Anspruch auf Regensicherheit.

4 Metalldeckungsarten

4.2 Selbsttragende Metalldeckungen

Tabelle A: Zuordnung von Überdeckungen bei Deckungen mit selbsttragenden, großformatigen Elementen

Regeldachneigung	Überdeckung
> 7°	200 mm
≥ 12°	150 mm
≥ 22°	100 mm

Die Fachregeln enthalten von DIN 18 807 abweichende Regelneigungen, die sich jedoch bewährt haben.

Mindestdachneigung 3° ohne Querstoß, ohne Durchdringungen und mit zusätzlichen regensichernden Maßnahmen.

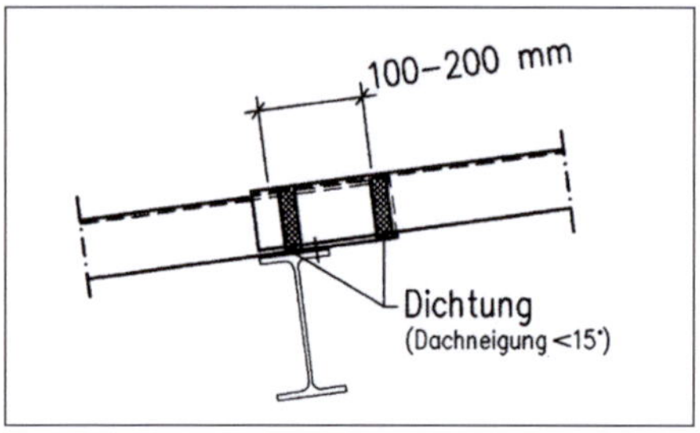

Abb. 97: Querstoß mit Dichtbändern bei Trapezprofildachdeckungen [Quelle: ZVDH]

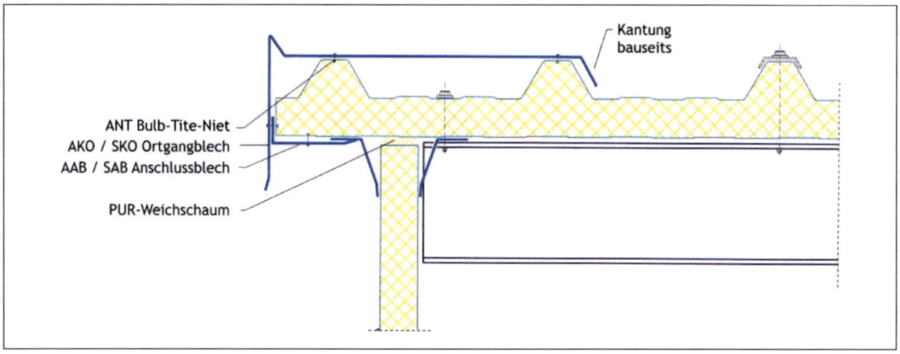

Abb. 98: Trapezverbundprofil (Sandwich-Element) [Quelle: Aluform-System GmbH]

1.4.4.2 Verbundprofile (Sandwichprofile)

Für *Verbundprofile* gelten prinzipiell die gleichen Regeln wie für ungedämmte Profile. Einzig im Querstoß besteht die Besonderheit, dass Dämmkern und innere Deckschicht um die Stoßüberlappung gekürzt werden müssen.

Für alle Profildeckungen gilt, dass sie an den Traufen und Kehlen abgekantet, an Firsten, Graten und Anschlüssen aufgekantet werden müssen. Firste, Grate und Anschlüsse werden mit Sickenfüllern gegen Wassereintrieb ausgestattet. Dachüberstände müssen thermisch getrennt werden (= Unterblech trennen!). Verbundelemente werden sichtbar oder nicht sichtbar (mit Abdeckprofil) befestigt. (IFBS-Empfehlung: Zur Reduzierung der Beulenanfälligkeit sind größere Dichtscheiben zur besseren Lastverteilung einzusetzen. Anstelle ∅16 mm sind Dichtscheiben ∅19 mm oder ∅22 mm vorzuziehen. Durch die Verwendung von Schrauben mit Stützgewinde kann die Einbeulung der Deckschale verringert werden). Profilflanken sind mit Dichtbändern oder Dichtlippen ausgestattet.

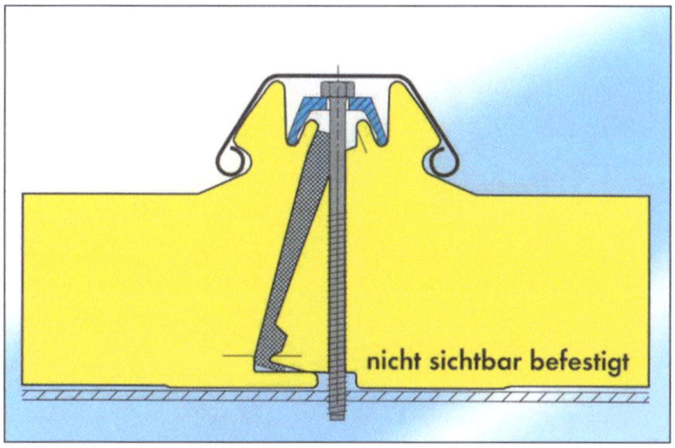

Abb. 99: Schnittzeichnung für den Sandwichelementstoß [Quelle: Aluform-System GmbH]

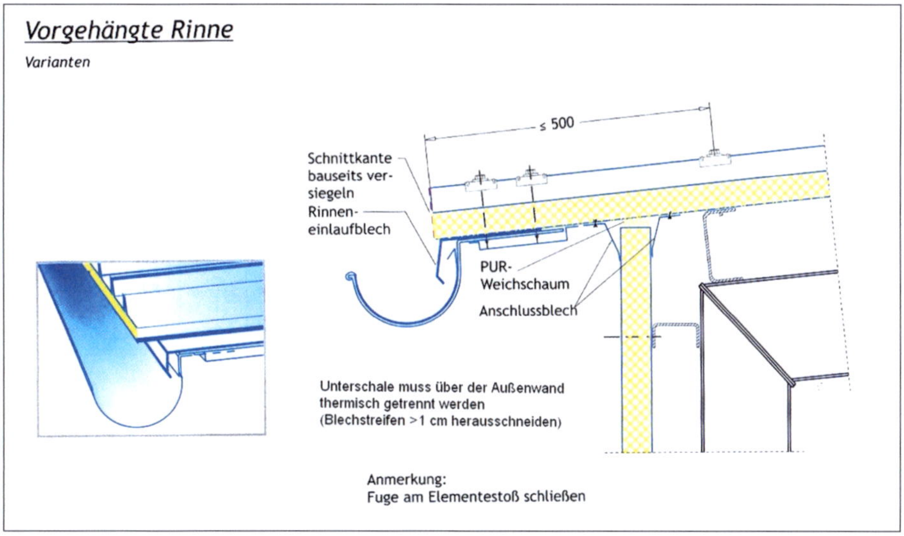

Abb. 100: Dachüberstand und Traufausbildung [Quelle: Aluform-System GmbH]

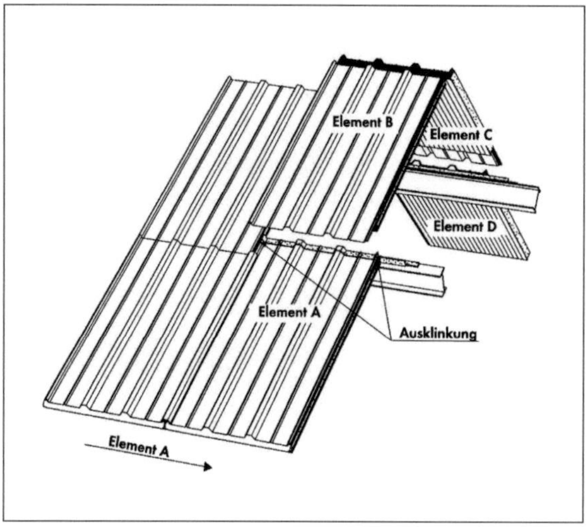

Abb. 101: Profilüberlappungen bei Sandwichelementen müssen ausgenommen sein [Quelle: ZVDH].

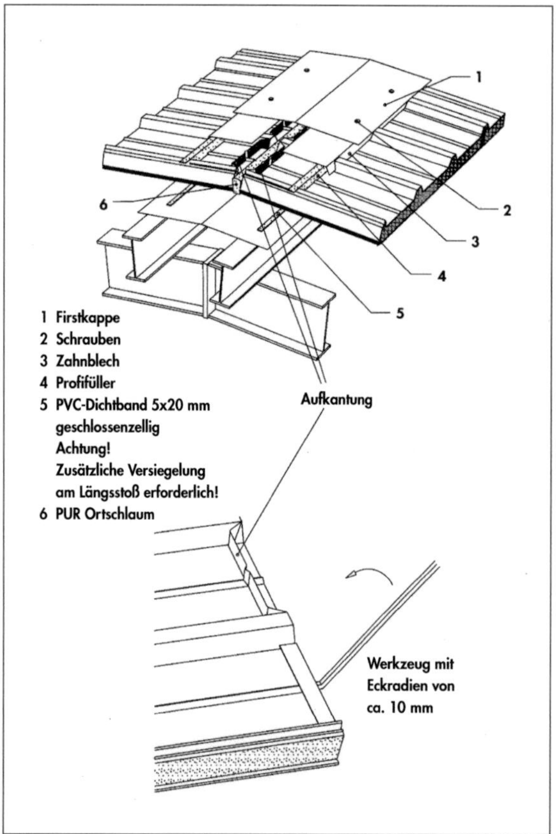

Abb. 102: Profile und Sandwichprofile sind an First, Graten und Anschlüssen aufzukanten, an den Traufen abzukanten [Quelle: ThyssenKrupp Bausysteme].

a) Regensicherheit bei Sandwich-Elementen

Regensicherheit ist durch Überlappen der Langfugen und Aufkanten an Anschlüssen herzustellen. Voraussetzung ist ausreichende Dachneigung nach Fachregeln, insbesondere bei Querstößen, Einbauteilen und Oberlichtern. Undichtigkeiten treten meist an Dachtraufen, an Schraubstellen, in Überlappungen der Tiefsicken durch Kapillarwasser sowie an Oberlichtanschlüssen auf.

b) Luftdichtheit bei Sandwichelementen

Die Hersteller statten die Elemente mit Dichtbändern in Langfugen aus und fordern das Einpressen der Fugenbänder beim Einbau der Elemente. Die Bauwirklichkeit zeigt, dass Fugendichtheiten nicht oder nicht zufriedenstellend erreicht werden können. Sowohl Langfugen im Regelaufbau, wie auch Anschlussfugen zu Oberlichtern und Außenwänden sind nur in der Theorie luftdicht herzustellen. In der Baupraxis sind luftdichte Fugen und Anschlüsse von Dachdeckungen und Wandbekleidungen nicht oder nicht dauerhaft

Abb. 103 (li.): Deckbild eines Daches mit Sandwichelementen

Abb. 104 (re.): Fehlerhafte Traufenausbildung: Aufkantung im Traufenblech und Abkantung der Deckbleche nicht ausgeführt: Wassereintrieb möglich

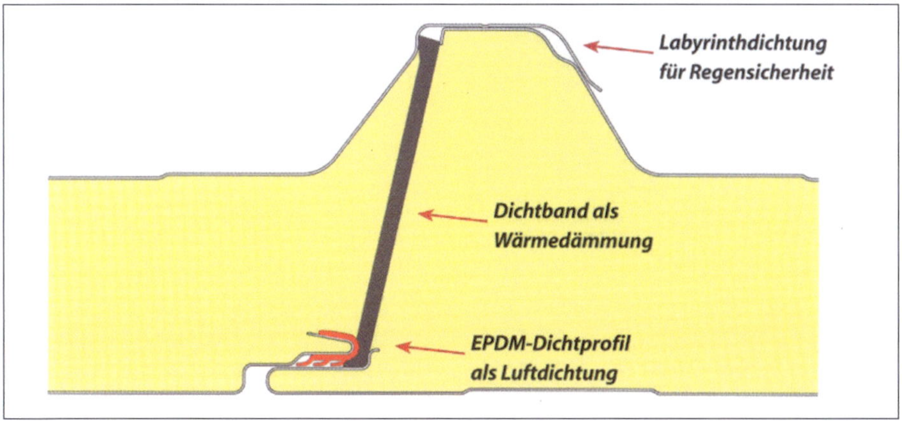

Abb. 105: Vorgabe für die luftdichte Langfuge [Quelle: Thyssen Krupp Bausysteme]

Abb. 106 (li.): Tatsächliche Ausführung (luftoffen) am Objekt

Abb. 107 (re.): Innenansicht der Langfuge

herstellbar. Dachdeckungen und Wandbekleidungen aus Verbundprofilen (Sandwichelementen) können nicht luftdicht hergestellt werden.

c) Problempunkt Traufe: Luftundichtheiten an Traufblech, Rinnenhalter, Traufbohle (Stöße) und Anschluss zur Außenwand

d) Problempunkt Oberlicht: Wärmeschutz durch MF-Dämmung möglich, luftdichte Anschlüsse an die Oberlichtkonstruktion sind nicht möglich (oder nur von innen mit zusätzlichen Dichtbahnen, Pressdichtungen und Pressleisten).

Abb. 108: Anschluss an Dachoberlicht: Luftdichtheit ist hier nicht oder nicht befriedigend herstellbar

e) Problem Außenwand: Luftdichte Langfugen sind kaum herstellbar, Luftdichte Anschlüsse scheitern an der Bauwirklichkeit.

Abb. 109 (li.): Luftoffene Langfugen in Wandprofilen

Abb. 110 (re.): Luftdichtheit an der Traufe ist nicht herstellbar.

Abb. 111 (li.): Luftdichte Anschlüsse unter der Traufe sind nicht herstellbar, wenn sie nicht konstruktiv vorgeplant sind.

Abb. 112 (re.): Der Giebelanschluss: licht- und luftoffen

Abb. 113: Giebelanschluss in der bauüblichen Ausführung

1.4.4.3 Klemmprofildächer

Klemmprofildeckungen (Bemo, Kalzip und vergleichbare) aus Aluminium, Kupfer oder verzinktem Stahl werden in Klemmhalter verschieblich eingeklemmt und im Längsprofilfalz überlappt.
Die Seitenüberlappungen können geklemmt oder verbörtelt werden.
Für Verlegung, Dachneigung und Überlappung der Klemmprofile gelten ebenfalls die Metallfachregeln des Dachdeckerhandwerks wie auch die IFBS-Richtlinien. Hersteller offerieren jedoch ihre eigenen – stark abweichenden – Verlegeregeln:

Mindestdachneigung nach Kalzip- und Bemo-Verlegeregel:

- ohne Querstoß: 2°/1,5°
- mit Querstoß: 3°/2,9°

Profillänge:

- 100 m bei Baustellenfertigung
- ca. 15 m bei Werksfertigung (Transportbegrenzung).

Abb. 114 und 115a und b: *BEMO*-Profildeckung auf Profilhaltern

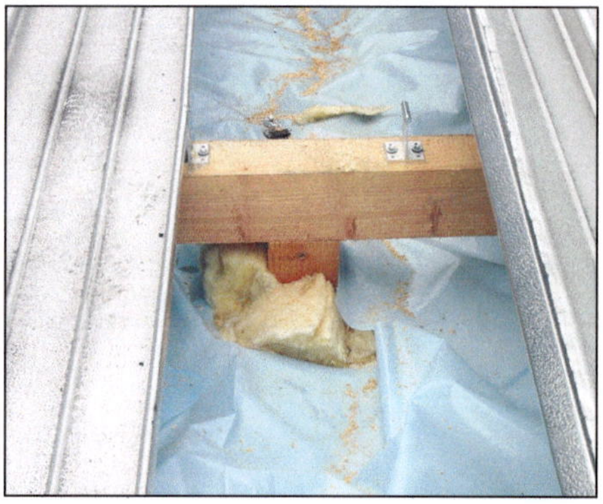

Abb. 116 (li.): Profildeckung mit Lüfterkaminen

Abb. 117 (re.): Stehendes Wasser vor verschweißten Kaminanschlüssen. Wetterschutz hängt von zweifelhafter Qualität der Freiluftschweißnähte ab.

Querstöße werden nach Verlegeregel mit Silicon (!) gedichtet und vernietet. Die Verlegeregeln widersprechen damit den Fachregeln des Dachdeckerhandwerks. Querstöße und Anschlüsse sind, nach dieser Verlegeregel ausgeführt, nicht dauerhaft dicht.

Die Hersteller empfehlen auch Schweißverbindungen. Geschweißte Anschlüsse in Dachprofilen aus Aluminium werden im »wig«-Verfahren unter Schutzgas hergestellt. Weil das Aluminium bei Anwesenheit von Sauerstoff verbrennt, besteht beim Baustellenschweißen die Gefahr des Verbrennens der Schweißnaht, wenn durch Luftzug das Schutzgas weggeblasen wird.

Baustellenschweißnähte sind daher problematisch mit schwankenden Schweißnahtfestigkeiten.

Wo eben möglich, sollte deshalb auf geschweißte Anschlüsse verzichtet und eine andere Form der wasserableitenden Überlappung gewählt werden.

Fachregeln verlangen über ausgebauten Dächern zusätzliche Schutzmaßnahmen (»mindestens Unterspannungen«).

Da Unterspannungen über Pfettenträgern sackartig durchhängen und dadurch unsinnig sind, ist zur Erfüllung der unten stehenden Regel der Einbau von Unterdächern auf tragender Dachschale zwingend.

> *Metallfachregel des Dachdeckerhandwerks, Ziff. 4.2.1.(5)*
>
> Bei selbsttragenden großformatigen Metalldeckungen über ausgebauten Dächern sind als zusätzliche regensichernde Maßnahme zum Schutz der Wärmedämmung gegen abtropfendes Wasser sowie gegen Flugschnee und Treibregen mindestens Unterspannungen einzubauen.

1.5 Fehler bei Balkonen und Dachterrassen

1.5.1 Türschwelle

Probleme an der Türschwelle sind nahezu unendlich, hier werden einige oft vorkommenden Mangelpunkte aufgezeigt:

- Anschlusshöhe geringer als 15 (5) cm
- Anschlussnut am Blendrahmen fehlt
- Schwellenabweiser (Abweisblech) fehlt
- Türleibung ohne Anschlussmöglichkeit
- Rollladenführung im Schwellenbereich.

a) Anschlusshöhe

Die Forderung nach ausreichender Anschlusshöhe ergibt sich aus den Regeln für Abdichtungen allgemein. Danach müssen Abdichtungen bis zur Anschlusshöhe wasserdicht sein, oberhalb der Anschlusshöhe ist Regensicherheit gefordert. Die Anschlusshöhe wird dabei von der Ebene der Wasserführung gemessen; dies ist in aller Regel der Nutzbelag (Ausnahme: offener Laufrost).

Es wird davon ausgegangen, dass bis zur Anschlusshöhe von 15 cm Wasser spritzen, ansteigen, oder (z. B. durch Schnee und Eis) rückstauen kann. Ferner wird richtig davon ausgegangen, dass die wasserdichte Anbindung der Abdichtung von außen gegen eine Türschwelle meist nicht möglich ist (siehe unter 1.5.1. e) Türleibung). Bauherren und Architekten sträuben sich aus praktischen und optischen Gründen meist gegen die geforderte Schwellenhöhe und wälzen das Risiko damit auf den Handwerker ab.

Abb. 118 (li.): Wasserschäden am Balkon

Abb. 119 (re.): Mängelmustersammlung an einer Terrassentür

Fachregel für Dächer mit Abdichtungen
– Flachdachrichtlinien –

Fachregeln des Dachdeckerhandwerkes

4 Details

4.4 Anschlüsse an Türen

(1) Die Anschlusshöhe soll mindestens 0,15 m über der Oberfläche des Belags, der Kiesschüttung oder der Begrünung betragen. Bei Abdichtungen ohne Beläge, Kiesschüttung oder Begrünung bezieht sich die Anschlusshöhe auf die Abdichtungsoberfläche. Dadurch soll verhindert werden, dass bei Schneematschbildung, Wasserstau durch verstopfte Abläufe, Schlagregen, Winddruck entsteht oder bei Vereisung Niederschlagswasser über die Türschwelle eindringt.

(2) Eine Verringerung der Anschlusshöhe ist möglich, wenn bedingt durch die örtlichen Verhältnisse zu jeder Zeit ein einwandfreier Wasserablauf im Türbereich sichergestellt ist. Dies ist dann der Fall, wenn sich im unmittelbaren Türbereich Terrassenabläufe oder andere Entwässerungsmöglichkeiten befinden. In solchen Fällen sollte die Anschlusshöhe jedoch mindestens 0,05 m betragen (oberes Ende der Abdichtung oder von Anschlussblechen unter dem Wetterschenkel/Sockelprofil).

(3) Barrierefreie Übergänge erfordern abdichtungstechnische Sonderlösungen, die zwischen Planer, Türhersteller und Ausführenden abzustimmen sind. Die Abdichtung allein kann die Dichtigkeit am Türanschluss nicht sicherstellen.

Deshalb sind zusätzliche Maßnahmen erforderlich, ggf. auch in Kombination, z. B.:

- wannenförmiger Entwässerungsrost ggf. beheizbar mit unmittelbarem Anschluss an die Entwässerung
- Gefälle der wasserführenden Ebenen
- Schlagregen- und Spritzwasserschutz durch Überdachung
- Türrahmen mit Flanschkonstruktion
- zusätzliche Abdichtung im Innenraum mit gesonderter Entwässerung.

(4) Der Anschluss an Türschwellen kann durch Hochziehen der Dachabdichtung wie an Wandanschlüssen oder durch das Einbauen von Türanschlussblechen erfolgen. Anschlüsse müssen hinter Rollladenschienen und Deckleisten durchgeführt werden. Rollladenführungen müssen dies konstruktiv ermöglichen. Entwässerungsöffnungen von Schlagre-

genschienen oder Ähnlichem müssen zur Außenseite des Anschlusses entwässern.

(5) Bei Anschlüssen an Türkonstruktionen aus Kunststoffen sind bei Verwendung von Bitumenwerkstoffen mit erhitztem Bitumen, mit Flamme oder mit Heißluft Verformungen oder Verfärbungen der Kunststoffteile nicht vermeidbar.

(6) Der Abdichtungsanschluss soll am Türrahmen entsprechend Abschnitt 4.3.2 gesichert werden.

(7) Anschlüsse mit Blechen und Verbundblechen an Türrahmen müssen in allen Ecken sorgfältig eingepasst und seitlich mindestens 0,12 m in die gerade Wandanschlussfläche fortgeführt werden. Die Nähte müssen entweder dicht gelötet, geschweißt oder systemgerecht gefügt werden.

4.3.2 Anschlüsse mit Abdichtungen

(1) Anschlussbahnen müssen dauerhaft gegen Abrutschen gesichert werden. Die Sicherung soll im oberen Randbereich mit mechanischer Befestigung erfolgen. Sind Anschlüsse an aufgehenden Bauteilen frei bewittert oder durch Spritzwasser unmittelbar belastet, so sind sie durch Klemmprofile, Klemmschienen oder angeschweißte Verbundbleche linienförmig an ausreichend eben hergestellten Untergründen im Regelfall im Abstand von höchstens 0,20 m zu fixieren. Nagelbänder dürfen nicht verwendet werden.

Abb. 120: Tür mit Abweisblech, jedoch ohne Anschlusshöhe

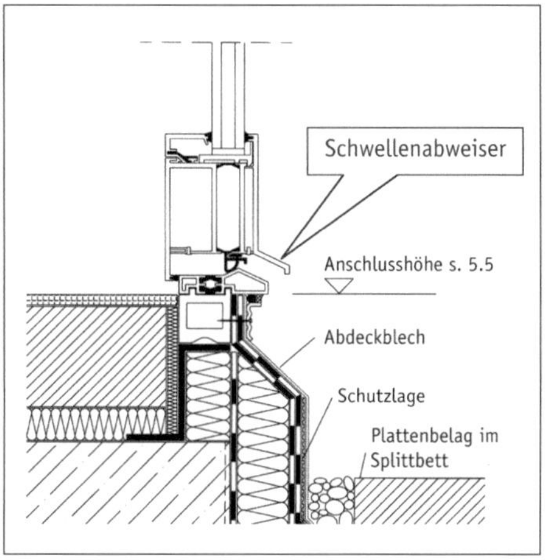

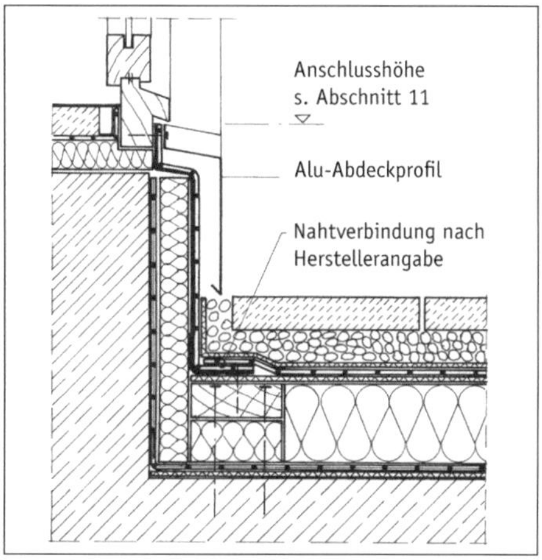

Abb. 121 (li): Der Schwellenabweiser als fensterbankähnliches Abweisprofil ist die sicherste Methode für den dichten Türanschluss [Quelle: ZVDH].

Abb. 122 (re): Konstruktionsvorschlag des ZVDH zur Terrassentür

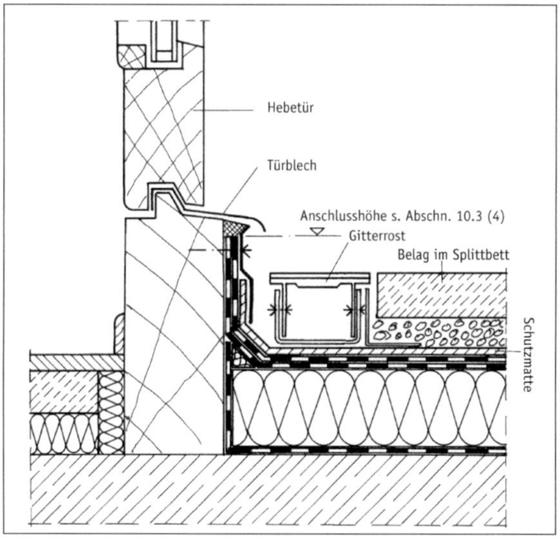

Abb. 123: Konstruktionsvorschlag des ZVDH zur Terrassentür mit Entwässerung vor der Tür

b) Anschlussnut

Die Lage(n) der Abdichtung müssen lagesicher unter der Türschwelle befestigt und sollen in eine nach unten weisende Blendrahmennut eingeführt werden.

Abb. 124: Die Anschlusslösung im Blendrahmennut ist nur möglich bei stumpfem Türanschlag [Quelle: KÖMMERLING].

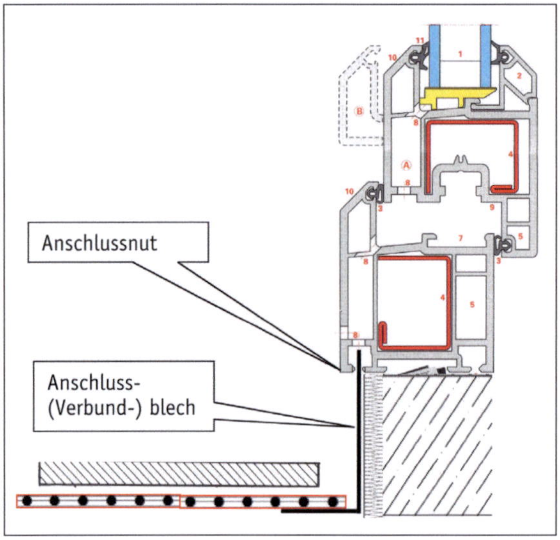

c) Schwellenabweiser

Das Schwellen- oder Abweisblech leitet Regenwasser über die gefährdete Anschlusszone hinweg auf die Abdichtungsebene. Der Abweiser ist deshalb unverzichtbar, es sei denn, der Anschluss nach b) ist möglich.

d) Angeflanschte Klemmanschlüsse

Angeflanschte Klemmanschlüsse von außen gegen den Türblendrahmen sind nur möglich, wenn eine dauerhafte Schraubanpressung einer Dichtleiste am Blendrahmenprofil möglich ist. Der Anschluss muss in diesem Fall mit einem komprimierbaren Dichtband (Illmod, Compri) unterlegt werden. Als Schrauben sind Dichtschrauben zu verwenden.

> *Fachregel Abdichtungen*
>
> 4 Details
>
> 4.4 Anschlüsse an Türen
>
> (4) Der Anschluss an Türschwellen kann durch Hochziehen der Dachabdichtung wie an Wandanschlüssen oder durch das Einbauen von Türanschlussblechen erfolgen. Anschlüsse müssen hinter Rollladenschienen und Deckleisten durchgeführt werden. Rollladenführungen müssen dies konstruktiv ermöglichen. Entwässerungsöffnungen von Schlagregenschienen oder ähnlichem müssen zur Außenseite des Anschlusses entwässern.

Die Anpresslösung ist nur im Zusammenhang mit seitlichen Leibungsbekleidungen oder Leibungsputz zu realisieren. Bei Leibungen aus Sichtmauerwerk oder Sichtbeton ist diese Lösung nicht anwendbar, weil die Anschlussfuge vom Blendrahmen zur Leibung nicht regensicher abgedeckt werden kann.

e) Türleibung und Rollladenführung

Der Übergang vom Türschwellenanschluss zur Türleibung muss durch in der Leibung versenkten Schwellenabweiser geschützt sein. Endet der Schwellenabweiser vor der Leibung, entsteht eine ungeschützte Anschlussfuge zwischen Leibung und Türblendrahmen mit sicherem Zutritt für Wasser.

Rollladenführungen müssen so konstruiert sein, dass die Abdichtung oder die Anschlussbleche dahinter geführt werden können. Entwässerungsöffnungen von Schlagregenschienen o. Ä. müssen zur Außenseite des Anschlusses hin entwässern. Obere Anschlussenden oder Kanten von Wetterschenkeln müssen sich mindestens 30 mm in der Höhe überdecken. Türpfosten müssen so gestaltet sein, dass ein einwandfreier Dichtungsanschluss in gleicher Höhe möglich ist.

f) Schwellenfreie Türen nach DIN 18040 lassen sich unter folgenden Bedingungen herstellen:

- Wasser wird von der Türschwelle auf direktem Weg in den Ablauf oder die Außenrinne geleitet.
- Vor der Türschwelle wird eine Ablaufrinne mind. 15 cm breit mit spritzwasserfreiem Rost angebracht.
- Die Anschlusshöhe von Abdichtung (bzw. Rinnenboden) bis Unterkante Schwellenabweiser muss mind. 15 cm betragen, die Abdichtung muss bis unter den Schwellenabweiser geführt werden.

Abb. 125: Tür mit Anschlussnut: Der Anschlusswinkel ist zwar in die Blendrahmennut eingefügt; da die Tür aber gegen Seitenanschläge montiert ist, kann der Leibungsanschluss nicht regensicher hergestellt werden.

Abb. 126: Türschwelle mit Abweisblech, das jedoch an den Blendrahmen nach oben offen und damit undicht ist.

- Angeflanschte Anschlüsse sind möglich.
- Ablaufrinne und Schwellenrost dürfen nicht mit Feinkies oder Splitt aufgefüllt werden.
- Die Ablaufrinne wird bis zum nächstliegenden Ablauf oder nächstliegender Rinne verlängert.

Verdeckt liegende Ablaufkanäle sind höchst problematisch, da sie weder kontrolliert noch gereinigt werden können und im Winter das Zufrieren des Kanals zu erwarten ist.

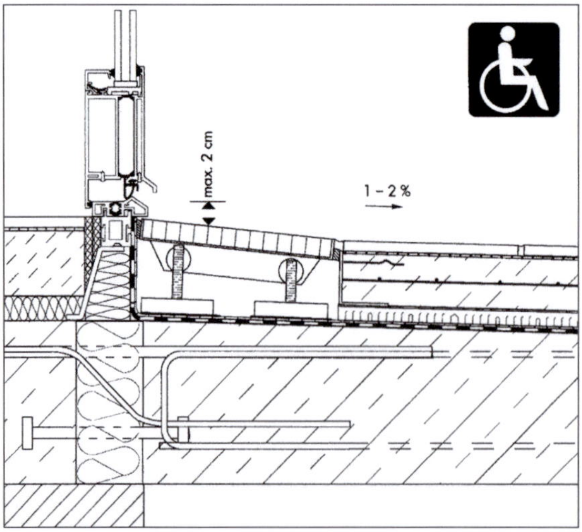

Abb. 127: DIN 18040 fordert, schwellenfrei zu bauen und lässt Schwellen nur dann bis maximal 2 cm zu, wenn diese technisch nicht vermeidbar sind [Quelle: Gutjahr GmbH].

Abb. 128 (li.): Spritzwasserfreier Schwellenrost [Quelle: Gutjahr GmbH]

Abb. 129 (re.): Ausführung mit seitlicher Ablaufrinne zum nächsten Ablauf/Außenrinne [Quelle: Gutjahr GmbH]

1.5.2 Abdichtung Balkone und Dachterrassen

Dachterrassen- und Balkonabdichtungen werden nach den Fachregeln für Dächer mit genutzten Abdichtungen geplant und hergestellt. Balkonabdichtungen sind auch in DIN 18195 Teil 5 erfasst und zählen dort nach Ziff. 7.2 zu den mäßig beanspruchten Flächen. Sie dürfen nach dieser Norm u. a. aus einer Lage Bitumenbahn hergestellt werden.

1.5.2.1 Bitumenabdichtungen

Die Fachregel des Dachdeckerhandwerks weist auf folgendes hin:

> *Fachregeln für Abdichtungen*
> (5) Bei Anschlüssen an Türkonstruktionen aus Kunststoffen sind bei Verwendung von Bitumenwerkstoffen mit erhitztem Bitumen, mit Flamme oder mit Heißluft, Verformungen oder Verfärbungen der Kunststoffteile nicht vermeidbar.

Gefährdet sind in dieser Hinsicht nicht nur Kunststofftüren, sondern auch alle anderen Türkonstruktionen, Wärmedämmverbundsysteme, Balkonbekleidungen, Sichtschutzwände u. Ä.
Bitumenabdichtungen, ob ein- oder mehrlagig, stellen weitere technisch-handwerkliche Probleme dar.

- Nahtwülste hindern den Wasserablauf.
- Eckausbildungen sind stark gerundet und hinderlich für den Nutzbelag.
- Schweißflamme verbrennt Türschwellen und Geländer.
- Schweißfehler bei »vorsichtiger Brennerhandhabung« führen zu kapillaren Undichtigkeiten.

Abb. 130 (li.): Bituminöse Terrassenabdichtung: Schweißfehler in der Bahnenüberlappung.

Abb. 131(re.): Bituminös abgedichtete Terrasse nach Entfernen des aufgestelzten Belages.

Abb. 132 (li.): Mörtelsäcke zerquetschen die Bitumenschicht.

Abb. 133 (re.): Druckmarken in der Bitumenabdichtung

Abb. 134: Abdichtung mit Kunststoffbahnen: Hier Zugfalten wegen fehlender Randfixierung

- Beschieferte Schweißbahnen vergrößern die Gefahr unvollständiger Schweißanschlüsse.
- Bitumenabdichtungen vertragen keine Punktlasten.

Daher gilt, Bitumen-Abdichtungen sind aus technischer Sicht ungeeignet für Abdichtungen an Balkonen und Dachterrassen.

1.5.2.2 Abdichtungen aus Kunststoffbahnen

Kunststoff-Abdichtungen sind für Balkone und Dachterrassen gut geeignet, verlangen aber:

- eine sehr sorgfältige Ausführung
- das Einhalten sämtlicher Fachregeln und Herstelleranweisungen
- Anschluss- und Randfixierungen, z. B. aus Verbundblechen
- Trennlagen zum Untergrund und Schutzlagen unter Nutzbelägen.

Vorteilhaft sind Kunststoffbahnen, die in Überlappungen und Anschlüssen verschweißt werden können. Kunststoffbahnen, deren Überlappungen verklebt werden, sind als Dachterrassen- und Balkonabdichtungen ungeeignet.

1.5.2.3 Abdichtungen aus Flüssigkunststoff

Im Gegensatz zu bahnenförmigen Dichtstoffen müssen Flüssigkunststoffe vollflächig haftend ausgeführt werden (siehe 1.3.3). Der Untergrund muss fest, staubfrei und trocken sein. Altbeläge aus Keramikplatten enthalten meist zu viel Feuchtigkeit. Die ausgehärtete Dichtschicht hebt dann vom Untergrund ab und wird durch Auflastdruck anschließend zerstört. Über Feinrissen im Untergrund wird die Abdichtung durch Zusatzstreifen verstärkt. Die Verstärkung verhindert den Bruch der Dichtschicht.

1.5.3 Anschlüsse

Anschlüsse bei Balkon und Dachterrasse bestehen immer aus einer hochgeführten Abdichtung, einer oberseitigen Wetterabsicherung, im Fall von bahnenförmigen Abdichtungen auch aus einer Anpressleiste als Lagesicherung, einem Regenabweiser (Anschlussleiste) und einer Trittschutzabdeckung.

1.5.3.1 Anschlüsse Bitumenabdichtung

Eingeklebte Blechanschlüsse in der Bitumenabdichtung sollten nur in Ausnahmefällen und bei kurzen Anschlusslängen eingebaut werden. Für solche Anschlüsse gilt ein ausführlicher Regelkatalog. Auch in der einlagigen Bitumenabdichtung sind Blechanschlüsse zweilagig einzukleben.

Fachregeln für Abdichtungen

4.3.2 Anschlüsse mit Abdichtungen

(1) Anschlussbahnen müssen dauerhaft gegen Abrutschen gesichert werden. Die Sicherung soll im oberen Randbereich mit mechanischer Befestigung erfolgen. Sind Anschlüsse an aufgehenden Bauteilen frei bewittert oder durch Spritzwasser unmittelbar belastet, so sind sie durch Klemmprofile, Klemmschienen oder angeschweißte Verbundbleche linienförmig an ausreichend eben hergestellten Untergründen im Regelfall im Abstand von höchstens 0,20 m zu fixieren. Nagelbänder dürfen nicht verwendet werden.

(2) Bei ausreichender Haftung mit dem Untergrund kann bei Flüssigabdichtungen auf eine mechanische Befestigung am oberen Rand verzichtet werden.

(3) Das obere Ende von Anschlüssen muss regensicher verwahrt werden. Bei nicht regensicheren vorgesetzten Außenwandbekleidungen muss der Anschluss hinter dieser an der Wand hoch geführt werden. Bei Vorsatzmauerwerk, Wärmedämmverbundsystemen oder Putzschichten muss die Hinterläufigkeit der Abdichtung vermieden werden. Hierfür sind z. B. Z-förmige Feuchtigkeitssperren, eingelassene Überhangstreifen oder Z-Profile geeignet. Wasserbeanspruchte Anschlussenden, die lediglich durch Dichtstofffasen gegen Hinterläufigkeit gesichert sind, sind bei nicht genutzten Dächern der Anwendungskategorie K1 zuzuordnen.

(4) Die Ausführung des regensicheren Anschlusses am aufgehenden Bauteil mit Überhangstreifen oder vorgefertigten Metallprofilen erfolgt entsprechend den »Fachregeln für Metallarbeiten im Dachdeckerhandwerk«. Überhangstreifen und Klemmschienen, die der Witterung ausgesetzt sind, müssen mit korrosionsbeständigen Befestigungsmitteln angebracht werden.

(5) Flächen, an denen die Dachbahnen des Anschlusses hochgeführt, aufgeklebt oder befestigt werden, müssen eine glatte und ebene Oberfläche aufweisen. Betonflächen im Anschlussbereich dürfen keine Kiesnester, Risse oder ausgebrochene Kanten aufweisen. Bei unebenem oder stark strukturiertem Mauerwerk muss der Anschlussbereich mit einer festhaftenden Putzschicht versehen sein.

(6) Bei senkrechten Fugen im Anschlussbereich, z. B. bei Fugen von Betonfertigteilen oder Bewegungsfugen, muss der Anschluss so ausgebildet werden, dass eine Bewegung über dem Fugenbereich möglich ist. Klemmschienen dürfen über beweglichen Fugen nicht durchlaufen. Die Fugen selbst müssen so ausgebildet sein, z. B. durch Wasserabweiser, dass der Anschlussbereich nicht durch Niederschlagswasser hinterwandert werden kann.

(7) Bei zu erwartenden geringfügigen Bewegungen im Anschlussbereich (z. B. bei Betonfertigteilen, Holzaufkantung o. Ä.) dürfen Anschlussbahnen im

Übergangsbereich von der Dachfläche zur Anschlussfläche nicht fest mit dem Untergrund verbunden werden. Ggf. kann der Einbau von Trennstreifen notwendig sein.

(8) Dachabdichtungen sind im Anschlussbereich bei Anschlusshöhen von mehr als 0,50 m an der senkrechten Fläche aufzukleben oder mechanisch zu befestigen (Linienbefestigung oder lineare Befestigung).

(9) Bei genutzten Flächen ist die Abdichtung im Anschlussbereich gegen mechanische Beschädigung, z. B. mit Schutz- oder Abdeckblechen, Steinplatten oder dergleichen zu schützen.

4.3.3 Anschlüsse mit eingeklebten Blechen

(1) Bei Anschlüssen mit eingeklebten Blechen entspricht die Dachabdichtung bei nicht genutzten Dächern der Anwendungskategorie K1.

(2) Bei Abdichtungen aus Bitumenbahnen muss die verklebte Fläche auf Blechanschlüssen mindestens 120 mm breit sein. Die Einklebefläche muss trocken, frei von Verunreinigungen, fett- und staubfrei sein. Sie sollte mit einem Haftgrund vorgestrichen werden. Die Abdichtung muss vollflächig aufgeklebt und auf dem Flansch zweilagig sein. Sind Scherbewegungen gegenüber der Dachabdichtung nicht vermeidbar, ist am Übergang vom Kleberand zur Dachabdichtung ein mindestens 100 mm breiter, lose verlegter Trennstreifen anzuordnen. Die Abdichtung sollte 10 mm vor der Aufkantung enden. Der Klebeflansch ist mechanisch zu befestigen. Zuschnitte von einzuklebenden Blechen sowie die Bemessung und Anordnung von Dehnungsausgleichern erfolgen nach den »Fachregeln für Metallarbeiten im Dachdeckerhandwerk«.

(1) Dachseitige Teile der Anschlüsse an Abdichtungen müssen wasserdicht hergestellt werden.

(2) Bei Abdichtungen aus Bitumenbahnen ist zu berücksichtigen, dass die Zuschnittsbreite des dachseitigen Blechschenkels mindestens 150 mm beträgt. Für die Ausführung des wasserdichten Anschlusses sind die Richtlinien zur Planung und Ausführung von Dächern mit Abdichtungen zu beachten.

(6) Damit thermisch bedingte Längenänderungen ohne Zwänge aufgenommen werden können, sind Dehnungsausgleicher (Formteile) einzubauen.

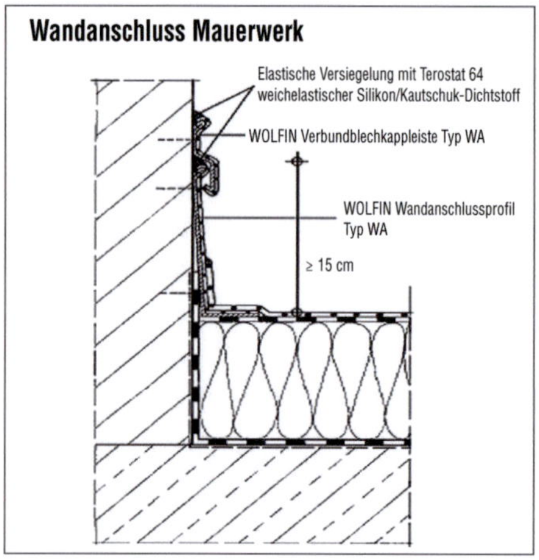

Abb. 135 (li.): Vorschriftsmäßiger Kopfdehnungsausgleicher am Anschlusswinkel

Abb. 136 (re.): Vorgabe eines Kunststoffbahnenherstellers für den Wandanschluss mit Verbundblechwinkel [Quelle: WOLFIN Bautechnik]

Abb. 137 (li.) und 138 (re.): Tür- und Leibungsanschluss mit Verbundblech und PVC-Dichtbahnen

Der maximale Abstand für eingeklebte Einfassungen, Winkelanschlüsse, Traufbleche, Dachrandeinfassungen und eingeklebte Shedrinnen in der Wasserebene beträgt 6 m. Diese Richtwerte gelten für die gestreckte Länge von Bauteilen. Für die Abstände von Ecken oder Festpunkten gelten jeweils die halben Längen.

1.5.3.2 Anschlüsse Kunststoffabdichtung

Bei Kunststoffbahnenabdichtungen können Anschlüsse aus Verbundblechwinkeln mit aufgeschweißter Kunststoffbahn hergestellt werden. Sie sind – richtig ausgeführt – sehr sicher.

Der Verbundblechwinkel ist in der Dichtebene am Untergrund lagesicher zu verankern. Die Bahn der Dichtebene ist dabei auf den waagerechten Anschlusswinkel zu führen

Abb. 139 (li.): Silicon-Dichtstoff wird durch Bitumen zerstört.

Abb. 140 (re.): Silicon-Versiegelung setzt sich vom porösen Fugmörtel ab: Der Anschluss ist nicht mehr regensicher.

Abb. 141 (li.): Kalksandsteinmauerwerk ist für seine hohe Wassersaugfähigkeit und Wasserspeicherfähigkeit bekannt. Aufgesetzte Wandanschlüsse können nicht regensicher sein.

Abb. 142 (re.): Vorgesetzte Verblendschalen müssen oberhalb von Abdichtungsanschlüssen mit einer waagerechten Wandsperre ausgestattet sein. Ohne Wandsperre sind Anschlüsse (meist) nicht regensicher.

und zu verschweißen. Die Anschlussbahn ist gesondert einzubauen und in der waagerechten Ebene mit der Dichtbahn zu verschweißen.

Der Anschluss kann auch ohne Anschlussbahn ausgeführt werden, der hochgeführte Verbundblechwinkel übernimmt die Anschlussfunktion. Die Abdichtung ist dabei am Anschlusswinkel etwa 5 cm hochzuführen und sowohl am waagerechten wie am lotrechten Schenkel zu verschweißen.

1.5.3.3 Anschlüsse Flüssigkunststoff

Auch der Anschluss setzt einen festen lagesicheren Anschlussgrund voraus. Im Behelfsfall kann ein sorgsam verankerter Metallwinkel (verz. Stahlblech oder Aluminiumblech) als tragfähiger Untergrund dienen.

Abb. 143: Vorgabe eines Kunststoffbahnenherstellers für den Wandanschluss mit Verbundblechwinkel und Wandsperre [Quelle: WOLFIN Bautechnik]

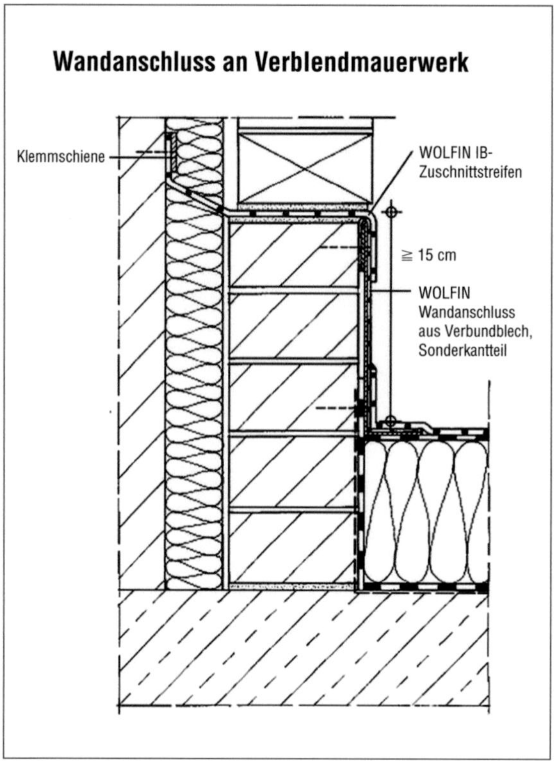

1.5.3.4 Regenabsicherung

Der obere Rand des Wandanschlusses muss mindestens regensicher sein, d. h. fließendes Wasser muss über den Anschluss auf die Abdichtung abgeleitet werden. Voraussetzungen dafür sind:

- Bei Sichtmauerwerk eine waagerechte Wandsperre in einer Lagerfuge oberhalb des Anschlusses und eine in die Fuge eingelassene Kappleiste.
- Bei Außenputz und WDVS ein wasserabweisendes Sockelprofil und eine darunter angebrachte Anschlussleiste mit Dichtstoffversiegelung. Alternativ kann die Anschlussdichtung Z-förmig unter das WDVS geführt werden. Der Anschluss ist dann aber nicht mehr prüfbar und kann nicht bearbeitet oder erneuert werden. Wandanschlüsse sollten auf keinen Fall auf die Putzschicht des WDVS aufgebracht werden. Solche Anschlüsse sind meistens nicht dauerhaft und m. E. grundsätzlich abzulehnen.
- Bei Wandbekleidungen ist der Anschluss hinter die Bekleidung und gegen die tragende Wand zu führen.
- Bei Fensterwänden muss der Anschluss hinter die Fenstersprossen geführt werden. Die Fensterwand kann auch mit einem hinter den Sprossen eingefüg-

ten Regenabweisprofil (Fensterbank) ausgestattet werden. Der hochgeführte Anschluss wird dann wie beim WDVS unter dem Abweisprofil verwahrt.
- Anschlusspressleisten mit Dichtstoffversiegelung sind eine – zulässige – Behelfslösung. Der Regenschutz ist von der Dauerhaftigkeit der Kittfuge abhängig. Für Anschlüsse an Sichtmauerwerk, Glasbausteine, Altputze und WDVS sind Anschlusspressleisten ungeeignet.

Anschlussversiegelungen müssen elastisch und dauerhaft regensicher sein. Voraussetzungen dafür sind:
- angepasster Fugenraum und Fugenprofil
- fester (nicht sandiger) Untergrund und saubere Fugenflanken
- Primern (grundieren) der Fugenflanken
- Hinterstopfen der Fugenräume, um Dreiflankenhaftung zu vermeiden
- abgestimmte Versiegelungsstoffe (Silicon-Dichtstoff wird durch ölige Stoffe und von Bitumenanstrich zerstört).

In der täglichen Bauwirklichkeit wird meist ein beliebiges Fugenfüllmaterial auf beliebige Abkantungen aufgetragen, nicht selten auch in Form von Dichtraupen und von geringer Haltbarkeit.

1.5.3.5 Trittschutz

Trittschutz wird meist als gekantete Metallblechleisten mit oder ohne Dichtstoffversiegelung, befestigt mit Dichtschrauben, ausgeführt. Eckstücke sind zu verlöten oder mit verschweißten Formstücken herzustellen. Offene Eckstöße sind unschön, unfachgemäß und führen zu Schnittverletzungen.

1.5.4 Nutzbelag

Für den Bereich Dachterrassen und Balkone ist insbesondere das ***Merkblatt Außenbeläge mit Fliesen und Platten außerhalb von Gebäuden*** als Beurteilungsgrundlage wichtig. Dieses Merkblatt formuliert folgende grundsätzliche Forderungen:

- Abdichtung und Belag sind grundsätzlich mit Gefälle (in Richtung auf Abläufe oder Traufen) anzulegen. Bedeutsam ist, dass bereits die Abdichtung im Gefälle liegen muss.
- Fliesen- und Plattenbeläge sind immer mit Fugen zu verlegen. In Mörtel oder Kleber verlegte Platten sind zu verfugen. Der Belag muss in Felder nicht größer als 2,5–3,0 m geteilt sein. Felder und Randanschlüsse bedürfen elastischer Randfugen und elastischer Fugenfüllungen. In Mörtel oder auf Kleber verlegte Beläge ohne elastische Fugen oder mit zu weiten Fugenabständen erleiden Fugen- und Plattenrisse.

- Beläge, auch aufgestelzte Beläge, müssen auch in der Ebene der Nutzschicht entwässert werden (über offenen Terrassen-Rost).

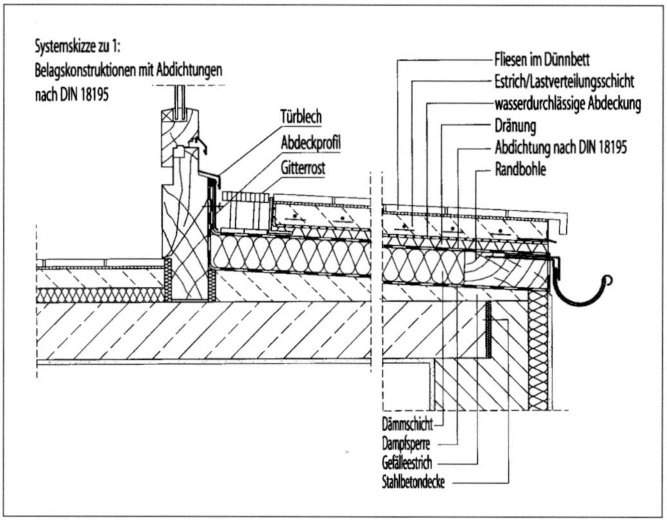

Abb. 144: Zur Wasserabführung soll der gesamte Dichtungsaufbau im Gefälle liegen [Quelle: Merkblatt Außenbeläge des Fachverbands Fliesengewerbe].

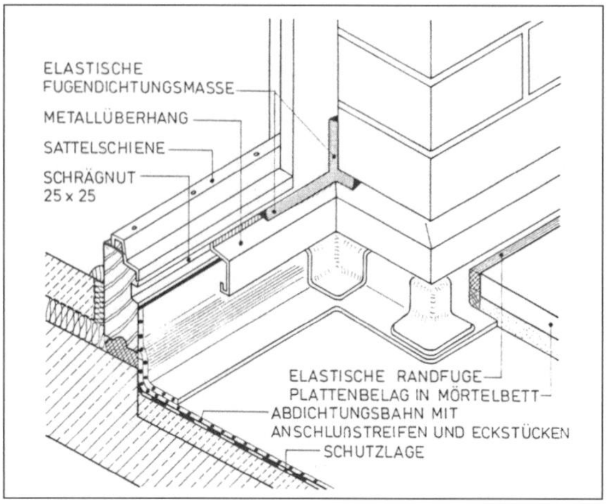

Abb. 145: Fugenschnitte mit elastischer Füllung sind im Hartbelag in Abständen von 2,50 bis 5,00 je nach Besonnung notwendig.

Abb. 146: Plattenrisse im Belag durch Missachten der Fugenregel

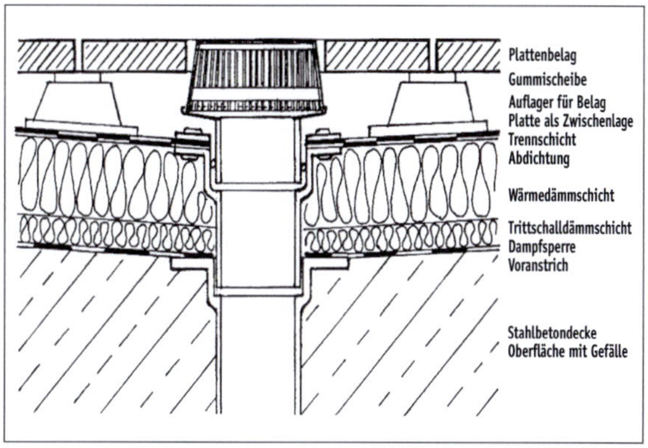

Abb. 147: Abläufe dürfen auch im aufgestelzten Belag nicht mit Platten abgedeckt werden: Wasser muss auch in Plattenebene abfließen, und Abläufe müssen kontrollierbar bleiben [Quelle: Merkblatt Außenbeläge des Fachverbands Fliesengewerbe].

1.6 Grundsätzliche Fehler bei Steildächern

1.6.1 Verkennen der Wetterschutzleistung der Deckwerkstoffe

Deckwerkstoffe bieten sehr unterschiedlichen Schutz gegen Niederschlag. Wasserdichtigkeit ist in keinem Fall zu erreichen. Konsequenz: Die Schutzleistung des Deckwerkstoffes muss auf die Bauaufgabe sowie auf die Form und Gestaltung des Daches abgestimmt werden.

1.6.2 Verkennen von Qualität und Nutzdauer bei Unterspann-/Unterdeckbahnen

Seit 2005 gibt es die DIN EN 13859, in der vergleichbare Qualitätsmaßstäbe und Prüfverfahren für Unterdeckbahnen festgelegt sind. Daraus kann aber nicht auf das Alterungsverhalten im Bauwerk geschlossen werden. Immer neue Muster kommen in den

Abb. 148 (li): Wasserspuren auf einer Unterspannbahn

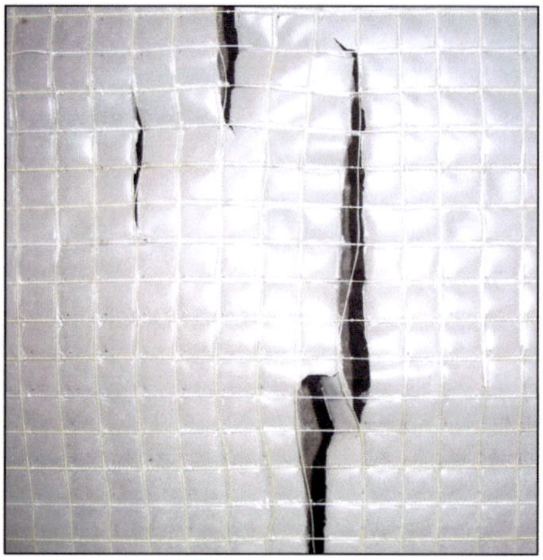

Abb. 149 (re): Handelsübliche Unterspannbahn nach 12 Jahren hinter einer Deckenbekleidung: Welchen Nutzen hat der Bauherr von einer solchen Bahn?

Handel, von denen niemand weiß, wie sie sich unter Baubedingungen verhalten. Von bisherigen Mustern weiß man immerhin, dass ihre Nutzdauer sehr begrenzt ist. Eine Haltbarkeit von 30 bis 50 Jahren wird voraussichtlich nicht erreicht.

1.6.3 Unterschätzen von Wasserlauf und Windeinwirkung

Bei industriellen Einbauteilen wie Dachfenstern werden Wasserlauf und die Einwirkung von Wind und Verschmutzung oft falsch bewertet. Generelle oder örtliche Undichtigkeiten sind die Folge. Beispielhaft ist das hier an einem Fenster-Eindeckrahmen (Brustanschluss) gezeigt, bei dem Regenwasser gezielt unter die Deckung geführt wird.

Abb. 150: Brustblech des Fensteranschlussrahmens bildet eine Rinne, in der Wasser seitlich unter die Dachdeckung geleitet wird.

1.6.4 Unkenntnis technischer Möglichkeiten von Deck- und Hilfsstoffen

Werkstoffe und Deckstoffe müssen gezielt für die Bauaufgabe ausgesucht werden. Nicht mit jedem Werkstoff lässt sich jede Dachform oder jeder Anschlussübergang herstellen. Anschnitte von Satteldachfirsten an Dachtraufen können von keinem bekannten Deckwerkstoff dauerhaft regensicher ausgebildet werden. Solche Anschlüsse sollten vermieden werden. Notwendig ist eine konstruktive Lösung, bei der der Gaubensattelfirst tiefer gelegt und unter der Hauptdachtraufe angeschlossen wird.

Zinkbleche eignen sich nicht als Flachdachabdichtung (Abb. 152). Der notwendige verschiebliche Einbau lässt sich kaum realisieren. Quetschbrüche und Undichtigkeiten sind dann unvermeidbar. Als konstruktive Lösung wäre hier ein Pultdach 7° DN mit Doppelstehfalzdeckung angebracht.

Abb. 151 (li.): Typischer Konstruktionsfehler: Der First-/Traufenanschluss ist in dieser Form nicht lösbar.

Abb. 152 (re.): Mit Metallblech kann keine gefällelose Gaubenabdichtung hergestellt werden.

1.6.5 Überschätzen von Herstellerangaben und Prospekten

Hochglanzprospekte und auch Musterständer und Musterflächen zeigen selten den wahren zu erwartenden optischen Eindruck. Farbenfrohe und im Prospekt glänzende Dachdeckungen aus Betondachsteinen verblassen bereits nach kurzer Bewitterungszeit. Nach einigen Jahren setzen Vergrauung durch Abwitterung und Flechtenbewuchs ein.

Dachziegel werden in Prospekten und Musterständern immer fehlerlos dargestellt. Tatsächlich erleiden Deckwerkstoffe durch Transport und Handhabung zwangsläufig kleinere Beschädigungen (Eck-/Kantenabbrüche, Absplitterungen, Scheuerstellen), die im Grunde unvermeidbar sind. Oberflächen von Dachziegeln können auch kleinere Fehlstellen, Trichterausbrüche oder Riefen aufweisen, diese sind meist ebenfalls unvermeidlich. Gut ist, wenn Planer und Handwerker solche Zusammenhänge kennen und richtig ist, wenn sie ihren Bauherren darauf hinweisen.

Abb. 153 (li.): Deckbilder aus alter und neuer Bedachung

Abb. 154 (re.): Dachsteine verändern rasch ihre Oberfläche bis zur Ausgrauung.

Abb. 155 (li.): Deckbild aus glasierten Flachdachziegeln

Abb. 156 (re.): Absplitterung an einer Ziegelkrempe

1.7 Problempunkte Dachaufbauten, Dachgauben, Dachöffnungen

1.7.1 Dachgauben

An Dachgauben treten Mängel und Schäden meist auf an

- Fensterbank
- Fensterleibungsanschluss
- Dachtraufe
- Dachrand
- Kehle und Kehlauslauf.

a) Fensterbank

Fensterbänke müssen innenseitig und beidseitig aufgekantet und in der Blendrahmennut des Fensters verwahrt sein. Die Ecken der Aufkantungen müssen dabei ebenso wasserdicht sein wie die Aufkantung selbst. Fehlende Aufkantung oder offene Eckstöße führen unweigerlich zu Wasserschäden.

Fensterbänke ohne wasserdicht herzustellende Kopfstücke müssen mit gesonderten Foliendichtungen unterhalb der Fensterbank ausgestattet werden, sowohl für a) als auch für b) [Siehe auch »Einbau und Anschluss von Fenstern und Fenstertüren mit Anwendungsbeispielen« aus »Technische Richtlinie der Bundesverbände des Glaserhandwerks, des Metallhandwerks und des Bundesverbands Holz und Kunststoff«].

Abb. 157: Die Fensterbank muss mit hinterer und seitlicher Aufkantung Regenwasser sicher nach außen ableiten [Quelle: Aluform System GmbH].

b) Fensterleibungsanschluss

Übliche Leibungsanschlüsse bestehen aus mehr oder weniger geschickt angebrachter Siliconfuge. Diese mag bei Putzanschlüssen noch ausreichen. An Dachgauben mit Platten-, Holz-, Metall- oder Schieferbekleidungen reicht die Siliconfuge als Dichtanschluss keinesfalls aus. Platten oder Tafelstreifen müssen in einer Blendrahmenfuge oder einem U-Profil eingelassen oder mindestens gegen ein L-Profil gesetzt sein (siehe auch wie unter a)). Außerdem ist der Blendrahmen gegen die Leibung mit einem Dichtband dauerhaft abzukleben.

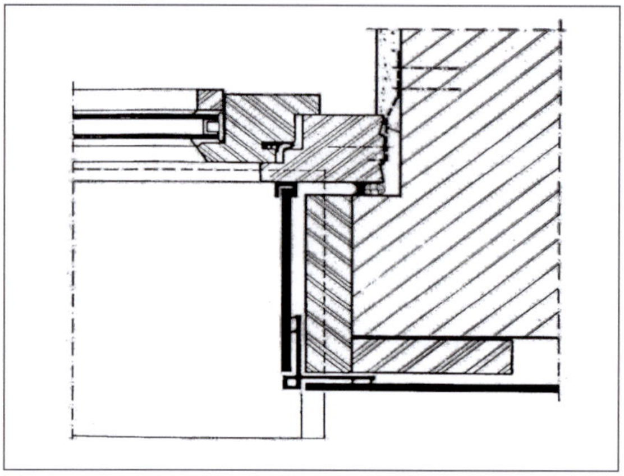

Abb. 158: Leibungsanschluss bei Plattenbekleidung: grundsätzlich mit Anschlussprofil oder -winkel am Blendrahmen.

c) Dachtraufe

Vorgehängte Dachrinnen an Flachdachgauben benötigen ein Rinneneinhangblech. Bei bituminösen Gaubendachabdichtungen ist der übliche winklig abgekantete Rinneneinhang hierfür wenig oder nicht geeignet, weil die aufgeklebte Dachbahn abscheren oder Lötnähte im Blech aufscheren können. Bei Zinktraufen besteht zusätzlich die Gefahr der Bitumenkorrosion (= Zerstörung des Einhangblechs). Besser ist die Verwendung eines Stützblechs, das nur aufgenagelt wird und über das die Lagen der Abdichtung bis zur Unterkante geführt und punktweise aufgeklebt werden.

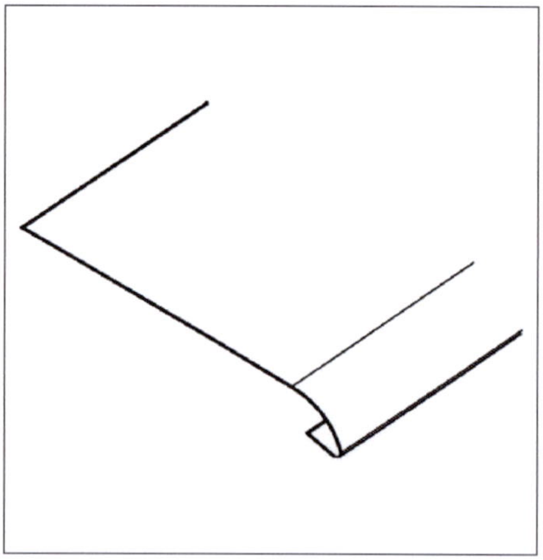

Abb. 159 (li.): Zerstörung des Rinneneinhangs durch »Bitumenkorrosion«

Abb. 160 (re.): Vorschlag für richtigen Rinneneinhang: vorn gerundetes Stützblech, über das alle Dichtlagen bis zur Vorderkante geführt werden.

d) Dachrand

Einteilige Dachränder aus Metall sind an bituminös eingedichteten Gaubendächern wie auch an allen anderen Flachdächern nicht zulässig. Wärmespannungen erzeugen Schub- und Kerbbrüche in der Abdichtung und Abriss vom Randprofil.

Abb. 161: Einteilige Randprofile sind nicht erlaubt und nicht dauerhaft wasserdicht.

Weil mehrteilige Dachrandprofile an Dachgauben meist zu aufwendig sind, empfiehlt sich die Verwendung von gekanteten zweiteiligen Randblenden aus Zink-, Kupfer- oder Aluminiumblech, die aus Stützprofil und Klemmprofil bestehen. Das Stützprofil dient gleichzeitig als Vorstoßblech.

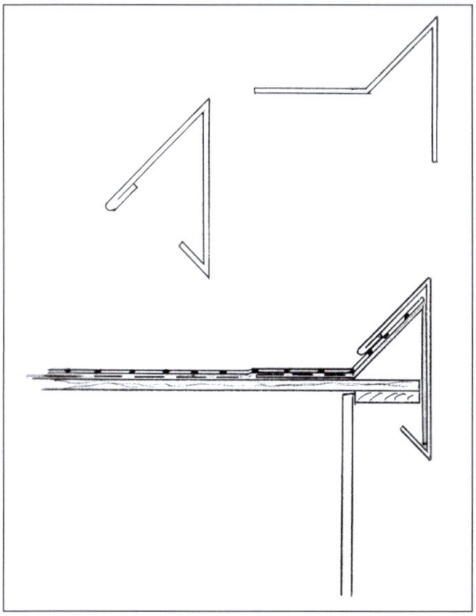

Abb. 162 (li.): Vorschlag für ein handwerklich hergestelltes Randprofil aus Stützblech und Abdeckleiste

Abb. 163 (re.): Mangelhafte Ausbildung an der Gaubenkehle

e) Kehle und Kehlauslauf

Beim Gaubenflachdach üblich anzutreffende Gaubenkehlen zeigen zwei technische Mängel:

- Höhenversprung der Unterdeckbahn über der Kehlschalung (Wassersack über der Kehle, Abb. 163)
- unkontrollierter Kehlauslauf an der Gaubenschulter, Abb. 164 und 165.

Die Dachdeckerregeln weisen an anderer Stelle auf Folgendes hin:

> *Merkblatt für Unterdächer, Unterdeckungen und Unterspannungen*
> Bei frei hängenden Unterspannbahnen ist darauf zu achten, dass sich im Traufbereich keine Wassersäcke bilden. Hierfür sind eventuell Keilbohlen oder andere Maßnahmen zusätzlich notwendig.

Gaubenkehlen müssen in diesem Sinn wie Traufen behandelt werden. Bei aufliegender Kehlschalung und Kehlabdichtung muss ein Holzkeil als Übergang zur Kehle eingebaut werden. Die Unterdeckbahn ist hier immer auf die Kehle zu führen.
Der Kehlauslauf über der Gaubenschulter ist immer mit einem Kehlauslaufblech mit gerichteter Wasserführung auszustatten. Keinesfalls darf die Abdichtung einfach abgeschnitten werden, weil der Anschnitt wasserunterläufig sein kann und dann Wasser nach dem Teekanneneffekt unter die Abdichtung leitet.

Abb. 164 (li.): Flickwerk als Kehlauslauf an der Gaubenschulter

Abb. 165 (re.): Flickwerk als Kehlauslauf an der Gaubenschulter – hier bituminös

Abb. 166: Mit kleinem Holzkeil als Übergang zur Kehlschalung hätte dieser schadhafte Gaubendachanschluss regensicher gemacht werden können.

1.7.2 Dachfenster

Dachfenster (Wohnraumdachfenster) werden normalerweise mit unterdeckten Anschlussrahmen hergestellt. Das Regenwasser wird über eine Fensterkehle und seitliche flache oder tiefliegende Anschlussrinnen Richtung Traufe geführt. Das technische Risiko liegt in der unterdeckten Wasserführung, die generell nach den Regeln des Dachdeckerhandwerks ausgebildet sein sollte.

Fachregel für Metallarbeiten
Fachregeln des Dachdeckerhandwerkes
5.3.1 Seitliche Anschlüsse bei Deckungen

Fachregeln des Dachdeckerhandwerkes
5.3.1.1 Unterliegende Metallanschlüsse

Anschlüsse mit durchgehend unterliegenden Blechen können ausgeführt werden als:

- Einfache Anschlüsse mit Wasserfalz (nur bei geringer Wasserbelastung anzuwenden)
- vertiefte Anschlüsse
- Sonderkonstruktionen (z. B. mit Steg).

Die untergelegten Bleche werden im oberen Bereich der Höhenüberdeckung genagelt und an der Längsseite mit Haften befestigt. Die dachseitige Längsseite ist mit einem mindestens 15 mm breiten Wasserfalz zu versehen. Der Abstand des Deckwerkstoffes von der ersten Aufkantung muss

mindestens 40 mm betragen. Bei Ausführungen der Anschlüsse mit Steg kann die Deckung bis zum Steg herangeführt werden. Beim unterliegend vertieften Anschluss muss die Vertiefung eine Mindesttiefe von 20 mm und eine Mindestbreite von 40 mm aufweisen.
Die Mindestüberdeckung der Deckwerkstoffe über die unterliegenden Metallanschlüsse beträgt bei konturierten Deckwerkstoffen 100 mm.

Bei ebenen Deckwerkstoffen betragen die Überdeckungen

- bis 35° mindestens 120 mm
- > 35° mindestens 100 mm
- > 50° mindestens 80 mm.

Abb. 167 (li.): Entwässerungsprinzip des Fenster-Eindeckrahmens [Quelle: Velux]

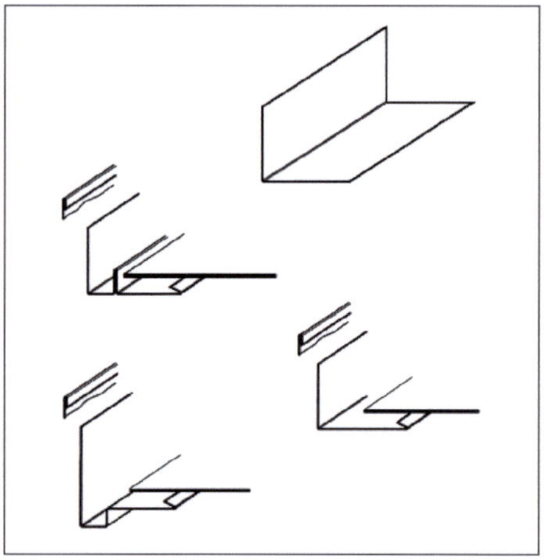

Abb. 168 (re.): Beispiele für unterdeckte Seitenanschlüsse [Quelle: ZVDH]

Merkblatt Einbauteile bei Dachdeckungen
Der Anschluss der Einbauteile an die Dachdeckung hat mindestens den Anforderungen der Dachdeckung zu entsprechen und muss zumindest regensicher sein.
Dachfenster haben einen allseitigen zur Deckung passenden Anschlussrahmen. Bei industriell hergestellten Anschlussrahmen kann von den Mindestmaßen der »Fachregeln für Metallarbeiten im Dachdeckerhandwerk« abgewichen werden, wenn die Funktionsfähigkeit der Anschlussrahmen durch praxisnahe Versuche nachgewiesen und durch eine Materialgarantie beim ZVDH zugesichert wird.

Abb. 169 (li.): Unterdeckmaß bei handelsüblichen Eindeckrahmen weicht von der Vorgabe der Fachregel (100 mm) ab.

Abb. 170 (re.): Seitenaufkantung am Brustblech des Anschlussrahmens

Abb. 170a (li.): Bei flacher Dachneigung und stark profiliertem Deckmaterial ist mit Eindeckrahmen die Wasserführung über den Brustanschluss nicht schadenfrei möglich.

Abb. 171 (re.): Mit Laub und Schmutz verstopfte Anschlussrinnen führen zu Wasserrückstau und Dachundichtigkeiten.

Fenstereindeckrahmen werden teilweise mit Anschlussblechen von nur 55–65 mm Breite hergestellt. Ob diese Anschlussbreite für die sichere Wasserableitung ausreicht, muss zumindest bei flacheren Dachneigungen infrage gestellt werden. Bei Verstopfung der Wasserrinnen tritt Wasser nach innen über.

Bei Dachneigungen unter 30° oder bei drohender Verlaubung aus nahem Baumbestand sollten Dachfenster besser mit handwerklich hergestellten Anschlüssen (Brustblech, seitliche Schichtstücke, Kehlblech) ausgestattet werden.

1.8 Der Wärmeschutz, technische Möglichkeiten, Ausführung, immer wiederkehrende Fehler

Die am häufigsten angewandte Methode ist die Gefachdämmung (-füllung) zwischen Sparren und Konstruktionshölzern (Zwischensparrendämmung).
Einzuhaltende Regeln:

- abgewogenes Verhältnis im Sperrwert zwischen Dampfsperre und äußerer Abdeckung (Unterdeckung und Dachdeckung)
- rechnerischer Ausgleich der wärmeschutzmindernden Tragglieder durch Erhöhung der Felddämmung.

Technische Nachteile:

- Anschlussprobleme der Dampf- und Luftsperren an allen Schwellen und Pfetten
- dampf- und luftdichte Anschlüsse an alle Innenwände und Drempel sind notwendig,
- Abseiten und Außenseiten von Drempeln sind nicht oder nur schwer zu dämmen und zu sperren.

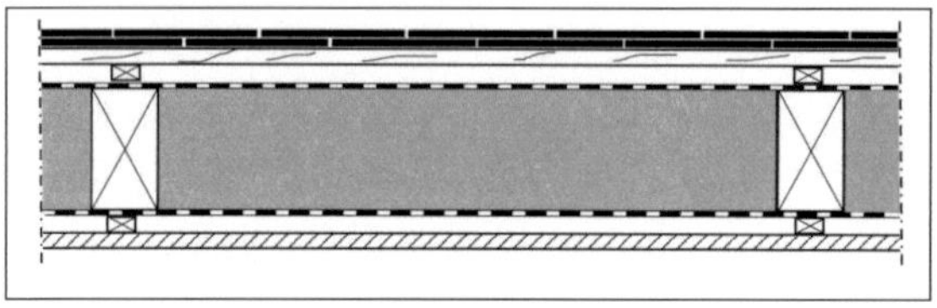

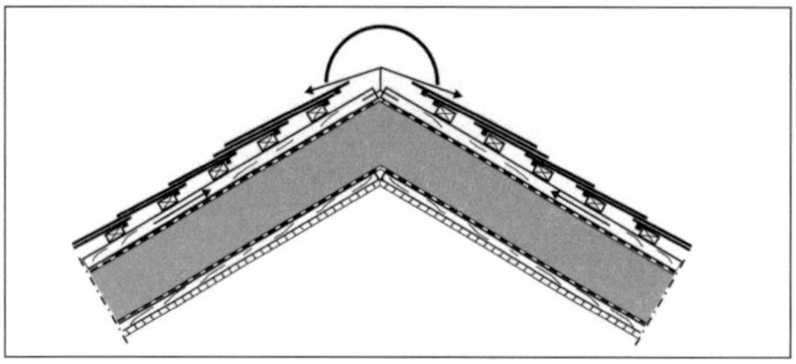

Abb. 172 (oben) und 173 (unten): Prinzip des wärmegedämmten Dachdeckenaufbaus mit Dampfsperre, Wärmedämmung und Unterdeckung [Quelle: ZVDH]

1.8.1 Problem der Dichtungsanschlüsse bei Dampf- und Luftsperren

1.8.1.1 Sichtbare Pfetten

In der DIN 4801-7 werden zwei Lösungen für den Pfettenanschluss vorgeschlagen:

a) Seitlicher Anschluss
Der Vorschlag in Abb. 176 ignoriert übliche Rissbildungen in Bauholz, Gerberverbinder und Auflagerstöße. Der Vorschlag ist nur bei ungetrennt durchlaufenden BSH- oder Stahlpfetten richtig auszuführen. Holzrisse und Stöße machen luftdichte Anschlüsse an Konstruktionshölzer unmöglich.

Abb. 174: Deckenbekleidung mit Dampfsperre und Seitenanschlüssen an eine Mittelpfette: Hier machbar, weil die Pfette aus rissfreiem Leimholz besteht.

Abb. 175 (li. u. re.): An übliches Bauholz kann ein luftdichter Anschluss nicht hergestellt werden.

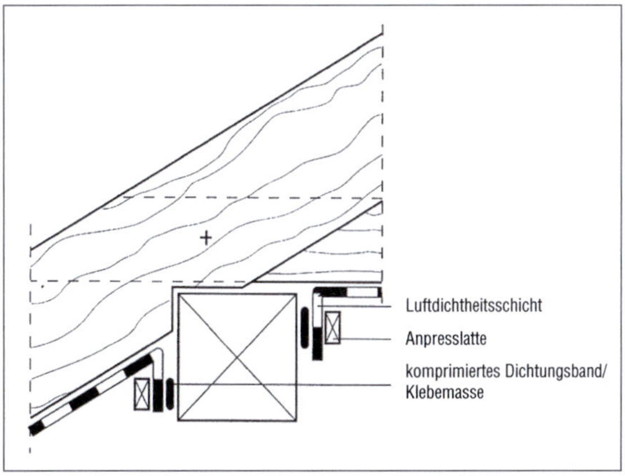

Abb. 176: Prinzipskizze aus DIN 4108-7: Bedenklicher Vorschlag, der bei Holzstößen oder Holzrissen zu Luftleckagen führt.

Abb. 177: Prinzipskizze aus DIN 4108-7: Handwerklich nicht herstellbar.

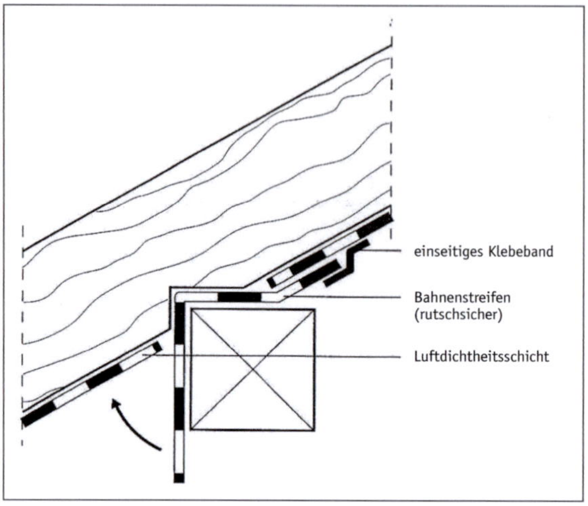

b) Einbindende Überdeckung

Der Vorschlag ist rein theoretischer Natur und in der Baupraxis nicht anwendbar. Die Ausführung scheitert bereits an vorausschauender Planung und an den Schwierigkeiten der praktischen Ausführung. Der Folienstreifen lässt sich bei der Montage des Dachstuhls kaum sicher einbauen, wird beschädigt, der Einbau von Holzverbindern (Sparrenpfettenankern) ist nicht möglich.

1.8.1.2 Fußpfetten

Dichtungsanschlüsse an Fußpfetten und Lagerhölzern sind grundsätzlich nicht möglich weil Bauhölzer durch Holzrisse und Stöße nicht luftdicht angeschlossen werden können (siehe unter 1.8.1.1). Möglich sind Anschlüsse an Betondecken und Fußboden-

Abb. 178: Dampf- und Luftsperren dürfen nie an Holzbauteile angeschlossen werden: Anschlüsse immer an geschossene Bauteilschichten (Beton, Estrich, verleimte Falzplatten, Bauplatten mit gedichteten Fugen) [Quelle: ZVDH].

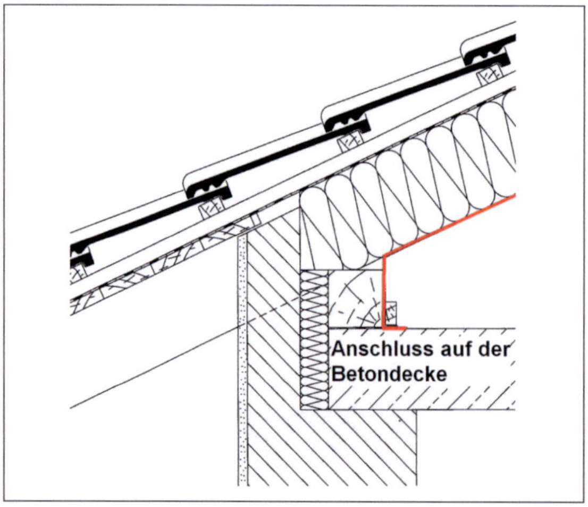

estriche. Im Holzbau kann ein genuteter und verleimter Fußboden als Anschlussfläche dienen.

Bei Gebäuden mit Holzdecken und Aufbauten ist Luftdichtheit der Gebäudehülle nur auf drei Arten zu erreichen:

a) Als Zellenlösung wird jeder Raum des Hauses in seinen Umfassungen für sich gesperrt.
b) In der Raumschalenlösung wird die Außenhülle (Dachschräge) vollständig gesperrt und leichte Trennwände und Abseitenwände werden unter die gesperrte Dachdecke gesetzt (Standardlösung bei Kehlbalkendächern).

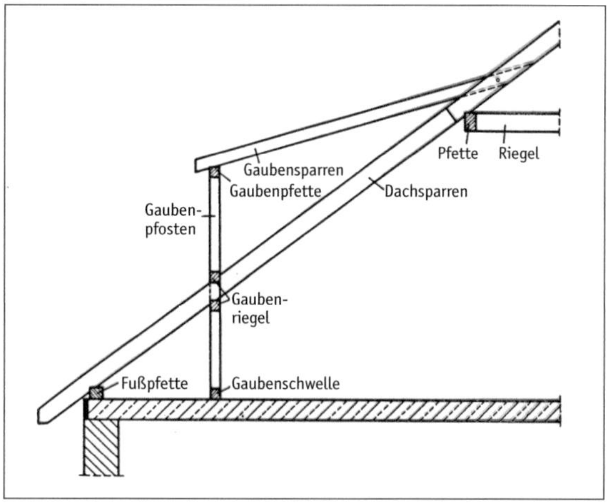

Abb. 179: Dampf- und Luftsperrung bedürfen hier einer aufwendigen Planung und Ausführung.

c) Als konsequente Aufdach- oder Indachlösung von außen müssen die Aufbauten ebenfalls von außen gesperrt und die Sperre an Außenwände angeschlossen werden (bei der Aufdachlösung sind Dachüberstände zu kürzen und aufzukoppeln).

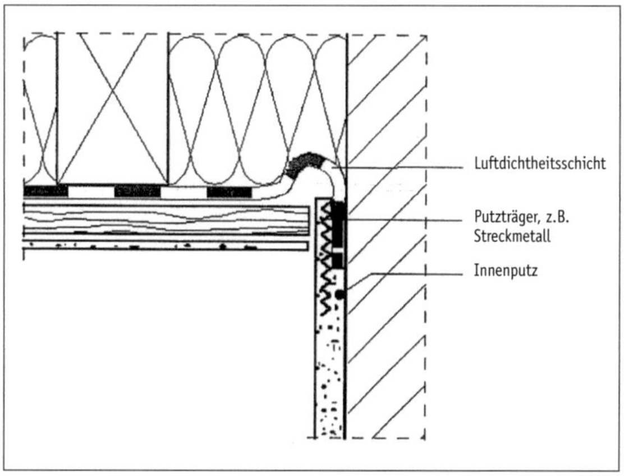

Abb. 180: Prinzipskizze aus DIN 4108-7: Die sicherste und beste Art des Decken-Wandanschlusses

Abb. 181: Prinzipskizze aus DIN 4108-7: Dieser Anschluss ist nur bei glattgeputzter Wandfläche möglich, wegen notwendiger Anpressung sehr aufwendig. Nicht auf rohem Mauerwerk ausführen

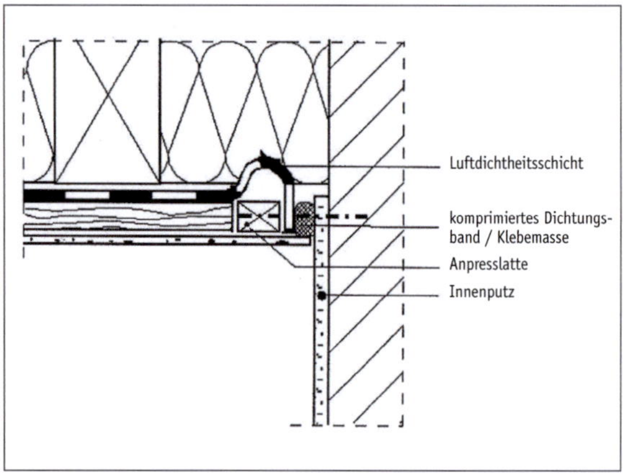

Abb. 181a (li.): Auf rohem Mauerwerk können verklebte Anschlüsse nicht angebracht werden. Stoß- und Lagerfugen sind wirksame Luftdüsen. Folienfalten öffnen die Klebeanschlüsse.

Abb. 181b (re.): Auch Anschlüsse mit Klebepasten sind ohne Anpressung nicht dauerhaft haltbar.

Wandanschlüsse der Sperrfolien werden entweder unter Streckmetall eingeputzt, was die einfachste und sicherste Methode ist, oder mit Dichtband und Anpressleiste hergestellt (sehr viel aufwändiger und oft nicht richtig ausgeführt). *Klebebänder als Dichtung gegen Mauerwerk, Putz, Beton, Holz sind nicht dauerhaft.* Keinesfalls dürfen Anschlüsse auf rohes Mauerwerk ausgeführt werden. Fugen im Mauerwerk wirken als Luftdüsen und fördern den Luftdurchgang.

Anschlüsse ohne Anpressung aus Klebebändern gegen Mauerwerk, Putz, Beton und Holz sind nicht dauerhaft! Anschlüsse mit Dichtpasten müssen ebenfalls mit Leisten angepresst werden.

DIN 4108-7, 6.2 Beispiele für die luftdichte Ausbildung von Fugen besagt, dass nur konfektionierte Schnüre, Streifen, Bänder, Klebebänder und Spezialprofile als Dich-

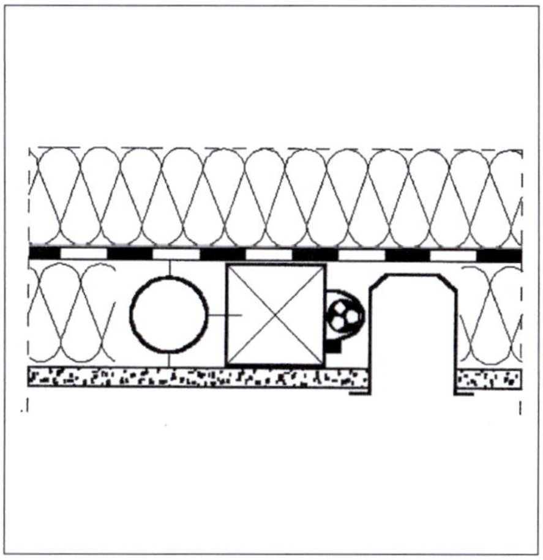

Abb. 182 (li.): Aufbau von Wärme- und Feuchteschutz im Steildach [Quelle: URSA]

Abb. 183 (re.): Prinzipskizze aus DIN 4108-7: Kabel und Rohre dürfen nicht im Gefach versteckt werden, sie sind in einer eigenen Installationsebene innenseits der Sperrschicht anzubringen.

1) Soweit die wärmeübertragende Umfassungsfläche durch Verschalungen oder gestoßene, überlappende sowie plattenartige Bauteile gebildet wird, ist eine ausreichend luftdichte Schicht über die gesamte Fläche einzubauen. Die Forderung kann entfallen, wenn eine bereits vorhandene Bauteilschicht wie z. B. eine Stahlbetondecke aus Ortbeton, diese Funktion übernimmt.
3) Bei Dächern mit Wärmedämmungen soll die Luftdichtheitsschicht auf der Raumseite der Wärmedämmung angeordnet werden.
4) Für die Herstellung ausreichend luftdichter Schichten auf der Rauminnenseite sind z. B. luftdichte Folien mit werkstoffgerecht verklebten Nähten und Stößen oder luftdichte Platten mit dauerhaft geschlossenen Fugen und Stößen geeignet.
5) Befestigungen für innere Bekleidungen oder der Folien selbst sind unvermeidbar. Sie sind werkstoffgerecht zu überkleben, abzudecken oder zu verspachteln. So gelten z. B. Latten mit mindestens drei Befestigungen je Meter als Abdeckungen.
6) Die luftdichte Schicht muss an alle Durchdringungen und Anschlüsse entsprechend den anerkannten Regeln der Technik angeschlossen werden. Bereits bei der Planung sollte die Anzahl der Durchdringungen auf das notwendige Maß reduziert werden.
7) Um Durchdringungen zu reduzieren, sollten Installationsebenen für die Aufnahme von Installationen aller Art raumseitig der Luftdichtheitsschicht vorgesehen werden.
8) Innere Bekleidungen aus kleinformatigen Platten, aus Schalung, Paneelen oder Profilblechen sind ohne zusätzliche Maßnahmen als luftdichte Schicht nicht geeignet.

DIN 4108-7

6.2 Beispiele für die luftdichte Ausbildung von Fugen
Als Dichtungsmaterialien können konfektionierte Schnüre, Streifen, Bänder, Klebebänder und Spezialprofile eingesetzt werden. Die Luftdichtheit wird bei Dichtungsbändern erst bei einer ausreichenden Komprimierung erreicht.
Fugenfüllmaterialien, z. B. Montageschäume, sind aufgrund ihrer Eigenschaften nicht oder nur in begrenztem Maß in der Lage, Schwind- und Quellbewegungen sowie andere Bauteilverformungen aufzunehmen und sind deshalb nicht zur Herstellung der erforderlichen Luftdichtheit geeignet.

tungsmaterialien eingesetzt werden können und dass die Luftdichtheit erst bei einer ausreichenden Komprimierung erreicht werden kann.
Fugenfüllmaterialien, wie z. B. Montageschäume sind nach DIN 4108-7 nicht zur Herstellung der erforderlichen Luftdichtheit geeignet, da sie aufgrund ihrer Eigenschaften nicht oder nur in begrenztem Maß in der Lage sind, Schwind- und Quellbewegungen sowie andere Bauteilverformungen aufzunehmen.
Nach DIN 4108-7 müssen Kabel, Rohre und Leitungen in eine eigene Installationsebene oder in Installationsschächte außerhalb der Luft- und Dampfsperre verlegt werden. Kabel- und Rohrdurchgänge durch die Sperrschicht sollen so weitmöglichst vermieden werden.

1.8.2 Feuchteschutz des Daches

Der Feuchteschutz des Daches ist in DIN 4108, Teil 3, 4 und 7 sowie im Merkblatt »Wärmeschutz bei Dächern« der Fachregeln des Dachdeckerhandwerks geregelt.

Merkblatt Wärmeschutz bei Dach und Wand
Der Nachweis, dass Diffusion nicht zu schädlichem Tauwasserausfall führt, erfolgt durch Diffusionsberechnung nach DIN 4108.
Auf diesen rechnerischen Nachweis kann unter den in Kapitel 3.2.2 und 3.2.3 genannten Voraussetzungen verzichtet werden.

[...]

(3) Bei folgenden nicht belüfteten Dächern kann auf einen rechnerischen Nachweis verzichtet werden:

3.2.2 Dächer

a) Nicht belüftete Dächer mit Dachdeckungen

- Nicht belüftete Dächer mit belüfteter Dachdeckung (Abb. A II 2) oder mit zusätzlich belüfteter Luftschicht unter nicht belüfteter Dachdeckung (z. B. Schieferdeckung auf Schalung) und einer Wärmedämmung zwischen, unter und/oder über den Sparren sowie einer Zusatzmaßnahme gemäß »Merkblatt Unterdächer, Unterdeckungen und Unterspannungen« bei gleichzeitiger Zuordnung der Werte der wasserdampfdiffusionsäquivalenten Luftschichtdicken s_d nach Tabelle 8.
- Nicht belüftete Dächer mit nicht belüfteter Dachdeckung und einer raumseitigen Dampfsperre $s_{d,i} \geq 100$ m unterhalb der Wärmedämmschicht.

b) Nicht belüftete Dächer mit Dachabdichtung

- Nicht belüftete Dächer mit Dachabdichtung und einer Dampfsperre mit $s_{d,i} \geq 100$ m unterhalb der Wärmedämmung. Bei diffusionsdichten Dämmstoffen (z. B. Schaumglas) auf starren Unterlagen kann auf eine zusätzliche Dampfsperre verzichtet werden.
- Nicht belüftete Dächer aus Porenbeton nach DIN 4223 mit Dachabdichtung und ohne Dampfsperre an der Unterseite und ohne zusätzliche Wärmedämmung.
- Nicht belüftete Dächer mit Dachabdichtung und Wärmedämmung oberhalb der Dachabdichtung (so genannte »Umkehrdächer«) und dampfdurchlässiger Auflast auf der Wärmedämmung (z. B. Grobkies).

(4) Die Funktionsfähigkeit von unbelüfteten, wärmegedämmten Dächern mit einer Dampfsperre mit einem Sperrwert von $s_{d,i} < 100$ m und diffusionsdichteren Schichten auf der Außenseite lässt sich nachweisen. Hiervon sollte jedoch bei äußeren Schichten mit $s_{d,e} \geq 100$ m nur in Ausnahmefällen Gebrauch gemacht werden, da eingeschlossene oder später eingedrungene Feuchtigkeit z. B. durch Undichtigkeiten oder erhöhter Baufeuchte nur noch schlecht oder gar nicht austrocknen kann.

Wasserdampfdiffusionsäquivalente Luftschichtdicke in m	
außen	innen
$s_{d,e}$[1]	$s_{d,i}$[2]
$\leq 0{,}1$	$\geq 1{,}0$
$\leq 0{,}3$[3]	$\geq 2{,}0$
$> 0{,}3$	$s_{d,i} \geq 6\ s_{d,e}$

1) $s_{d,e}$ ist die Summe der Werte der wasserdampfdiffusionsäquivalenten Luftschichtdicken der Schichten, die sich oberhalb der Wärmedämmung befinden bis zur ersten durch die Außenluft belüfteten Luftschicht (z. B. Konterlattenebene oberhalb der Zusatzmaßnahmen).

2) $s_{d,i}$ ist die Summe der Werte der wasserdampfdiffusionsäquivalenten Luftschichtdicken aller Schichten, die sich unterhalb der Wärmedämmschicht bzw. unterhalb gegebenenfalls vorhandener Untersparrendämmungen befinden bis zur ersten an die Innenluft angeschlossene Luftschicht (z. B. Installationsebene, die über Öffnungen an die Innenluft angeschlossen ist).

3) Bei nicht belüfteten Dächern mit $s_{d,e} \leq 0{,}2$ m kann auf chemischen Holzschutz verzichtet werden, wenn die Bedingungen nach DIN 68800-2 eingehalten werden.

Beim rechnerischen Nachweis soll in jedem Fall mit örtlichen Klimadaten gerechnet werden. Die in der Beispielrechnung der Norm angesetzten Klimadaten und Tau-/Verdunstungsperioden führen für Objekte im Flachland oder in den Mittelgebirgen zu stark verfälschten Ergebnissen.

Zu exakteren Rechenergebnissen kommt man mit Rechenverfahren nach EN ISO 13788, in denen monatliche Tauwasser- und Verdunstungsmengen über den Jahresverlauf und für jede Bauteilschicht ermittelt werden. Neuere Rechenverfahren (WUFI) liefern extrapolierte Ergebnisse über Jahre hinaus.

1.8.3 Durchgangskoeffizienten für Dächer

Im vereinfachten Verfahren nach EnEV werden folgende maximale Wärmedurchgangskoeffizienten (U) gefordert für:

- Decken, Dächer, Dachschrägen: 0,2 W/m²K
- Dachflächenfenster: 1,4 W/m²K.

1.9 Besonderheiten der Aufdachdämmung

Aufdachdämmungen sind als Wärmeschutz-Mütze des Daches die beste und wirksamste Dämmmethode mit den wenigsten Wärmebrücken und Schwachstellen.
Das »Dämmdach« als Aufdachdämmung muss alle Forderungen an den Wärme- und Feuchteschutz erfüllen, als da sind:

a) Wärmeschutz
b) Luftdichtheit und Dampfsperre
c) Wasserableitung (zusätzliche Schutzmaßnahme)
d) Lastabtragung
e) Sicherung gegen Wind.

Hersteller gehen unterschiedliche Wege, diese Anforderungen zu erfüllen. Jedoch gehen Konstruktionen der Aufdachdämmung allzu oft in die falsche, weil schadenträchtige Richtung.

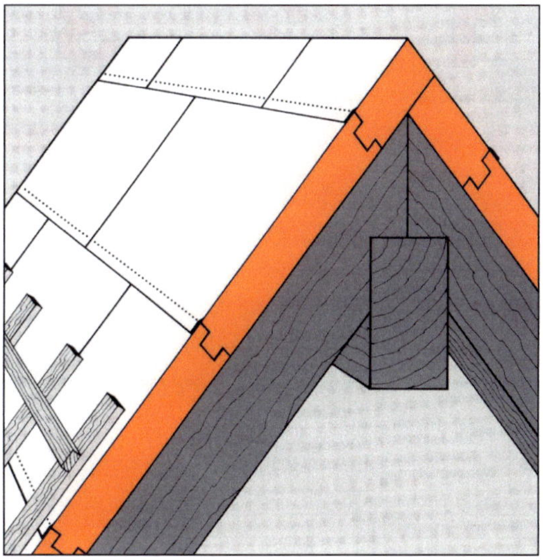

Abb. 184: Prinzip der Aufdachdämmung mit druckfesten Dämmplatten und Deckung auf Hilfssparren [Quelle: Bauder Dachsysteme]

1.9.1 Schadenquellen an Aufdachdämmsystemen

Bauteilsysteme als Systemelemente sollten alle an eine Aufdachdämmung gestellten Anforderungen in einem Bauteil erfüllen. Bisher ist kein Aufdachdämmsystem bekannt, das alle Forderungen gleichermaßen zufriedenstellend einlöst.

a) Wärmeschutz
Je nach Art der Bauvorgabe und des Dämmstoffes sind Dämmstoffdicken bis zu 22 cm notwendig. Aus preislichen und statischen Gründen werden meist Hartschaumelemente

verwendet. Hartschaum ist ein Werkstoff, der nach dem Aufschäumen schwindet, und der darüber hinaus starker Wärmedehnung und -verkürzung unterliegt. Polystyrolhartschaum beispielsweise schwindet in den ersten 50 Tagen um etwa 2 mm/m, und insgesamt um bis zu 3 mm/m.

Abb. 185: Hartschaumdämmplatten schwinden und hinterlassen offene Fugen. Dampf- und Luftdichtheit ist mit Hartschaumplatten nicht herstellbar.

Der Ausdehnungskoeffizient von PS-Hartschaum liegt bei 50–70 × 10^{-6}. Dämmelemente verkürzen durch Schwinden um bis zu 3 mm/m und nochmals bei Abkühlen von 20° bis –10° um weitere 1,5 bis 2,1 mm/m.

Die Wärmedehnung und -verkürzung von PUR-/PIR-Hartschaum liegt bei 80–100 × 10^{-6} und die daraus resultierende maximale Längung/ Verkürzung bei 30 K Temperaturunterschied zwischen 2,4 und 3,0 mm/m.

Selbst bei dicht gestoßener Verlegung der Elemente entstehen messbare und wirksame Fugen, die bei großen Elementen Zentimeterbreiten erreichen können.

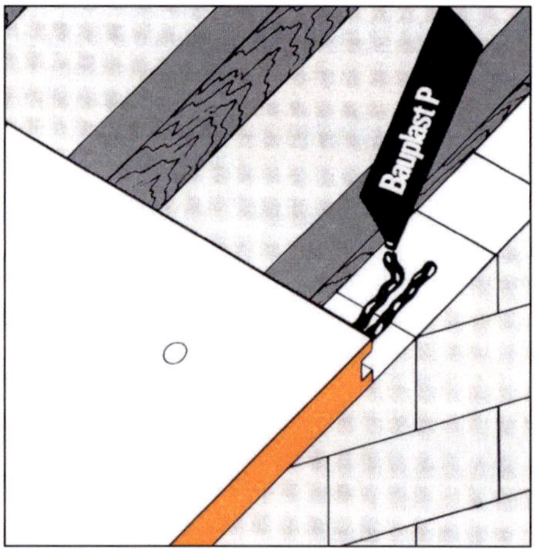

Abb. 186 (li.): Fertigelemente als Deckenabschlüsse haben ihre Schwächen in unvermeidbaren Fugenanteilen und den Schwierigkeiten, diese dauerhaft abzudichten.

Abb. 187 (re.): Abdichtung mit Bauplast ist weder zulässig noch dauerhaft wirksam [Quelle: Bauder Dachsysteme].

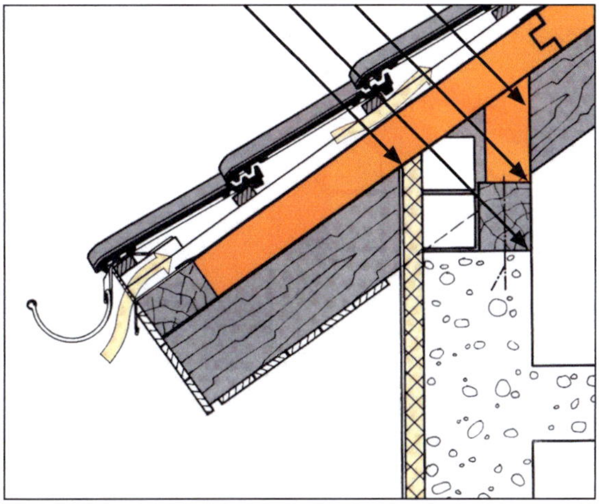

Abb. 188: Luftdichte Anschlüsse an den Drempel sind hier technisch unmöglich [Quelle: Bauder Dachsysteme].

Fugen sind nicht nur Wärmebrücken, sondern auch Durchlässe für Luft und Wasserdampf.

b) Luftdichtheit und Dampfsperre

Aufdachelemente werden mit Stufenfalz oder Fugendichtbändern ausgestattet und zur Erzielung der Luftdichtheit meist mit Folien oder Werkstoffplatten kaschiert. Luft- und Dampfdichtheit hängt dann von der Akkuratesse des Fugenverschlusses und der Überbrückung dieses Verschlusses von Elementbewegungen und ferner von der Möglichkeit luftdichter Anschlüsse an Wände und Dachöffnungen ab.

Dicht geschlossene Fugen sind praktisch nicht möglich. Luftdichte Klebeanschlüsse über Fugen und gegen Wände und Dachfenster sind deshalb nicht realisierbar, weil Klebstoffe nach wissenschaftlichen Erkenntnissen in feuchtem Milieu, bei Temperaturen über 60°C und bei Scherspannungen in der Klebeschicht nicht dauerhaft haltbar sind.

Die Bauwirklichkeit zeigt, dass hier die größten technischen Schwachstellen liegen und die meisten Mängel beklagt werden. Zufriedenstellende – deutschen Bauvorschriften entsprechende – Luftdichtheit ist mit Dämmelementen allein nicht herstellbar!

c) Wasserableitung (zusätzliche Schutzmaßnahme)

Wärmedämmungen und der Dachraum müssen vor Durchfeuchtung geschützt werden. Dachdeckungen über Wärmedämmungen benötigen daher immer zusätzliche Schutzmaßnahmen gegen eindringendes Wasser (= Unterdach, Unterdeckung, Unterspannung). Aufdachdämmungen sind zwecks Verlegebeschleunigung meist außenseitig mit überlappenden Folien oder Werkstoffplatten kaschiert, die in Anschlussbereichen verklebt werden sollen. Die Praxis sieht meist so aus, dass Überlappungen bereits beim Transport oder spätestens bei der Verlegung beschädigt, und Anschlüsse nicht oder nur

Abb. 189 (li.): Stoßausbildung bei Aufdachdämmplatten: Regensicherheit und Luftdichtheit?

Abb. 190 (re.): Trockener Stoß der Aufdachdämmung gegen eine Außenwand: Herstellen der Luftdichtheit?

durch (nicht dauerhaft haltbare) Klebebänder hergestellt werden. Gänzlich unlösbar sind Anschlüsse hinter Kaminen, Gauben und Fenstern sowie an Kehlen. Bisher ist kein Klebeband bekannt, mit dessen Hilfe im Dachbereich (unter Feuchteeinfluss) dauerhaft Anschlüsse dichtgeklebt werden könnten.

d) Lastabtragung

Das Aufdachdämmsystem muss die Dach-, Wind- und Schneelasten aufnehmen und in die Tragkonstruktion (Dachstuhl) ableiten. Da Hartschäume und Mineralwollplatten nicht stillschweigend statisch belastet werden dürfen, müssen Dachdämmsysteme typengeprüft (oder per Einzelnachweis freigegeben) werden. Die Systeme stützen sich dabei auf Hilfssparren (»Konterlatten«), Schubhölzer mit Schubschwellen an den Trau-

Abb. 191 (li.): Regensicherheit am Kamin. Vorschlag des Herstellers: Klebeanschlüsse [Quelle: Bauder Dachsysteme].

Abb. 192 (re.): Dauerhafter verklebter Anschluss ist technisch nicht möglich [Quelle: Bauder Dachsysteme].

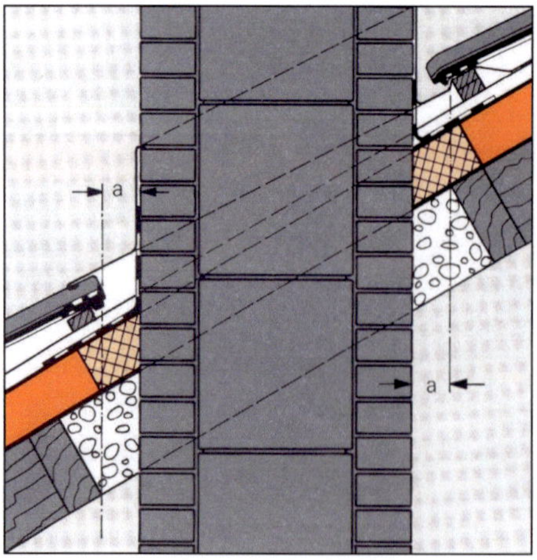

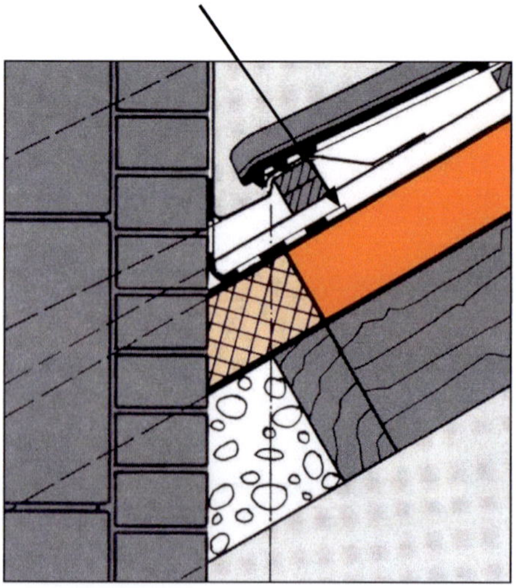

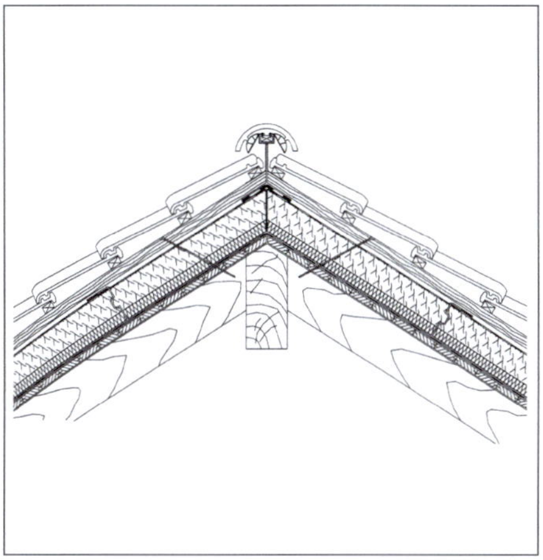

Abb. 193 (li.): Hartschaumdämmstoffe sind nicht statisch belastbar und können auch nicht als solche auf dem Sparren verankert werden.

Abb. 194 (re.): Aufdachdämmsysteme bedürfen einer gesonderten Zulassung, z. B. für die hier gezeigte Art der Befestigung mit schräg gesetzten Schrauben und Hilfssparren [Quelle: ZVDH].

fen oder Zuganker (auf Zug gesetzte Holzschrauben). Beide Systeme erfordern weitreichende statische Kenntnis, exakte Ausführung und insbesondere vorgebohrte Nagel- oder Schraubenlöcher sowie nachweisbare Ankerprotokolle. Der mit Hammer und Schlagschrauber bewaffnete Dachhandwerker berücksichtigt solche Feinheiten am Bau meist nicht. Fehlgesetzte Schrauben, gespleißte Konterlatten und nicht nachweisbare Schraubstellen sind übliche Mängel.

e) Sicherung gegen Wind

Das Dämmdachsystem muss auch Windlasten, insbesondere Sog und Druck am Dachüberstand widerstehen. Die tatsächlichen Ausführungen zeigen über den Dachrand als Dachüberstand verlegte Dämmelemente, deren äußere Befestigung sich am giebelin-

Abb. 195 (li.): Mineralfaserdämmstoffe dürfen nicht statisch belastet werden; gleichwohl werden Dämmplatten mit aufzunagelnden Konterlatten angeboten und verkauft.

Abb. 196 (re.): Ankerschrauben in Hartschaumplatten sind keine lagesichere Verankerung.

Abb. 197 (li.): Lattenknaggen als Windsicherung an der Dachkante, auf Geheiß des Dämmsystem-Herstellers und auf Risiko von Planer, Handwerker und Bauherr

Abb. 198 (re.): Dachüberstände aus Aufdachelementen sind problematisch, wenn sie nicht auf Außensparren befestigt sind.

nenseitigen Streichsparren befindet. Dies ist ein Hinweis auf das unter Bauleuten weit verbreitete Unverständnis mit den Anforderungen an solche Systeme.

1.9.2 Sandwich- und Klappelemente

Dach- und Klappelemente sind Fachwerktafeln aus Sparrenhölzern mit integrierter Gefachdämmung, Innenbeplankung und Außenbespannung oder -beplankung. Meist ist eine Sperrfolie an der Innenseite integriert. Die Elemente werden auf Fuß-, Mittel- und Firstpfette montiert und verschraubt.
Handwerklich-technisches Problem ist der luftdichte Verschluss der Elementstöße, der meist nicht oder nicht dauerhaft gelingt.
Dauerhaft luft- und dampfdichte Anschlüsse an Außen-, Giebel- und Trennwänden sind nicht möglich.

1.9.3 Systemelemente

Dachträger, meist aus Doppel-T-Leimholzprofil, werden auf Pfetten verschraubt. Hartschaum-Dämmstoff-Verbundplatten mit Innen- und Außenbeplankung werden möglichst dichtschließend in die Tragprofile eingefügt.
Wärmedehnung und -verkürzung sowie Schwund der Dämmelemente führen zu offenen Langfugen an den Traghölzern. Dadurch entstehen Luft-, Dampf- und Schallundichtheiten in der Aufdachdämmfläche und nicht selten Knall- und Quietschgeräusche. Wasserableitung im Bereich von Kehlen und Dachöffnungen soll durch – nicht dauerhafte – Klebebänder erzeugt werden.
Luft-, schall- und dampfdichte Anschlüsse an Außen- und Trennwänden sind nicht möglich.

1.9.4 Mängel und Schäden

Vorfertigung von Dachelementen stößt an technische Grenzen

- an Elementstößen
- an Traufen, First, Grat und Kehlen
- an Giebelabschlüssen, Trennwänden und Drempeln
- an Dachöffnungen und Dachgauben.

Abb. 199 (li.): Elementstoß von außen 3 bis 5 cm tief mit Ortschaum verfüllt: Der ca. 20 cm hohe Fugenquerschnitt ist luftoffen.

Abb. 200 (re.): Der Elementstoß aus Abb. 199 von innen: herstellerseits eingebrachte Sperrfolien sind am Stoß nicht geschlossen.

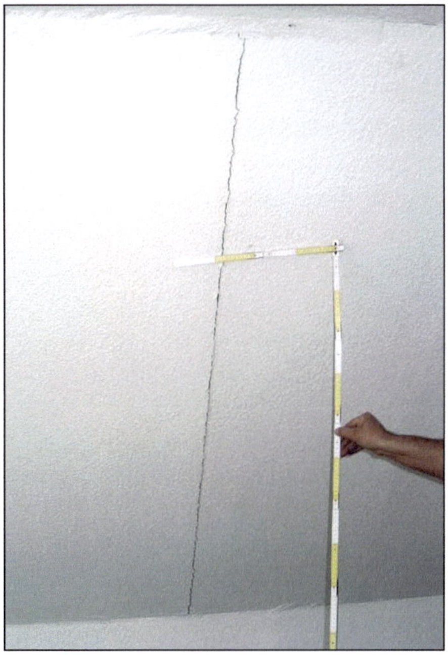

Abb. 201 (re.): Bewegungsriss in der Deckenbekleidung am Elementstoß

Abb. 202 (li.): Tauwasserfleck am Elementstoß: Die integrierte Sperrfolie ließ sich nicht luftdicht an Fußpfette und Gegenelement anschließen.

Abb. 203a (li.): Eigendehnung und -verkürzung großformatiger Bauelemente führen regelmäßig zu Fugenspalten, oft auch zu Quietsch- und Knackgeräuschen [Quelle: Unidek].

Abb. 203b (re.): Dehnung, Schrumpfung und Elementbewegungen führen zu offenen Fugen im Dämmsystem.

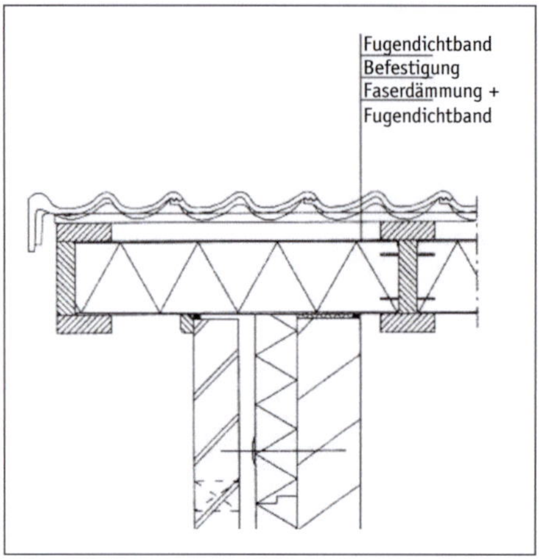

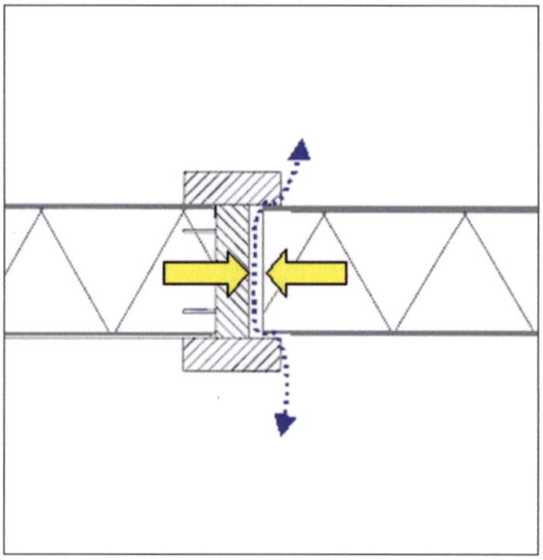

Luftdichtheit soll erzeugt werden durch Dichtstoffe (Montageschaum oder Dichtbänder) oder überlappende Sperrfolien. Dichtbänder unterliegen dauernder Schubbelastung und verweigern meist nach kurzer Liegezeit ihren Dienst. Kein bisher bekanntes System konnte in dieser Beziehung überzeugen, Luftdichtheit ist dauerhaft mit Dachelementen nicht herstellbar. Risse treten regelmäßig an Elementstößen infolge der Elementbewegungen auf. Es kommt auch zu akustischer Belästigung der Bewohner, wenn großformatige Dachelemente Quietsch- und Knackgeräusche erzeugen. Feuchteschäden entstehen durch Tau- oder Regenwasser an undichten Stößen und Anschlüssen.

1.9.5 Richtige Ausführung der Aufdachdämmung

Die fachgerechte Aufdachdämmung muss enthalten:

a) Eigenständige Dampf- und Luftsperre, im Idealfall auf einer tragenden Holzschalung über den Dachsparren verlegt. Die Sperrschicht ist an alle Außenwände und an Trennwände zwischen Räumen unterschiedlicher Feuchtezonen sowie an Wohnungstrennwände anzuschließen. Anschlüsse sind auch an allen Dachöffnungen und Dachaufbauten herzustellen.

b) Tragfähige Dämmschicht oder Dämmschicht mit Systemtragelementen zur Lastabtragung. Bei Hartschaumdämmplatten kann es sinnvoll sein, unter den Dämmplatten eine zusätzliche Luftschalldämmung aus Mineralwollplatten einzubauen.

c) Unterdach oder Unterdeckung aus Dachbahnen oder Unterdeckbahnen.

d) Hilfssparren (»Konterlatten«) mit typengeprüfter zugelassener Verankerung und Lastabtragung.

e) Dachüberstände müssen an Giebeln zusätzlich gegen Windsog gesichert (verankert) werden. Bei Überständen mit mehr als 25 cm Breite ab Mauerwerk sind Flugsparren als Außenauflager notwendig.

2 Herangehensweise an Problempunkte im Dach Sachfeststellung, Dokumentation, Analyse, Sachbeschreibung

2.1 Grundsätze der Sachfeststellung

2.1.1 Beschränkung auf den Inhalt des Beweisbeschlusses

Für Gerichts-Gutachten sind Text und Inhalt des Beweisbeschlusses der Rahmen für Art und Umfang der Begutachtung. Ausnahmen (Erweiterung oder Weglassung) sind nur bei Zustimmung aller Parteien einschließlich deren Rechtsvertretern möglich (Dies muss dann ausdrücklich und ausführlich protokolliert werden). Für Privatgutachten gilt grundsätzlich das gleiche, aber:

- Der Auftraggeber kann jederzeit den Auftragsumfang erweitern oder kürzen.
- Auf erkennbare Mängel oder Unstimmigkeiten muss hingewiesen werden.

2.1.2 Kein Gutachten ohne örtliche Untersuchung

Erst der Einblick in die Dachkonstruktion und in die Dachschichten ermöglicht die Beurteilung und Mängelfeststellung. Das gilt auch dann, wenn durch äußeren Augenschein festzustehen scheint, dass der Bauzustand erkennbar wäre. Jede Prüföffnung ist im Ergebnis nur ein Zufallsbefund, der technische Zustand kann an anderer Stelle völlig unterschiedlich sein. Ein Prüfungsergebnis muss im Regelfall durch mindestens eine weitere Überprüfung untermauert werden. Alle Prüfergebnisse und Feststellungen müssen einzeln dokumentiert werden.

Eine für Sachverständige böse Falle kann die Aufforderung des Gerichts oder von Privat zur Stellungnahme zum Gutachten eines Sachverständigen-Kollegen sein. Oft soll in einem solchen Fall nur überprüft werden, ob dessen Folgerungen oder Berechnungen stimmen.

Der Sachverständige sollte auch in diesen Fällen seine Stellungnahme nie ohne eigene örtliche Untersuchung formulieren. Schließlich kann er nie sicher sein, ob nicht in der sachlichen Feststellung des Gutachterkollegen Fehler stecken. Nicht selten kommt der Sachverständige nach eigener Untersuchung zu gänzlich anderen Feststellungen, und damit auch zu gänzlich anderer Bewertung.

2.1.3 Exakte Beschreibung der Untersuchungen

Die technische Untersuchung am Objekt muss in allen Details beschrieben werden und mindestens enthalten:

- Ort, Uhrzeit, Wetterbedingungen
- Orte der Prüföffnungen, möglichst mit Übersichtsfotos oder Skizze
- Anzahl der Prüföffnungen, z. B. auch bei unterschiedlicher Sachfeststellung.

2.1.4 Exakte Beschreibung der Untersuchungsergebnisse

Jeder Schritt einer Prüföffnung wird dokumentiert durch die

- Beschreibung der Schichten und des Zustands in den Schichten (z. B. Anteil von Wasser oder Feuchtigkeit)
- Beschreibung wichtiger Details und Abmessungen, beispielsweise müssen die Schichtdicken und Abmessungen von Bauteilen (Sparren, Dachlatten, Dämmstoffen, Dichtungsbahnen, Sperrfolien) aufgenommen und dokumentiert werden, auch dann, wenn diese Punkte gar nicht gefragt wurden. Schließlich können sie wichtige Argumente bei der Begründung eines Schadens sein
- fotografische Dokumentation jedes Öffnungsschrittes. Die Öffnung einer Dachabdichtung mit beispielsweise fünf Schichten wird so in jeder Schicht einzeln festgehalten und fotografiert. Das ist schon für den Sachverständigen selbst wichtig, damit er sich bei der Gutachtenausarbeitung an den Fotos orientieren kann. Natürlich dienen die Fotos – die aussagefähigen werden in das Gutachten eingefügt – auch dem Verständnis für den technischen Laien (z. B. das Gericht).

2.1.5 Feststellung der Allgemeinverbindlichkeit

Bauteiluntersuchungen können sich jeweils nur auf ausgesuchte Prüfstellen beschränken. Die dort getroffene(n) Feststellung(en) können nicht automatisch auf das gesamte zu prüfende Bauteil übertragen werden. Selbst wenn sich der gleiche Zustand in mehreren Prüfstellen findet, ist das noch kein Beweis für die Allgemeinverbindlichkeit. Streitende Parteien wollen aber einen anzunehmenden Bauzustand dokumentiert haben und das Gericht braucht Zahlen für die Urteilsfindung. Wenig hilfreich wäre es, wenn der Sachverständige zugeben müsste, dass er zwar eine Reihe von Feststellungen getroffen hat, aber nicht erklären kann, dass diese Feststellungen für das gesamte – oder einen näher bezeichneten Teilbereich – des Bauteils zutreffen. Das Gutachten ist am Ende nur dann brauchbar, wenn eine verbindliche Feststellung getroffen wurde. Diese verbindliche Feststellung muss noch während der Besichtigung herbeigeführt werden.

Hier hilft in erster Linie die Zustimmung aller Parteien zum Ergebnis der Feststellungen. Wenn alle anwesenden Parteien mit dem Sachverständigen in der Allgemeinbewertung übereinstimmen, ist das gewünschte Ergebnis erreicht. Ist nur eine Partei nicht überzeugt, muss man weitere Untersuchungen anstellen. Hilfreich ist dabei, der zweifelnden Partei das Vorschlagsrecht für die nächste Prüfstelle zu überlassen.
Schwierig wird die Situation, wenn bei der Ortsbesichtigung mehr als zwei Parteien, oder viele Teilnehmer einer Eigentümergemeinschaft anwesend sind. In solchen Fällen hilft nur die Zermürbungstaktik. Diese führt fast immer zur Zustimmung aller Beteiligten: Es werden so lange Prüföffnungen angelegt, bis die Beteiligten des Zuschauens müde sind. Am Ende stimmen alle Zuschauer der Einschätzung des Sachverständigen zu. Keinesfalls sollte man zu Beginn der Untersuchung versuchen, Übereinstimmung aller Anwesenden bezüglich der Orte der Prüföffnungen anzustreben. Das führt erfahrungsgemäß nur zu unendlichem Palaver und bringt die Sache nicht weiter.
Sollte trotz aller Bemühungen keine Einigung zum Untersuchungsergebnis möglich sein, verbleibt im Gutachten nur der Hinweis auf die tatsächlichen Feststellungen, und dass nicht an jeder Stelle überprüft worden ist. Denn »Jede Prüfstelle ist nur ein Zufallsergebnis.«

2.2 Das undichte Flachdach

Wenn der Sachverständige gerufen wird, haben sich regelmäßig die am Bau Beteiligten schon – erfolglos – um das Problem bemüht. Der hinzugezogene Sachverständige ist der einzige der Beteiligten, der das Objekt, seine Herstellung und Probleme nicht aus eigener Anschauung kennt. Dennoch soll gerade er die Fragen lösen, zu denen sich Planer und Handwerker nicht in der Lage sehen.

2.2.1 Die Frage nach den Ursachen

Bei der Fahndung nach den Ursachen von Dachundichtigkeiten geht man am besten methodisch vor:

a) Wasserspuren und Wasserschäden im Gebäude aufnehmen und dokumentieren. Die örtliche Zuordnung ist sehr wichtig, um auf dem Dach Anhaltspunkte für Prüföffnungen zu haben, aber auch für die Dokumentation des Schadens selbst.

b) Zeiten und Umstände der Entstehung der Wasserspuren erfragen. Es ist von großer Bedeutung, wann die Schäden erstmals bemerkt, und in welchen Zeitabständen oder unter welchen Wetterbedingungen sie wahrgenommen wurden.

c) Wasserspuren müssen dem Grundriss örtlich zugeordnet werden, am besten in einer Bauzeichnung oder Skizze.

Abb. 204:
Wasserschaden unter einem Leichtflachdach

d) Auf dem Dach werden stehendes Wasser, Abtropfart und -zeit miteinander verglichen; es erfolgt eine erste Abschätzung möglicher Schadensursachen.

e) Über der Wassertropfstelle wird das Dach geöffnet und zwar nicht nur die Abdichtung, sondern auch die Wärmedämmung und die Dampf-/Luftsperre. Wenn Wasser innen eintropft, werden sich immer auch Wasserspuren im Dach finden. Diesen Spuren heißt es nachzugehen – meist durch weitere Dachöffnungen – bis zur Quelle der Undichtigkeit.

f) Es sollten auch immer Öffnungen an Dachrändern und Anschlüssen angelegt werden, weil dort nicht selten die Ursachen zu finden sind. Insbesondere sind auch die An- und Abschlüsse der Dampf-/Luftsperre zu überprüfen.

Abb. 205 (li.):
Kerbbruch in einer VAE-Kunststoffbahn

Abb. 206 (re.):
Schweißfehler in einem PVC-Eckstück

Abb. 207 (li.) und Abb. 208 (re.): Offene Naht in einer Hohlkehle (Dachbahn fehlerhaft an der Attika hochgeführt)

Abb. 209 (li.) und Abb. 210 (re.): Offene Nahtkapillare an einer PIB-Dachbahn

Abb. 211 (li.) und Abb. 212 (re.): Nahtablösungen unter stehendem Wasser (PIB)

Abb. 213 (li.): Auswaschung mit Gefügeschaden

Abb. 214 (re.): Gefügeschaden durch Bewuchs und Algen

Abb. 215 u. 216: Fehlende Randfixierung an PVC-Abdichtungen

g) Bräunliche Wasserränder an der Dämmschicht deuten auf Leckagen in der Abdichtung hin (eingespülter Schmutz). Wasser im Dach ohne sichtbare Verfärbung lässt meist auf Tauwasser als Ursache schließen. Ist die Dämmschicht weitgehend trocken, jedoch Wasser unter der Dampfsperre vorhanden, kann das auf mögliche Leckstellen an Wandanschlüssen hindeuten.

h) Die Dachabdichtung wird auf direkt sichtbare Leckstellen überprüft (gründliche Inaugenscheinnahme aller Bereiche des betroffenen Daches).

i) Nähte, Anschlüsse, Dachdurchbrüche und Übergänge werden einzeln überprüft. Für Nahtüberprüfungen im Bitumendach benötigt man eine Kleinöffnung, für Überprüfungen an Kunststoffdächern Prüfstichel oder Reißnadel.

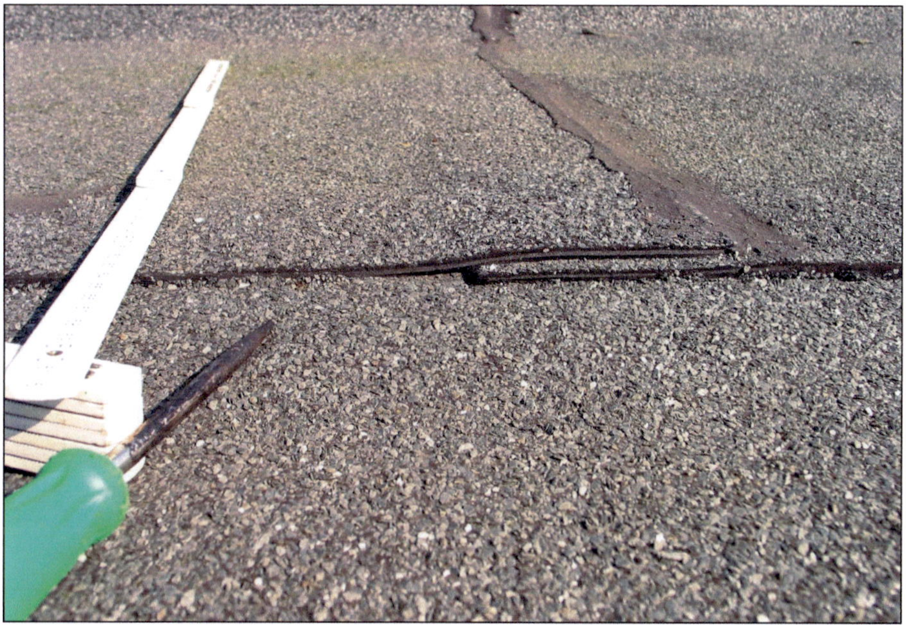

Abb. 217: Mangelhafte Verklebung der Dachbahnen

Abb. 218 u. 219: Homogene Verschmelzung der Dachbahnen ist nicht hergestellt; Konsequenz: undichte Abdichtung

Abb. 220 (li.) und Abb. 221 (re.): Dachsanierung ohne Erneuerung der Lüfter; Bitumenkitt ist keine dauerhafte Anschlussdichtung.

Abb. 222 (li.): Ungenügende, nicht homogene Verklebung

Abb. 223 (re.): Offene Bahnenüberlappung

Abb. 224 (li.): Fest eingeklebtes Zinkrandprofil mit offener Lötnaht

Abb. 225 (re.): Abrisse an fest eingeklebtem Blechrandprofil

Abb. 226 (li.): Ungeeignetes Klemmrandprofil

Abb. 227 (re.): Klemmprofile lösen sich; Wassereintritt hinter die Abdichtung

j) Dampf- und Luftsperren werden freigelegt und überprüft, auch deren Nähte und Anschlüsse.

k) Ist nur zu überprüfen, ob das Flachdach »dicht« ist, öffnet man zunächst an Tiefpunkten (diese liegen immer zwischen Dachabläufen). Wenn Leckagen vorhanden sind, wird sich dort Wasser sammeln. Sodann öffnet man zur Gegenkontrolle an Hochpunkten.

l) Zu beachten ist: In Dachabdichtungen findet sich immer vagabundierende Feuchte in geringer, unterschiedlicher Menge. Diese Feuchte muss kein Beweis einer Dachundichtigkeit sein.

m) Vliesstoffe und -kaschierungen speichern und transportieren Wasser in großer Menge und über weite Bereiche. Spürbar nasser Vliesstoff ist fast immer ein Hinweis auf Leckstellen, die u. U. weit entfernt liegen können.

2.2.2 Schadenursachen an Kunststoff-Abdichtungen

Häufig vorkommende Ursachen für Undichtigkeiten von Kunststoff-Abdichtungen sind:

- Spannungsbrüche in Kunststoffabdichtungen
- Schweißfehler an Anschlüssen und Ecken
- offene Nahtkapillaren
- aufgescherte oder nicht verschweißte Hohlkehlen
- mechanische Beschädigungen
- Nahtablösungen unter stehendem Wasser
- Gefügeschäden durch Wasser oder Schmutzauflagen.
- Kerbbrüche infolge Überalterung der Dachbahn
- Hagelschlagschäden bei dünnen Dachbahnen über weicher Dämmschicht.

2.2.3 Schadenursachen an Bitumenabdichtungen

Bei Bitumenabdichtungen sind die Ursachen für Dachabdichtungen meist

- unvollständige (lückenhafte) Flächenverklebung oder -verschweißung
- unvollständige Verklebung/Verschweißung der Kopfnaht
- unvollständige Anschlussverklebungen auf Fremdstoffe
- undichte Anschlüsse an Abläufen und Lüftern, die bei der Dachsanierung nicht erneuert wurden
- falsche Werkstoffauswahl
- eingeklebte Metallbleche oder Randprofile.

2.2.4 Flüssigkunststoffabdichtungen (Dachbeschichtungen)

Flüssigkunststoffabdichtungen müssen in ausgehärtetem Zustand eine zumindest den Fachregeln und darüber hinaus den Herstelleranweisungen entsprechende Dicke in ausgehärtetem Zustand haben. Sie müssen mit Vlies- oder Gittervlieseinlagen bewehrt, und die Einlagen müssen deckend beschichtet sein.

Ursachen für Mängel und Undichtigkeiten finden sich meist in

- ungenügender Schichtdicke und nicht ausreichend beschichteten Einlagen
- ungenügend vorbereitetem (feuchtem oder staubigem) Untergrund
- nicht lagesicherem Untergrund
- fehlerhafter Mischung und Mischtechnik
- ungünstigen Witterungsbedingungen während des Beschichtungsauftrags (starker Wind führt zur Entmischung, Niederschlag führt zur Blasen- und Lunkernbildung)
- falscher Werkstoffauswahl (Acrylate sind oft nicht dauerhaft wasserfest; PU-Ortschäume sind als Dachabdichtung nicht zugelassen und ungeeignet)
- dem Ignorieren von Rissen, Dehn- und Anschlussfugen
- unsauberen An- und Abschlüssen.

Abb. 228 (li.): Beschichtung über nicht lagesicherem Untergrund

Abb. 229 (re. oben) und Abb. 230 (li. unten): Ungenügende Schichtdicke bei nicht abgedeckter Einlage

Abb. 231 (re.): Schrumpfungsrisse in PMMA-Beschichtung infolge Auswaschung unter stehendem Wasser

2.3 Stehendes Wasser auf Abdichtungen

Dauernd unter Wasser stehende Abdichtungen sind latent gefährdet, denn

- kleinste Leckagen bewirken das Einlaufen großer Wassermengen in das Dach
- Schmutz und Bewuchs schädigen alle organischen Dichtstoffe durch biologischen und chemischen Abbau
- Feucht-/Trockenzonen an Pfützenrändern und an Rändern von Eisschollen erzeugen Kerbspannungen in der Dichtbahn
- Klebstoffe und Klebbänder sind unter Wasser nicht dauerhaft wasserbeständig
- Bitumenbahnen mit Glasgewebeeinlage sind nicht wasserbeständig
- Acrylatbeschichtungen sind meist nicht dauerhaft wasserbeständig
- PVC-Abdichtungen können unter Schmutzschichten durch Schrumpfungskerbung Schaden nehmen (Aktivkohle-Effekt)
- es kommt zu direkter Dichtschichtzerstörung durch Rotalgen oder Kuhfladeneffekt (Gefügeabbau durch biologisch aktive Schmutzstoffe wie Blüten oder Algen).

Abb. 232 u. 233: Unter stehendem Wasser verrottete Glasgewebeschweißbahn

Abb. 234: Nahezu restlos abgewitterte Bitumendeckschicht: Die Abdichtung ist nicht mehr wasserdicht.

Abb. 235 (li.) Kunststoff und Bitumenbahnen gehen keinen dauerhaften Klebeverbund ein.

Abb. 236 (re.) Schweißbahn löst sich von Kautschuk-Dachbahn.

Abb. 237 (li.): Verklebte Naht einer Kunststoffbahn löst sich unter stehendem Wasser ab.

Abb. 238 (re.): Kerbschäden an PVC-Dachbahn unter Blitzableiterstützen

Abb. 239 u. 240: Schrumpfungskerbung in einer PVC-Dachbahn aus Aktivkohle-Effekt

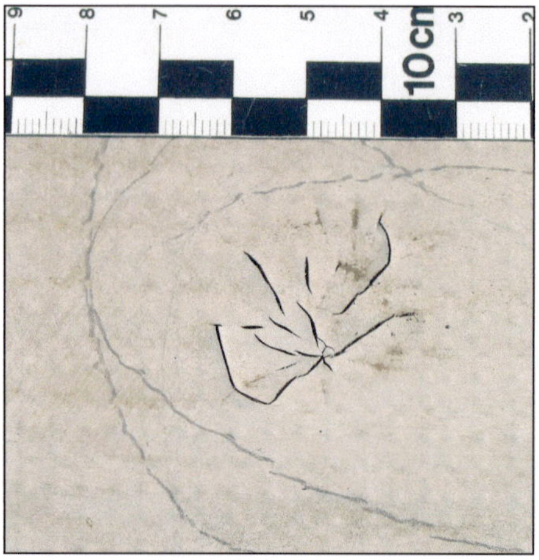

Abb. 241 (li.): Schrumpfungskerbung aus Aktivkohleeffekt in einer Dachmulde

Abb. 242 (re.): Schrumpfungsrissige PMMA-Beschichtung

Abb. 243: Wasserspuren (braune Ränder) an Hartschaumdämmstoff deuten auf Außenwasser durch eingespülten Schmutz

Abb. 244 u. 245: Stehendes Wasser in der Dämmschicht und Braunfärbung am Dämmstoff

Abb. 246 (li.): Direkte Undichtigkeit an aufgescherter Lötnaht

Abb. 247 (re.): Durchnässte Holzspanplatte

Abb. 248: Bruch einer PMMA-Beschichtung auf einem Lichtkuppelaufsatzkranz

Abb. 249 (li.): Wandsperre fehlt, Verblendwand entwässert hinter den Anschluss.

Abb. 250 (re.): KS-Wand speichert Wasser und befördert es hinter den Anschluss.

2.4 Streitfälle um Balkone und Dachterrassen

2.4.1 Anschlüsse

Die Suche nach Undichtigkeiten an Balkon und Dachterrasse beginnt an den Wandanschlüssen. Oft sind bereits Außen-, Brüstungs- und Trennwände nicht regensicher aufgrund fehlender waagerechter Wandsperren in Verblendwänden und stark saugenden oder rissigen Mauerwerks (insbesondere KS). Glasbausteinwände beispielsweise können nicht wasserdicht sein, dichte Anschlüsse an Glasbausteinwände sind nicht möglich!

Anschlussleisten und Versiegelungen sind nicht oder nicht mehr regensicher aufgrund

- lückenhafter Versiegelung, zu kleinen oder ungeeigneten Fugenquerschnitts
- fehlender Grundierung und Flankenabrissen der Versiegelung
- ungeeigneten (sandigen, feuchten, rauen) Untergrunds
- ungeeigneten Fugenmaterials (Bitumen zerstört Silicon!)
- offener (nicht abgedichteter) Verschraubungen.

Türschwellen sind wahre Fundgruben für Fehler und Undichtigkeiten wegen

- zu tief sitzender Türschwellen und Wasserübertritts aus der Nutzbelagsfläche
- fehlenden oder nicht bis an die Leibungen hereinreichenden Wasserabweisblechs
- nur als Verblendung vorgesetzter und nicht regensicherer Schwellenbleche
- vor Türschwellen nicht direkt entwässerter Dränroste
- Geländerstützen aus Hohlprofilen in der Abdichtung.

Abb. 251 (li.): Lückenhafte Versiegelung

Abb. 252 (re.): Bitumengrundierung zerstört Silicon.

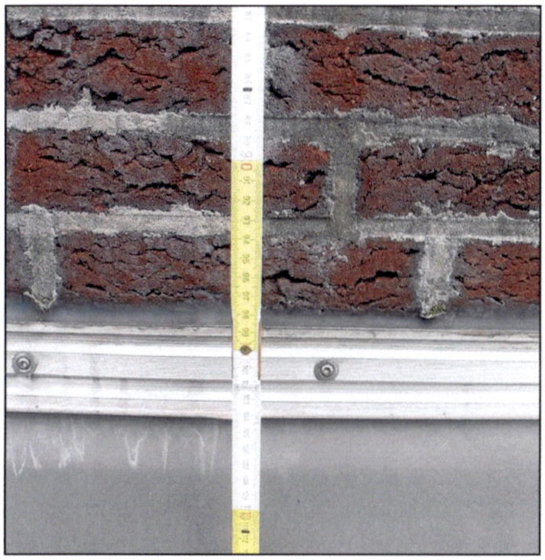

Abb. 253 u. 254: Sandige Mörtelfugen, Versiegelung löst sich ab

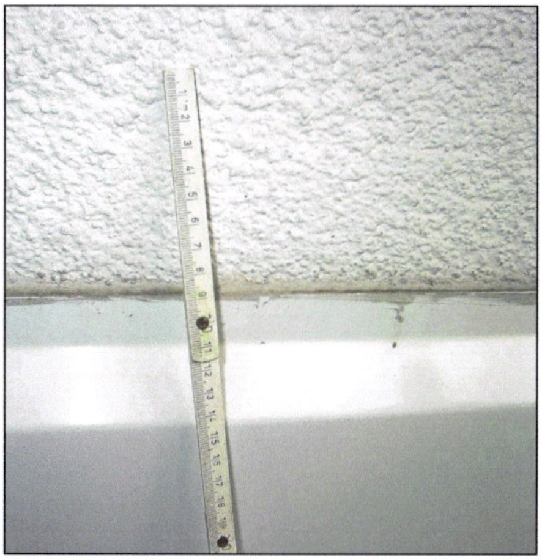

Abb. 255 u. 256: Ungeeignete Anschlussleiste mit zu kleinem Fugenraum

Abb. 257 (li.): Angeputzte Anschlussleiste und offene Bohrlöcher ohne Abdichtung, Nägel statt Schrauben

Abb. 258 (re.): Türschwelle zu tief, Anschlussblech gegen den Blendrahmen gesetzt und nach oben offen undicht

Abb. 259: Türschwellenblech gegen Blendrahmen gesetzt und nach oben offen undicht, Rollladenführung kann nicht unterfangen und nicht eingedichtet werden.

Abb. 260 u. 261: Türschwelle kann nicht eingedichtet werden, weil Abweisblech und Leibungseinbindung fehlen.

Abb. 262 u. 263: Dränrinnen sind nur wirksam, wenn sie direkt entwässert werden (Anschluss an Ablauf oder Rinne).

Abb. 264: Gitterroste auf Abweisblech oder in Kiesbett liegend sind unwirksam. Dränrinnen benötigen direkten Anschluss an einen Ablauf.

Dränrinnen sind nur wirksam, wenn sie direkt entwässert werden (Anschluss an Ablauf oder Rinne).
Geländerstützen sollen möglichst nicht im Belag stehen sondern außen angebracht sein. Wenn Stützen im Belag unvermeidbar sind, müssen sie aus Rund- oder Quadratprofil bestehen und mit angeschweißtem Überwurf oder Edelstahlpressband ausgestattet sein. Hohlprofile dürfen keine offenen Bohrlöcher haben (s. a. Seite 154).

2.4.2 Problem Fenstertür

Nicht selten sind nicht die Anschlüsse, sondern die Fenstertüren selbst Ursache für Undichtigkeiten. Schwache Türbeschläge, zu dünne Dichtprofile und zu geringe Anpressung erlauben Wassereintritt in das Rahmenprofil. Offene Verschraubungen im Blendrahmen ermöglichen dann den direkten Wasserzutritt in den Bodenbelag.
Fenstertüren sind nicht selten aus Einzelelementen zusammengesetzt, wobei die Stoßfugen oft nach außen offen und somit direkte Wassereinlassfugen sind.
Vielfach sind Fenstertüren ohne konstruktives wasserabweisendes Schwellenprofil hergestellt. Solche Türelemente sind im Wesentlichen als der Witterung ausgesetzte Fenstertür ungeeignet und sollten erst gar nicht eingebaut werden. Hilfslösungen wie z. B. der aufgesetzte angeflanschte Anschluss sind optisch und technisch unbefriedigend und beispielsweise bei Außenwänden aus Sichtmauerwerk und Sichtbeton im Leibungsbereich nicht regensicher ausführbar.

2.4.3 Problem Anschluss Flüssigkunststoff

Im Problemfall greift der Handwerker rasch zur Problemlösung Flüssigkunststoff. Dazu muss man wissen:

- Flüssigkunststoffe härten aus und sind dann starre unflexible Dichtschichten, die nur auf festem, lagesicheren Untergrund angebracht sein dürfen.
- Fenstertüren sind Erschütterungen und Bewegungen ausgesetzt. Starre Anschlüsse werden auf Dauer entgegen ihrer Anwendungsrichtlinie belastet. Abscheren oder Bruch des Anschlusses ist die fast unvermeidbare Folge.
- Anschlüsse auf Fremdstoffe regeln die Hersteller der Flüssigkunststoffe sehr unterschiedlich. Von genereller Ablehnung, über Vorgaben zu Anschleifen und Grundieren bis hin zu völliger Ignorierung des Problems sind alle Möglichkeiten gegeben. Zumindest Anschlüsse auf PVC-Blendrahmen sind problematisch. Anschlüsse auf Holz und Holzanstriche sind in jedem Fall und von vornherein sinnlos und nicht haltbar.
- Flüssigkunststoff-Anschlüsse auf Abdichtungsbahnen sind nicht unproblematisch:
  - Anschlüsse auf nacktes Bitumen müssen vorher grundiert werden.

- Anschlüsse auf beschieferte oder besandete Bitumenbahnen sind grundsätzlich abzulehnen.
- Anschlüsse auf Kunststoff- und Kautschukbahnen sind wegen der unterschiedlichen Flexibilität beider Stoffe nicht dauerhaft haltbar.
- Anschlüsse auf Metall sind grundsätzlich möglich und – nach Reinigung und Grundierung – in der Regel auch dauerhaft.

Nicht dauerhaft sind Anschlüsse über Metallstößen und -fugen: Dort schert die Kunststoffschicht generell infolge der Metalldehnung über der Fuge ab.

2.4.4 Problem schwellenfreie Fenstertür (DIN 18040-1 und 2)

Die notwendige Anschlusshöhe von 15 cm muss auch in diesen Fällen eingehalten werden. Möglich wird das durch entsprechend hohen Belagsaufbau mit breiter Dränrinne und spritzwassersicherem Türschwellenrost. Die Dränrinne wird direkt an den nächstliegenden Ablauf angeschlossen und im Idealfall zusätzlich über geeignete Dränplatten unterflur entwässert. Problematisch und abzulehnen sind Unterflurkanäle zur Wasserabführung: Sie sind nicht kontrollierbar, können nicht gereinigt werden und im Winter zufrieren.

Die notwendige Anschlusshöhe bemisst sich in diesem Fall nach dem Abstand zwischen Abdichtung bzw. Rinnenboden und Anschluss und muss im Regelfall mindestens 15 cm betragen. Bei überdachter Türschwelle kann die Anschlusshöhe auf 5 cm vermindert werden.

Das Türschwellenprofil darf nach DIN 18040 2 cm hoch und der Rinnenrost leicht ansteigend geneigt sein (siehe auch Kap. 1.5.1 und Abb. 127–129).

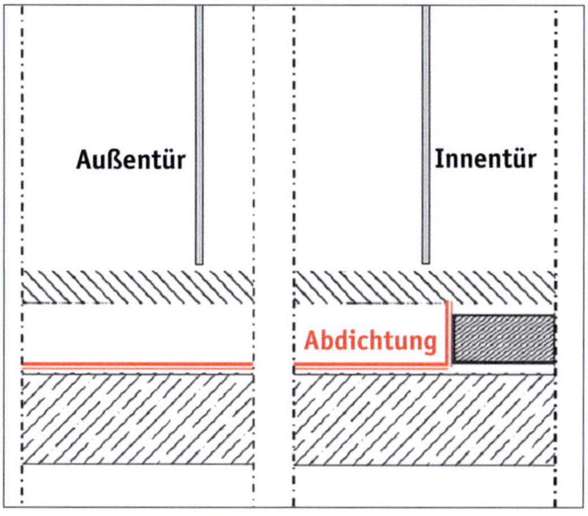

Abb. 265: Prinzip der eingezogenen Eingangsdichtung: Die Abdichtung ist bis zur Innentür geführt und dort aufgekantet, der Nutzbelag in der Eingangsschleuse aufgeständert.

2.4.5 Problem schwellenfreier Eingang

Schwellenfreie Eingänge sind in öffentlichen Gebäuden, Museen, Banken und Geschäften gefragt. In Wohn- und Bürohäusern können sie nach gleichen Prinzipien angelegt werden:

- Bei überdecktem Eingang wird der Eingangsbereich in das Gebäude zurückgenommen oder von einem Vordach überdeckt, so dass Niederschläge den Türschwellenbereich nicht erreichen können.

Abb. 266 (li.) Wasserschäden durch undichte Terrassentür

Abb. 267 (re.): Tür aus zwei Bauteilen mit nach außen offener Stoßfuge

Abb. 268 (li.) Ungenügende Einpressung der Flügeldichtungen gestatten Wassereintritt in das Blendrahmenprofil.

Abb. 269 (re.): Das Blendrahmenprofil ist offen verschraubt; in die Bohrlöcher dringt Wasser ein.

- Außentür, Windfang und Innentür werden zu einer Wetterschleuse ausgebildet. Dabei wird die Außendichtung in den Windfang verlängert und vor der Innentür aufgekantet. Der Nutzbelag wird aufgeständert. Die Außentür wird als frei schwingende Tür oder Drehtür ohne Schwelle über dem Belag angeordnet. Man nimmt in Kauf, dass der Belag unterflutet wird und entsprechend ausgebildet und aufgeständert werden muss. Im günstigsten Fall richtet man im Windfang einen eigenen Wasserablauf ein (siehe Abb. 265).

2.4.6 Abdichtung

Für Abdichtungen gelten die gleichen Mängelmöglichkeiten wie bei Flachdächern. Bei – hier ungeeigneten – Bitumenabdichtungen kommt erschwerend hinzu, dass aus Angst um verbrannte Türen und Wände erfahrungsgemäß der Schweißbrenner sehr zurückhal-

Abb. 270 (li.): Hohlliegen der Kunststoffdachbahn wegen fehlender Randfixierung

Abb. 271a (re.): Druckmarken aus Plattenstelzlagern in der Bitumenabdichtung

Abb. 271b (li.): Stark unebener Plattenbelag auf Stelzlager über Bitumenabdichtung

Abb. 272 (re.): Schweißfehler in einer Bitumenabdichtung infolge »vorsichtiger« Anflämmung

tend eingesetzt und die notwendige Verschweißung nur ungenügend ausgeführt wird mit dem Erfolg direkter Undichtigkeit mindestens in den Anschlussbereichen.

Bituminöse Abdichtungen dürfen nicht punktbelastet werden und sind deshalb auch für Stelzlagerbeläge ungeeignet. Bei Abdichtungen aus Kunststoff- und Kautschukdachbahnen sind immer wieder auftretende Mängel zu dünne Kunststoffbahnen (sie müssen dicker als im Flachdach sein), nicht ausgeführte Randfixierungen und fehlende Schutzschichten.

Kunststoff- und Flüssigkunststoffabdichtungen unter Nutzbelägen müssen mindestens mit den folgenden Schutzschichten abgedeckt sein:

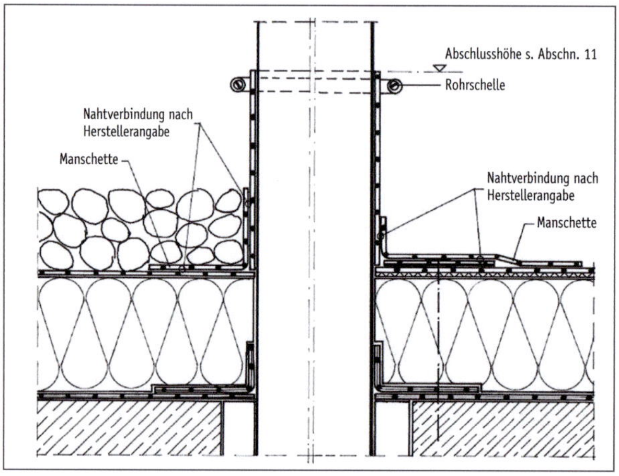

Abb. 273: Stützeneinfassung am Beispiel einer Kunststoff-Abdichtung [Quelle: ZVDH]

Abb. 274: Untauglicher Dichtversuch mit Bitumenkitt

- Kunststoffvlies, mindestens 300 g/m²
- Bahnen aus PVC-halbhart, mindestens 1 mm dick
- Bahnen aus PVC-P, mindestens 1,2 mm dick
- Bautenschutzmatten und -platten aus Gummigranulat, mindestens 6 mm oder Kunststoffgranulat mindestens 4 mm dick.
- Drainagematten und -platten

Stützen müssen mit eigener Anschlussmanschette und Überwurf oder Klemmband ausgestattet sein.

2.4.7 Nutzbeläge

2.4.7.1 Betonwerksteinplatten

Zulässige Abmaßtoleranzen der Platten erfordern Verlegung mit offenen ca. 5 mm breiten Fugen. Bei Belägen auf Terrassen und Balkonen sind Höhenversprünge bis zu 5 mm zulässig.

a) Stelzlager

Stelzlager sollten aus Mörtelsäckchen oder aus Kunststoff-Formteilen bestehen. Gänzlich ungeeignet als Stelzlager sind Hartschaumplatten, auch solche aus extrudiertem Hartschaum. Hartschaum hat keine definierte Druckfestigkeit und staucht je nach Schaumart unterschiedlich stark.

b) Splittbett

Das Splittbett ist für die Verlegung von Terrassenplatten besonders gut geeignet. Die Platten lassen sich sauber und ebenflächig verlegen, liegen fest und auch in der Ebene lagesicher.

Abb. 275 (li.): Plattenbeläge benötigen immer konstruktive Randstützen.

Abb. 276 (re.): Höhenunterschiede >5 mm sind unzulässig.

Abb. 277 u. 278: Ungeeignete Plattenstelzlager aus Hartschaum

Abb. 279: Klassische Ausführung an der Geländerstützenbefestigung.

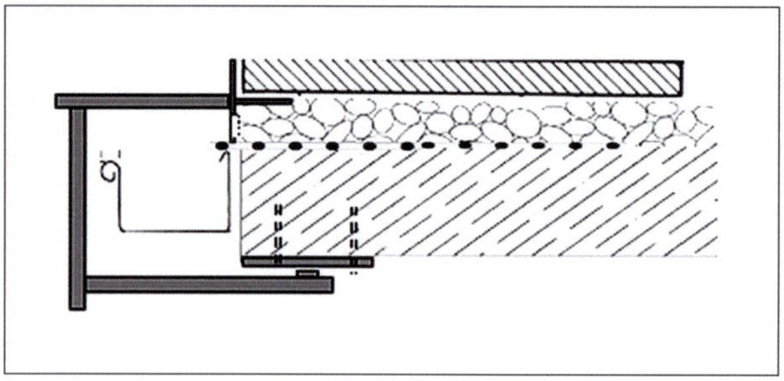

Abb. 280: Fest-/Lostflanschrandleiste mit Einpressung der Dichtbahn und Lochwinkel als Randabsicherung

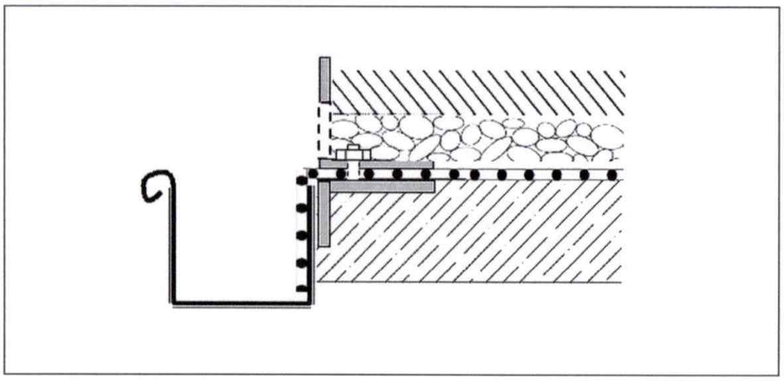

c) Feinkies

Verlegung auf Feinkies ist problematisch und führt zu Verschiebungen von Platten und Belägen: Die Platten »rollen« auf dem Kies. Der angenommene Vorteil der Wasserabführung durch das Kiesbett ist vernachlässigbar gering.

Abb. 281 (li.): Abrutschende Betonplatten auf Feinkies mit einfachem Lochblech als Randleiste

Abb. 282 (re.): Abläufe müssen in der Belagsebene offen, und dürfen nicht mit Platten oder Trennvlies – wie hier – abgedeckt sein.

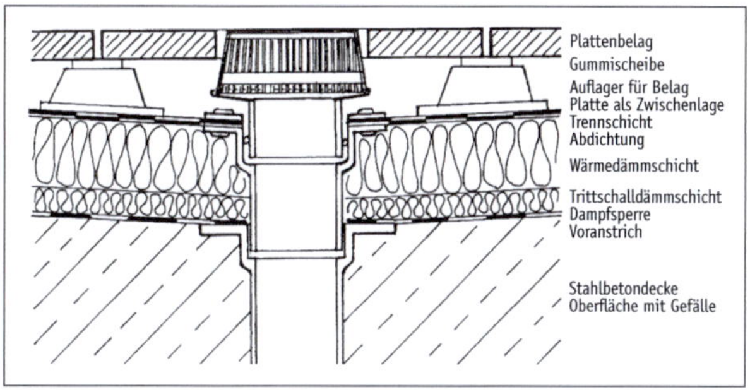

Abb. 283: Nutzbeläge müssen in zwei Ebenen entwässert werden [Quelle: Merkblatt Außenbeläge des Fachverbands Fliesengewerbe].

d) Randsicherung

Freie Ränder (Traufen) müssen mit Metall- oder Betonwinkeln gegen Wegrutschen gesichert werden; einfache Rand- oder Lochbleche reichen dazu nicht aus. Abb. 279 und 280 zeigen Möglichkeiten für die Randabstützung.

2.4.7.2 Keramikplatten

Keramikplatten werden im Nassverfahren in Mörtelbett verlegt oder auf Estrich verklebt, Fugen werden im Schlämmverfahren eingeschlämmt.

Für Mörtel und Estrich müssen Portland-Puzzolanzemente und möglichst Trass-Sandgemische verwendet werden. Reiner Portlandzement wäscht im Freien aus und erzeugt Kalksinterausblühungen.

Beläge im Freien müssen je nach Besonnung in Felder von 2,5–5,0 m Länge geteilt werden, die Teilung muss in das Mörtelbett oder den Estrich bis zur Abdichtung oder Dränschicht reichen und durch elastische Fugenbänder und/oder Dichtstoffe geschlossen werden.

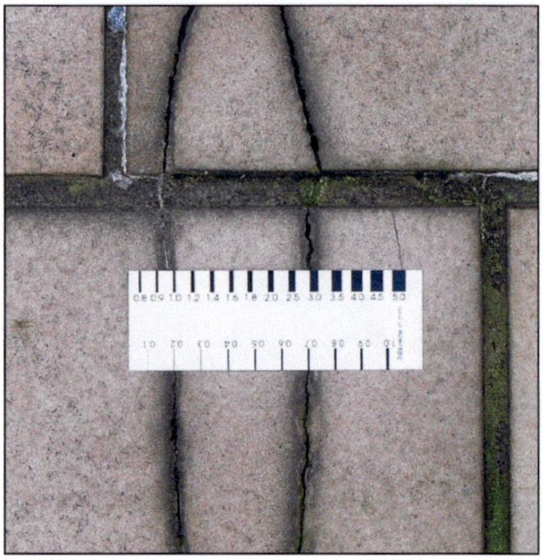

Abb. 284 (li.): Hartbeläge in Mörtelbett oder auf Estrich benötigen Rand- und Feldbegrenzungsfugen.

Abb. 285 (re.): Belagsrisse infolge ungenügender Fugenteilung und schadenträchtiger Verlegung im Verband.

ZENTRALVERBAND
DEUTSCHES
BAUGEWERBE
ZDB

AUSSENBELÄGE

Belagskonstruktionen mit Fliesen und Platten außerhalb von Gebäuden

Oktober 2005
Ersatz für Ausgabe Juli 2002

Abb. 286 (li.): Deckblatt des Merkblattes für Außenbeläge

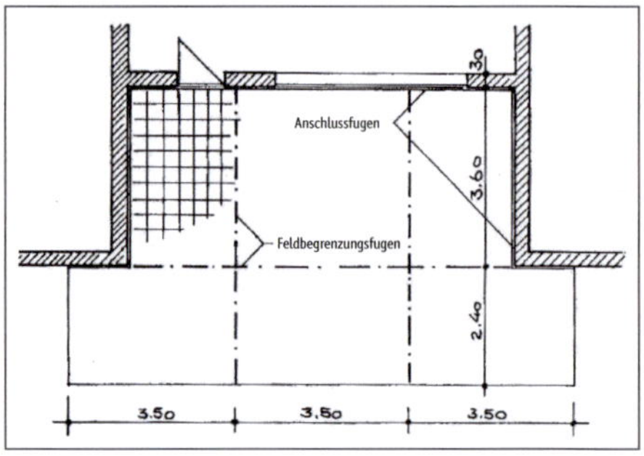

Abb. 287 (re.): Vorgabe für Fugenteilungen im Merkblatt

Der Abstand richtet sich nach der zu erwartenden Längenänderung aus Temperaturänderungen (z. B. durch Sonnenbestrahlung) und der Farbe des Belages. Dementsprechend sind Feldbegrenzungsfugen im Abstand von ca. 2 bis ca. 5 m anzuordnen. Durch die Anordnung von Rand- und Anschlussfugen ist eine Einspannung der Belagsfläche auszuschließen. Die Felder sollen möglichst ein gedrungenes Seitenverhältnis (bis ca. 1:2) haben. Alle Anschlussränder sind ebenfalls mit elastischen Fugen auszustatten. Breite ca. 6–12 mm, je nach Feldgröße mit Tiefe bis zur Trennschicht bzw. bis zur Dränschicht. Verfüllung mit elastischen Fugenfüllstoffen, ggf. mit Vorfüllung oder Fugenprofilen.

Fugenfüllstoffe müssen für die Belagsstoffe (z. B. bei Naturwerkstein und Betonwerkstein) geeignet sein.

Fugenrisse können immer auftreten und sind nicht vermeidbar. Aus diesem Grund sollten keramische Beläge nicht im Verband verlegt werden. Die Anordnung ist abhängig von der Größe und Grundrissgliederung der Belagsfläche und geradlinig durchlaufend.

2.4.8 Entwässerung

Die Entwässerung der Nutzbeläge muss in Belagsebene und Abdichtungsebene sichergestellt werden. Abläufe dürfen nicht zugedeckt werden. Jeder Ablauf ist mit einem Terrassenaufsatzrost auszustatten. Sickermöglichkeiten durch Splitt oder Kies sind sehr begrenzt bis unwirksam und reichen zur Wasserabführung nicht aus.
Die Entwässerung der Abdichtung ist wichtig und eine Wasserabführung über Dränplatten (Kanaldränplatten) vorteilhaft. Kapillardränmatten sind wenig wirksam, besonders bei größeren Belagsflächen.
Dränrinnen sind nur wirksam, wenn sie direkt entwässert werden (Anschluss an Ablauf oder Rinne). Überdeckte Kanalrinnen unter dem Belag sind nicht prüfbar und können weder gewartet noch gereinigt werden. Bei Frost können sie zufrieren. Kanalrinnen sind deshalb riskant und sollten vermieden werden.

2.5 Das undichte Steildach

Auch am Steildach können Ursachen von Undichtigkeiten oft nur durch Dachöffnungen gefunden und nachgewiesen werden. Wasserspuren führen meist zur Quelle der Undichtigkeit. Diese kann weit entfernt von der Tropfstelle liegen, nicht selten in Kehlen, Anschlüssen, Gaubenfensterbänken und am Dachfirst.

2.5.1 Dachdeckungen

Ursachen von Undichtigkeiten finden sich oft

- infolge zu geringer Höhen- oder Seitenüberlappung der Deckwerkstoffe und Anschlussbleche
- durch Missachten des natürlichen Wasserlaufs
- durch Kapillarwassereinzug bei aufliegenden Anschlüssen, Kehl- und Traufblechen und Unterdeckbahnen an Dachtraufen
- durch Kapillarwassereinzug an Wellplatten, FZ-Dachplatten und Bitumenschindeln
- bei unterdeckten Anschlüssen, insbesondere im Übergangsbereich der Brustanschlüsse
- in zu flachen Brustanschlüssen mit Wasserrinnenbildung
- durch Wassereintrag an Kopfüberlappungen von Dachsteindeckungen
- bei ungenügenden Überdeckungen an Graten und Firsten.

Abb. 288: Kapitaler Wasserschaden unter Schieferdach

Abb. 289 u. 290: Rechteck-Schieferdoppeldeckung auf Schalung

Für Seitenanschlüsse erlauben die Fachregeln aufliegende durchgehende Anschlussbleche, die jedoch technische Nachteile (insbesondere Kapillarwassereinzug) haben.
Für alle pfannenförmigen Dachdeckungen sind aufliegende Schichtstücke, für plattenförmige Dachdeckungen (Schiefer, Dachplatten, Biberschwanzziegel) eingebundene Blech-(Blei-) Schichtstücke (siehe Abb. 295) sicherer und besser als aufliegende Blech- oder Klebebandstreifen.
Unterdeckte Anschlussrinnen sollten erst bei Dachneigungen ab 30° eingesetzt werden.
Für Unterspann- und Unterdeckbahnen gelten ebenfalls die physikalischen Regeln von Gefälle und Wasserlauf, insbesondere an der Dachtraufe. Die Entwässerung des Unterdaches und der Unterdeckung sollte grundsätzlich unter Traufbohle und Dachrinne über ein Abtropfblech hergestellt werden.

Abb. 291 (li.): Ursache der Undichtigkeit: Aufliegende Anschlussbleche und fehlende wasserabweisende Schnitte an den Schieferkanten

Abb. 292 (re.): Wasser dringt kapillar unter dem Anschlussblech ein

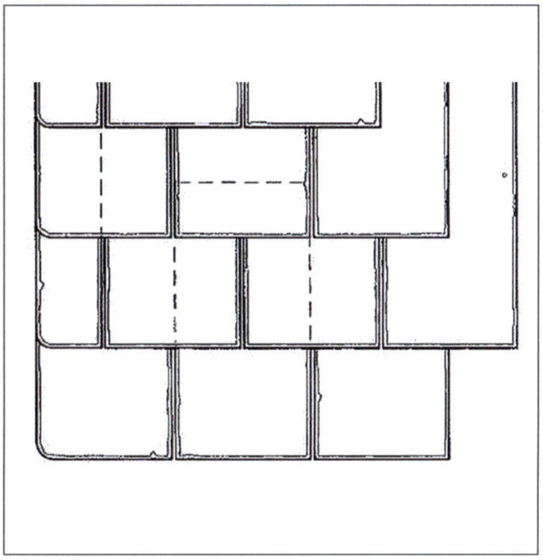

Abb. 293 (li.) Schieferecken sind nicht abgerundet. Wasser tropft von der Schieferecke nach innen ab.

Abb. 294 (re.): Wasser abweisende Eckschnitte [Quelle: ZVDH]

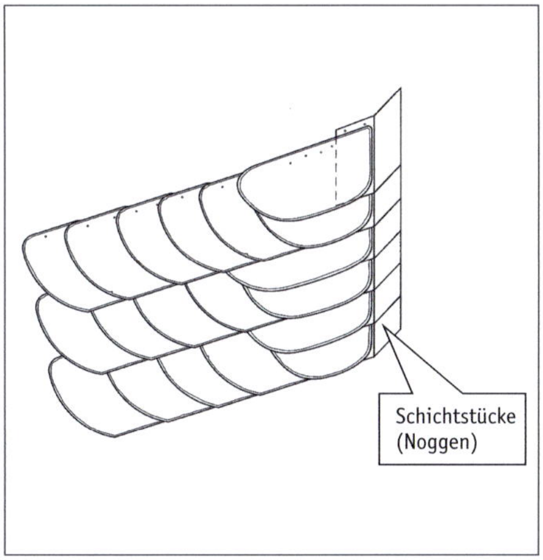

Abb. 295: Fachgerechter Anschluss für Schiefer- und Dachplattendeckungen mit eingebundenen Schichtstücken [Quelle: ZVDH]

Abb. 296 (li.): Anschluss mit Fugenschnitt-Anschlussstücken

Abb. 297 (re.): Anschluss mit Bleischichtstücken, Anschlussleiste gegen Sichtmauerwerk ist jedoch meist nicht regensicher.

Abb. 298 (li.): Durchlaufend aufliegender WAKAFLEX-Anschluss

Abb. 299 (re.): Wasserspuren auf Unterdachplatte …

Abb. 300 (li.): … und Unterdeckbahn

Abb. 301 (re.): Undichtigkeit an der Kehle wegen ungenügender Überdeckung …

Abb. 302:
... der Zinkblechkehle

Abb. 303 (li.):
Typischer Ausführungsfehler mit Wassersack in der Unterdeckbahn über der Traufbohle

Abb. 304 (re.):
Wasser steht im Wassersack über der Traufbohle

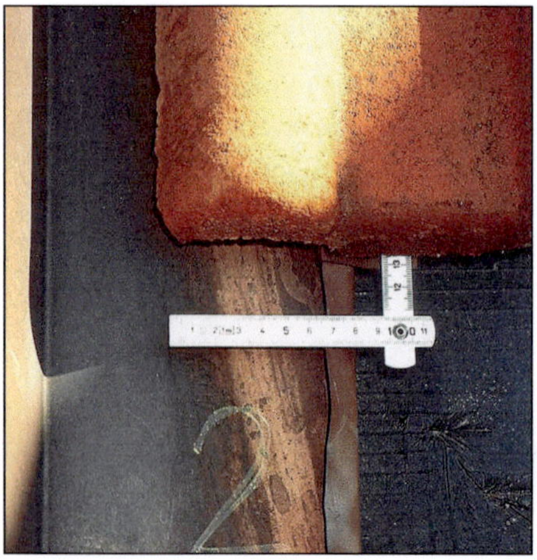

Abb. 305 (li.):
Unterdeckter Kupferanschluss ist zu schmal, nicht unterfüttert und hat ungenügenden Rückfalz

Abb. 306 (re.):
Kapillarer Wassereinzug beim Betondachstein, Wasser tropft auf die Unterdeckbahn ab und muss von dieser zur Traufe abgeleitet werden.

2.5.2 Metalldeckungen

Bei *Metalldeckungen* sind übliche Mängelbeschwerden meist

- Schäden durch Wind
- Quetsch- und Bewegungsbrüche durch fehlende Verschieblichkeit
- Lötnahtrisse
- offene Befestigungsstellen
- optische Mängel (Verwerfungen, Bombierungen, ungerade Kanten und Falzlinien)
- Verfärbungen und Korrosion.

Fachregel für Metallarbeiten im Dachdeckerhandwerk

2.4 Werkstoffe für Deckunterlagen

Holz muss bei der Ausführung mindestens eine Nenndicke von 24 mm aufweisen. Schalungen aus Brettern müssen mindestens der Sortierklasse S 10 nach DIN 4074-1 entsprechen. Ein Durchstoßen der Nagelspitzen durch die Schalung ist nicht immer zu verhindern.
Dachschalungen müssen aus gesäumten oder gespundeten trockenen Brettern (max. 20 % Feuchte) bestehen. Profilbretter mit Schattennut sind als Dachschalung für Metalldeckungen ungeeignet.
Schalungen aus Holzwerkstoffen, auf denen eine Dachdeckung direkt befestigt wird, müssen mindestens 22 mm dick sein. Ein Durchstoßen der Nagelspitzen durch die Schalung ist nicht immer zu verhindern.
Holzwerkstoffe müssen für die Verwendung als Deckunterlage von Metalldeckungen für eine Verwendung in NKL 2 nach DIN 1052 bzw. »Hinweise Holz und Holzwerkstoffe« und für den Einsatz im Feuchtbereich nach DIN EN 13986 geeignet sein. Folgende Produkte dürfen danach verwendet werden:

- Massivholzplatten nach DIN EN 13353 (z. B.: SWP 2 tragend),
- Sperrholz und Furniersperrholz nach DIN EN 636 (z. B.: Feucht (EN636-2),
- OSB nach DIN EN 300 (z. B. OSB/3, OSB/4)
- Spanplatten nach DIN EN 312 (z. B. P5, P7)
- Zementgebundene Spanplatten nach DIN EN 634-2 (z. B. Klasse 1, 2)

Faserplatten nach DIN EN 622-2 (z. B. HB (harte Faserplatten) und DIN EN 622-3 (z. B. MBL, MBH) sind als tragende Unterkonstruktion nicht geeignet.

Der Einsatz von Holzwerkstoffen auch im überdeckten Bereich ist auf mögliche Schimmelpilzbildung und damit Nichteignung zu prüfen.
OSB/3- und OSB/4-Platten nach DIN EN 300 und kunstharzgebundene Holzspanplatten nach DIN EN 312 der Technischen Klassen P5 und P7 dürfen nur bei vollständiger PMDI-Verleimung verwendet werden.

Befestigungsmittel:
Die Befestigungselemente müssen mindestens korrosionsgeschützt und mit dem Werkstoff der Imprägnierung, einem vorbeugenden chemischen Holzschutz und der Deckunterlage des Tragewerks dauerhaft verträglich sein (siehe Tabelle AI.5).

- Flachkopfnägel mind. 2,8 × 25 mm geraut
- Senkkopfschrauben 4 × 25 mm

4.3 Nicht selbsttragende Metalldeckungen
(1) Beim Doppelstehfalz erfolgt die Befestigung so, dass die zu erwartenden temperaturbedingten Längenänderungen ohne Zwänge aufgenommen werden können. Unter Berücksichtigung der Dachneigung und der Scharenlänge sind die Fest- und Schiebehafte anzuordnen.
(2) Beim Winkelstehfalz erfolgt die Befestigung wie beim Doppelstehfalz, wie in Abschnitt (1) beschrieben.

2.5.2.1 Scharendeckungen

Eine übliche Metalldeckung ist die aus geformten Blechscharen mit Doppel- oder Winkelverfalzung. Sie zählen zu den »nicht selbst tragenden Deckungen« und sind demzufolge auf flächiger Deckunterlage herzustellen.
Kupfer-, Zink- und Alu-Blechscharen werden bis zu 10 m Länge eingebaut, solche aus Stahl bis zu 14 m. Sie werden nur am Festpunkt mit Festhaften, sonst ausschließlich mit Schiebehaften befestigt.

2.5.2.1.1 Befestigung und Windsogsicherheit

Ein häufiger Streitpunkt bei Metalldeckungen ist die Frage nach der Windsogsicherheit. Diese stützt sich auf Art und Anzahl der Befestiger (Haften), aber auch auf die Art des Befestigungsgrundes (Dachschalung) und der Befestiger.

Abb. 307 (li.): Dachlandschaft mit Zinkdachdeckungen

Abb. 308 (re.): Profilbretter mit Schattennut sind als Dachschalung für Metalldeckungen ungeeignet.

Abb. 309: Schnitt durch die nur 19 mm dicke Profilschalung

Prinzip verschieblicher Blechdachdeckungen

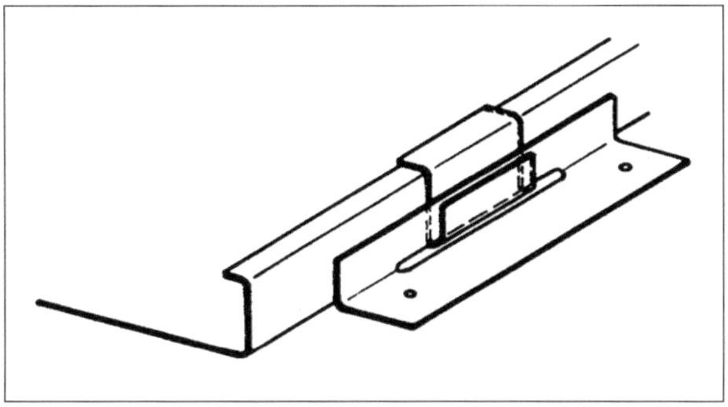

Abb. 310: Schiebehaft an der Scharenaufkantung [Quelle: ZVDH]

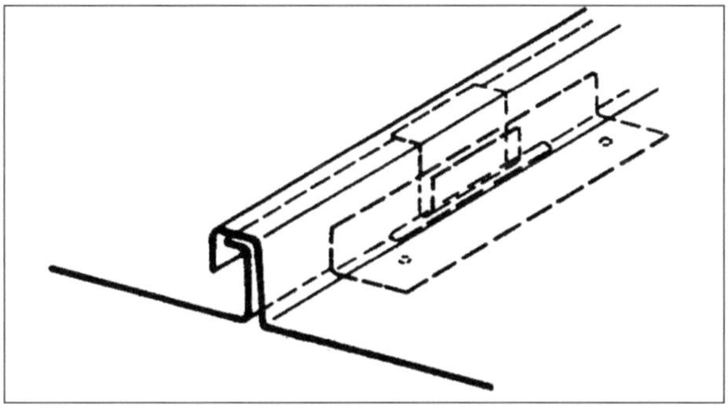

Abb. 311: Überdeckung der nächsten Schar [Quelle: ZVDH]

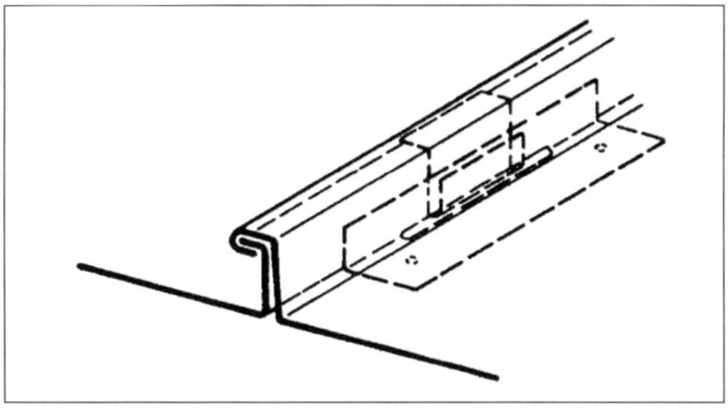

Abb. 312: Winkelfalz (nur für Schräg- und Wandflächen) [Quelle: ZVDH]

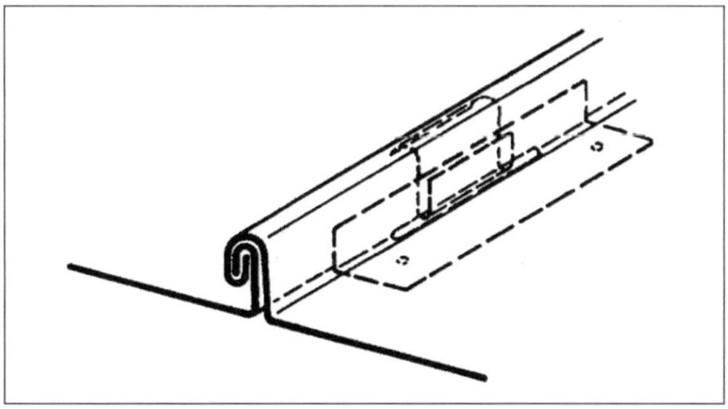

Abb. 313: Doppelstehfalz [Quelle: ZVDH]

Abb. 314: Typische Bombierung von Metallscharen, vermindert werden kann sie durch geöffnete Falzflanken [Quelle: ZVDH].

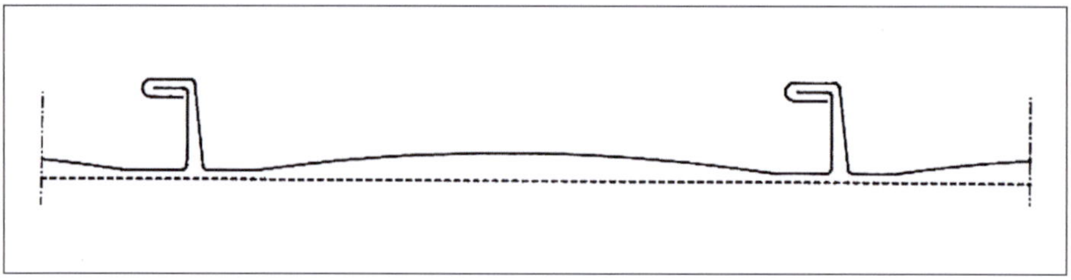

Metalldeckungen unterliegen starken Dehnungen in alle Richtungen. Bewegungsausgleich und Verschieblichkeit der Scharen und Anschlüsse sind wichtig.
Scharen werden nur an einem Festpunkt mit Festhaften, sonst ausschließlich mit Schiebehaften befestigt.

Abb. 315: Dehnwellen in der Zinkdeckung

Abb. 316 (li.): Einfacher Liegefalz [Quelle: ZVDH]

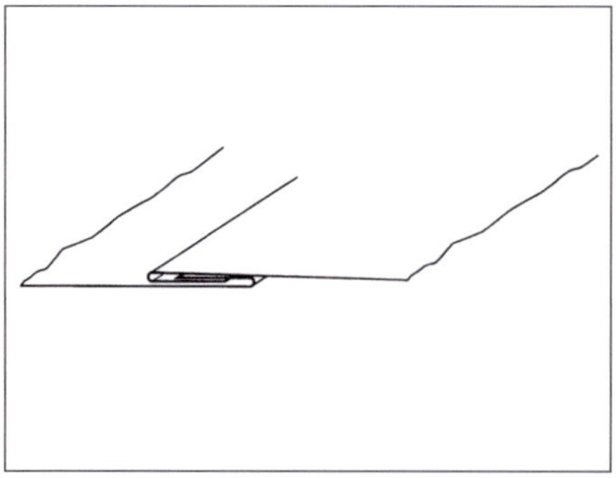

Abb. 317 (re.): Einfacher Liegefalz mit Zusatzfalz [Quelle: ZVDH]

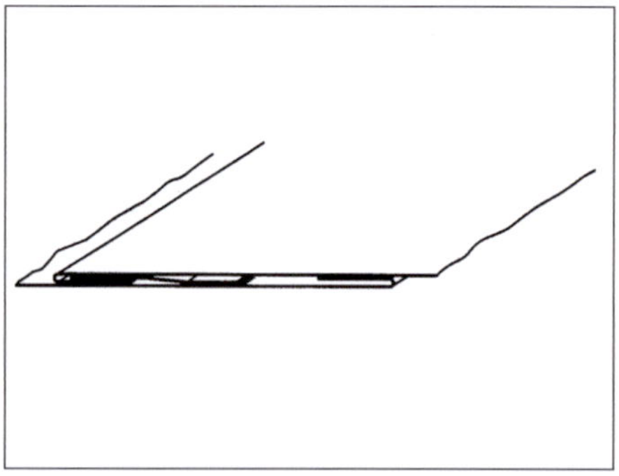

Tabelle AII.13: Abstand (in mm) und Anzahl pro m² der Hafte in Abhängigkeit von der Scharenbreite und der Gebäudehöhe in Windzone 1

max. Abstand (in mm) und min. Anzahl pro m² in WZ 1 für Edelstahlhafte mit einer Tragfähigkeit von min. 400N/Haft													
Gebäudehöhe h		$h \leq 10$ m				$10\,m < h \leq 20$ m				$20\,m < h \leq 50$ m			
Scharenbreite [mm]		520	590	620	720	520	590	620	720	520	590	620	720
Wand A	$h/d \geq 5$; $h/b \geq 5$	500	480	460	400	430	380	360	310	310	270	260	220
		3,8	3,5	3,5	3,5	4,5	4,5	4,5	4,5	6,3	6,3	6,3	6,3
Wand A	$h/d \leq 1$; $h/b \leq 1$	500	500	500	500	500	460	440	380	370	330	310	270
		3,8	3,4	3,2	2,8	3,8	3,7	3,7	3,7	5,2	5,2	5,2	5,2
Wand B		500	500	500	500	500	500	500	480	470	410	390	340
		3,8	3,4	3,2	2,8	3,8	3,4	3,2	2,9	4,1	4,1	4,1	4,1
Dach $\alpha \leq 30°$	F_{hoch}	330	290	270	240	250	220	210	180	180	160	150	130
		5,9	5,9	5,9	5,9	7,6	7,6	7,6	7,6	10,7	10,7	10,7	10,7
	F	380	330	320	270	290	260	240	210	210	180	180	150
		5,1	5,1	5,1	5,1	6,6	6,6	6,6	6,6	9,2	9,2	9,2	9,2
	G	470	410	390	340	360	320	300	260	260	230	220	190
		4,1	4,1	4,1	4,1	5,3	5,3	5,3	5,3	7,4	7,4	7,4	7,4
	H	500	500	500	500	500	500	500	430	440	390	370	320
		3,8	3,4	3,2	2,8	3,8	3,4	3,2	3,2	4,4	4,4	4,4	4,4
	J	500	500	500	450	480	420	400	350	350	310	290	250
		3,8	3,4	3,2	3,1	4,0	4,0	4,0	4,0	5,5	5,5	5,5	5,5

Beispiel für die Bemessung der Befestiger bei Scharendeckungen

Tabelle 5: Regeldachneigungen bei nicht selbsttragenden Metalldeckungen

Ausführungsart	**Regeldachneigung**
Doppelstehfalzdeckung	7° [1), 4)]
Winkelstehfalzdeckung	25 [2)]
Leistenfalzdeckung Deutsche Art	7° [4)]
Rollnahtgeschweißte Edelstahldeckung	gefällelos
Bleideckung mit Hohl-, Holzwulst oder Leisten	10° [3)]

1) Die Mindestdachneigung bei nicht selbsttragenden Metalldeckungen beträgt 3°, bei Unterschreitung der Regeldachneigung sind Zusatzmaßnahmen erforderlich. (Ausnahme: bei Sparrenlänge bis zur halben maximalen Scharenlänge nach Tabelle AI.6 können Zusatzmaßnahmen erforderlich werden.)

2) 35° bei erhöhten Anforderungen. Erhöhte Anforderungen können sich ergeben aus klimatischen Verhältnissen oder exponierten Lagen, z. B. starkem Wind, schneereichen Gebieten.

4) Bis 15° sind bei Titanzink zusätzliche Maßnahmen, z. B. Trennlage mit Drainagefunktion, erforderlich.

Fachregel Metallarbeiten
Regeldachneigungen und Überlappungen bei Metallbedachungen

a) Nicht selbsttragende Metalldeckungen

≤ 7° wasserdicht verlötet oder vernietet

ab 7° Doppelstehfalzdeckung, deutsche Leistendeckung, Überlappung jeweils mit doppeltem Querfalz

ab 10° Querfalz mit Zusatzfalz

ab 25° Winkelstehfalz Überlappung mit einfachem Querfalz

2.5.2.2 Selbsttragende Metalldeckungen

Fachregel Metallarbeiten
Regeldachneigungen und Überlappungen bei Metallbedachungen

b) Selbsttragende Metalldeckungen

ab 3° ohne Querstoß und Durchdringung

ab 7° mind. 200 mm Überlappung

ab 12° mind. 150 mm Überlappung

ab 22° mind. 100 mm Überlappung

Bei selbsttragenden großformatigen Metalldeckungen über ausgebauten Dächern sind als zusätzliche regensichernde Maßnahme zum Schutz der Wärmedämmung gegen abtropfendes Wasser sowie gegen Flugschnee und Treibregen mindestens Unterspannungen einzubauen.

Hersteller von Sonderprofilen (z. B. Kalzip) geben abweichende Regeln vor. Dichtung der Überlappung ab 3° DN wird mit Silicon und Nietung empfohlen. Diese Anweisungen widersprechen jedoch den Fachregeln des Dachdeckerhandwerks. Die Metallfachregeln schreiben bei 0–7° DN für Überlappungen Verlötung oder doppelreihige Vernietung mit Nietabständen von max. 30 mm vor.

2.5.2.3 Bewegungsausgleich

Metalldeckungen unterliegen starken Wärmedehnungen in alle Richtungen. Die Längsdehnung der Scharen wird durch verschiebliche Haften ermöglicht. Querfalze, An- und

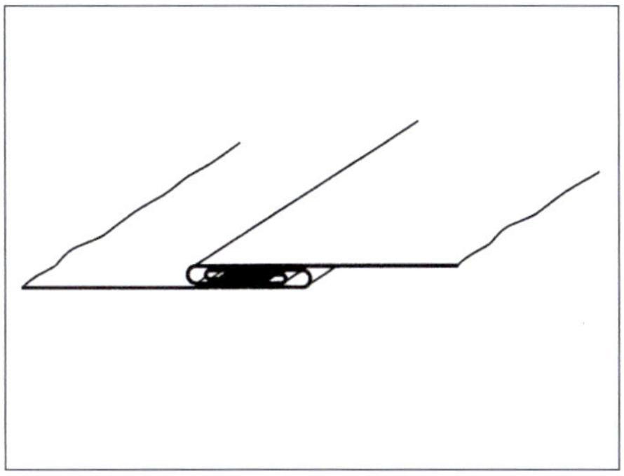

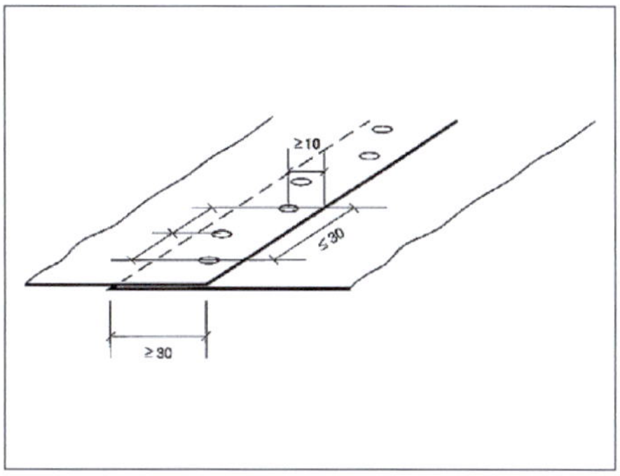

Abb. 318 (li.): Doppelter Liegefalz [Quelle: ZVDH]

Abb. 319 (re.): Prinzip der wasserdichten Nietverbindung mit doppelreihiger Vernietung und Dichtbeilage [Quelle: ZVDH]

Abb. 320 bis 323: Dehn- und Bewegungsbrüche

Abb. 324 u. 325: Dehn- und Bewegungsbrüche.

Abb. 326 u. 327: Abdeckungen dürfen nicht mit Dichtschrauben befestigt werden und müssen mit Dehnstücken ausgestattet sein.

Abschlüsse, Traufen, Grate und Firste dürfen diese Längsdehnung nicht behindern. Im gegliederten Dach sind solche Verschieblichkeiten manchmal schwer umzusetzen. Ein großer Teil der Brüche in den Blechscharen geht auf behinderte Dehnung zurück. Es muss immer eine konstruktive Lösung gefunden werden. Zielführend ist zumeist die Anlage einer Gefällestufe oder das Einfügen eines zusätzlichen Dachsattels mit unterdecktem Anschluss.

Die Querdehnung von Blechscharen wird durch entsprechende Ausbildung der Seitenaufkantungen sichergestellt. Diese Falzaufkantungen dürfen nicht parallel zueinander sein, sondern sind keilförmig anzuordnen. Bei selbsttragenden Metalldeckungen ist insbesondere auf die unbehinderte Längenausdehnung zu achten.

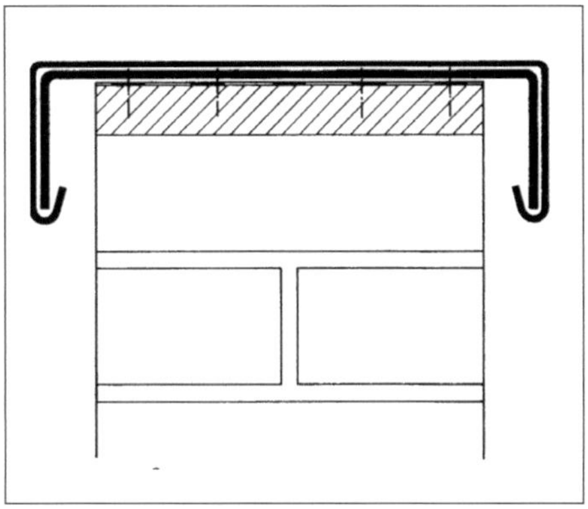

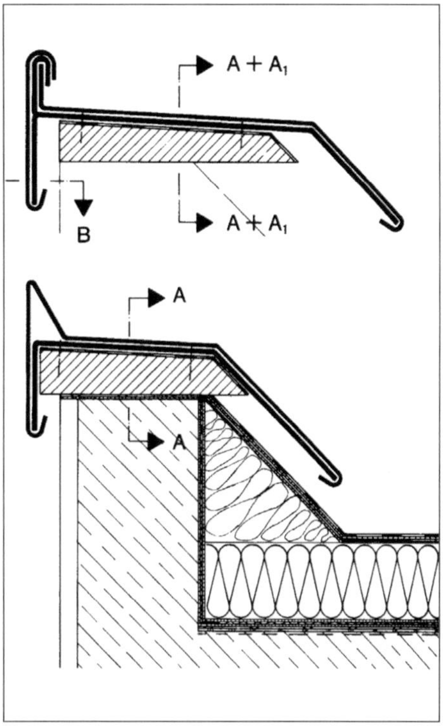

Abb. 328 u. 329: Möglichkeiten indirekter verschieblicher Befestigungen von Blechabdeckungen mit Vorstoßblechen [Quelle: Rheinzink].

Abb. 330: Enkolit-Klebeverfahren

Abb. 331: Enkolit-Klebeverfahren [Quelle: Enke]

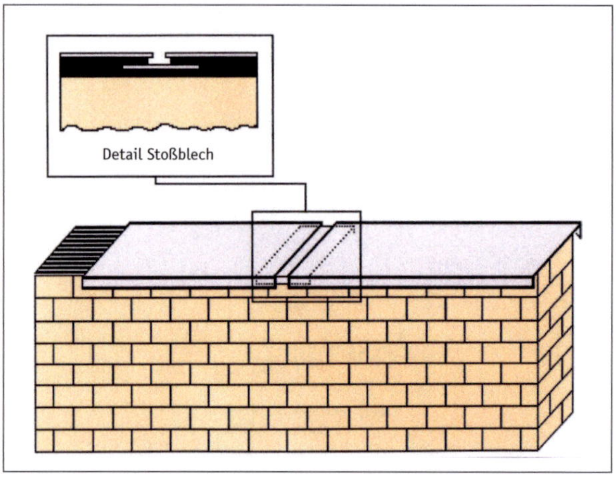

Abb. 332 (li.): Zink bildet unter Einfluss von Luft, Wasser und Kohlendioxid (CO_2) eine zunächst fleckige Schutzschicht (Patina) aus Zinkkarbonat.

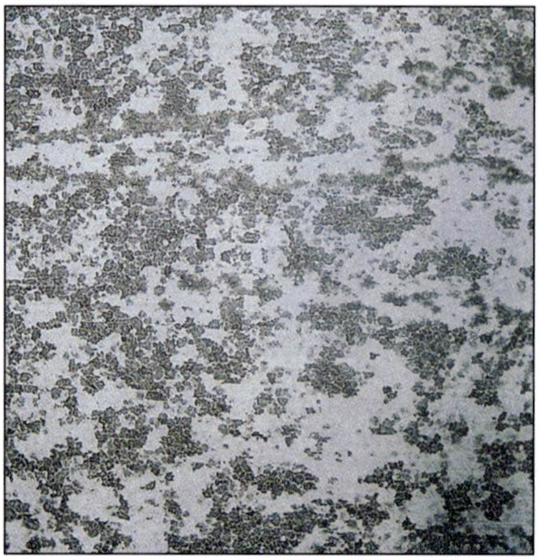

Abb. 333 (re.): Fehlt Kohlendioxid (Luft), entsteht Zinkhydroxid, ein weißes Pulver, und die rasche Zerstörung des Zinks (Weißrost).

2.5.2.4 Oberflächenschäden Zinkblech

Zinkblech wird durch Wasser unter Luftabschluss zerstört, es zerfällt zu Zinkhydroxid oder »Weißrost«. Die schützende Oxidschicht (Patina) bildet sich erst nach längerer Zeit unter freier Bewitterung; nur diese Patina ist wasserfest.

Zinkblech, das von unten zwischen sperrender Schicht oder über wasserspeicherndem Vliesstoff befeuchtet wird, zerfällt in kurzer Zeit. Typische Schadensursachen sind von innen einwirkendes Tauwasser, Wassersammelstellen aus Leckagen, wasserspeichernde Unterlagsbahnen (Vliesstoffe) und dauerfeuchte Holzschalung.

Zinkblechdeckungen sollten bei flachen Dachneigungen bis 15° mit kapillarsperrenden Unterlagsbahnen unterdeckt werden (Strukturgeflecht). Ab 15° DN sind besandete Bitumendachbahnen in trockener Verlegung verwendbar. Ungeeignet als Unterlage sind Schweißbahnen, weil sie mit dem Zinkblech verkleben und Wasserfallen bilden.

Abb. 334: Fleckiger Zustand einer Zinkbekleidung während der Patinabildung.

Ungeeignet sind grundsätzlich auch alle Unterlagsbahnen aus Kunststoffvliesen, weil sie Wasser speichern.

Neues Zinkblech ist walzblank und silberglänzend. Auf dem Dach oder an der Wand verlegt bildet es unter Einfluss von Luft, Wasser und Kohlendioxid (CO_2) oder Schwefeldioxid (SO_2) eine zunächst fleckige Schutzschicht (Patina) aus Zinkkarbonat und Zinksulfat. Die Patinabildung ist von den Luftbestandteilen und den Wetterbedingungen abhängig und kann mehrere Jahre dauern. Nach Abschluss der Patinabildung ist die Zinkoberfläche einheitlich hellgrau.

Zinkbekleidungen sollen nur mit sauberen Handschuhen ausgeführt werden. Beim Berühren mit der bloßen Hand entstehen fleckige Verfärbungen, die nur bei sofortiger Behandlung mit Schutzöl (»Rotol«) noch am selben Tag beseitigt werden können. Leichte Flecken beseitigt man durch vorsichtiges Abziehen mit feiner Edelstahlwolle, wobei streifig, keinesfalls kreisförmig, gearbeitet werden muss. Anschließend wird mit Schutzöl nachbehandelt.

2.5.2.5 Abdeckungen

Auf unebener Unterkonstruktion ist keine saubere fluchtgerechte Bekleidung möglich. Voraussetzung für alle Abdeckungen und Bekleidungen ist eine absolut fluchtrechte ebene Unterkonstruktion.

Auch Abdeckungen müssen verschieblich befestigt werden. Nicht selbsttragende Abdeckungen aus gekantetem Blech befestigt man mit Vorstoßblechen (Haftwinkeln), in die die Abdeckungen eingekantet werden.

Direkte offene Befestigungen, auch solche aus Dichtschrauben, sind nicht erlaubt. Kurze Abdecklängen können direkt verschraubt werden, wenn die Schraubstellen anschließend mit Hauerbuckeln überlötet werden. IFBS-Regeln erlauben Direktbefestigungen bei mindestens 5°-geneigten Abdeckungen.

Fachgerecht ist auch die Verklebung im Enkolit-Verfahren. Dabei werden Bleche und Dehnstücke vollflächig verklebt.

2.6 Schadensfälle an Dachaufbauten, Dachgauben und Dachöffnungen

2.6.1 Wärme- und Feuchteschutz

Die Dacherneuerung bedeutet heute immer auch das Erfüllen des Wärme- und Feuchteschutzes im Dach. Während das Einfügen von Dämmstoffen in die Sparrengefache von außen wie von innen einfach und praktikabel ist, wird das Herstellen von Dampf- und Luftdichtheiten zum Problem, insbesondere bei Altbaudächern mit Dachgauben.
Für die von außen zu verlegenden Sperrschichten kann man das Verfahren der eingeschlauften Folien anwenden, hierbei werden Sperrfolien auf der Deckenbekleidung und um die Sparren herum verlegt (Abb. 335–337). Dabei ist wichtig, dass die Sperrfolien am Sparren dicht anliegen. Das geschieht handwerklich-praktisch durch Anschlagen von Anpressleisten. Das Verfahren eignet sich nur bei trockenem Holzwerk, bei frischem oder nassem Holz kann Fäulnis auftreten.
Anstelle hochdampfdichter PE-Folien können auch Folien aus Polyamid (»Nylon«) verwendet werden (»Vario«-Sperrfolien). Sie besitzen, je nach Feuchte, variable Wasserdampfwiderstände und fördern das Austrocknen auch leicht feuchter Bauteile (Hölzer).

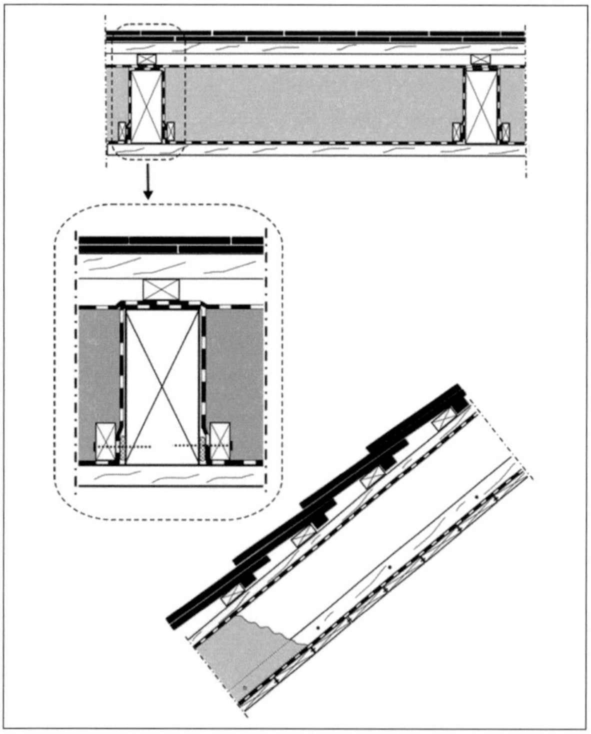

Abb. 335: Die verschlaufte Dampf- und Luftsperre ist eine geeignete Methode des Einbaues von außen. Sie sollte jedoch nicht bei frischem (feuchtem) Holz angewendet werden [Quelle: ZVDH].

Abb. 336 (li.): Verschlauft eingebaute Sperrfolie; Deckenbekleidung oder mindestens Sparlattung als Auflager sind notwendig.

Abb. 337 (re.): Sparrengefach mit Unterspannbahn, Dämmbahn und Sperrfolie

Bei Dächern mit genutztem Dachgeschoss und ungenutzten Spitzböden kann die geschlaufte Sperre nicht mehr angewandt werden. Bei Abseiten und (Alt-) Dachgauben ist ein luftdichter Anschluss der Sperrfolien in der Dachschräge im Übergang zum Spitzboden nicht möglich. Diese Anschlussmöglichkeit fehlt auch im Bereich der Kehlbalken. Die Übergänge zu Gaubenstirn- und Seitenwänden und zum Gaubendach sind ebenfalls nicht luftdicht herstellbar.

Bei von außen eingelegten Sperrfolien mit Wärmedämmung müssten diese auch an Gauben konsequent von außen fortgeführt werden. Das würde bei bestehenden Dachgauben den Abbruch und Ausbau aller Dachschichten, Bekleidung, Schalung, und aller Füllungen voraussetzen. Dabei wird man feststellen, dass die Nagel- oder Schraubenspitzen der Innenbekleidungen, Leitungen und Kabel eingeschlaufte Folien unmöglich machen.

Für dieses technische Problem gibt es nur zwei Lösungen:

a) konsequenter und umfassender Wärme- und Feuchteschutz von außen als Aufdach- (und Außen-) oder Indachdämmung
b) konsequenter und umfassender Wärme- und Feuchteschutz von innen als Zellenlösung. Bei dieser Methode wird jeder DG-Raum für sich eigenständig in allen nach außen gerichteten Flächen gesperrt. Die Luft- und Dampfsperre darf nur an Massivwände angeschlossen werden.
c) Innendämmung als Raumschalenlösung. Dabei werden alle leichten Trennwände und Abseiten von innen unter die Sperrschicht gesetzt.

Abb. 338: Dachgauben bilden im Altbau (meist) unüberwindbare Schwierigkeiten für das Herstellen der Luftdichtheit.

Abb. 339 u. 340: Problempunkt Gaubenkehle

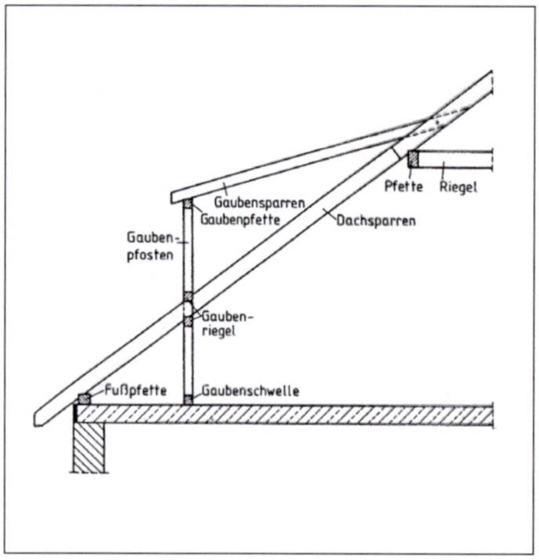

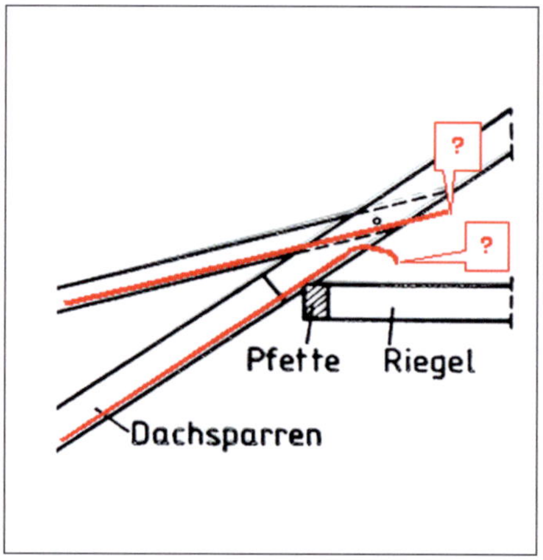

Abb. 341 u. 342: Der Handwerker scheitert hier am nicht lösbaren Übergang vom Dach zum Gaubendach.

2.6.2 Handwerkliche Fehler in der Luft- und Dampfsperre

a) Sperrfolienbefestigung mit Tackerklammern.
   Tackerklammern hinterlassen Löcher und sind deshalb ungeeignet für die Folienbefestigung. Sinnvoll und schadenfrei ist die Befestigung mit verzinkten Papp- oder Schieferstiften (Breitkopfnägeln).

b) Überlappungen der Sperrfolien sind nicht oder mangelhaft verklebt.
   Fachregeln und Baunormen verlangen dauerhafte Verklebung. Wissenschaftliche Untersuchungen zeigen aber, dass dauerhafte Verklebungen von Kunststofffolien und -vliesen unter Baustellenbedingungen nicht möglich sind. Klebestellen müssen, sollen sie dauerhaft sein, grundsätzlich lagegesichert werden. Dies kann z. B. durch Anpressung (Anpressleisten) geschehen. Da Anpressungen auf weichem Untergrund (im Sparrengefach) nicht möglich sind, bleibt als praktikable Lösung

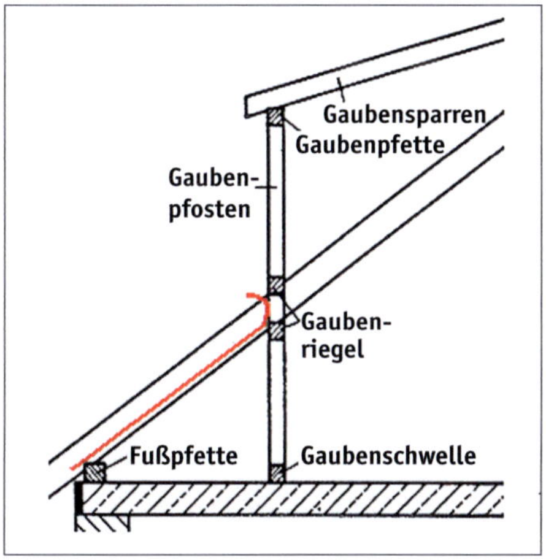

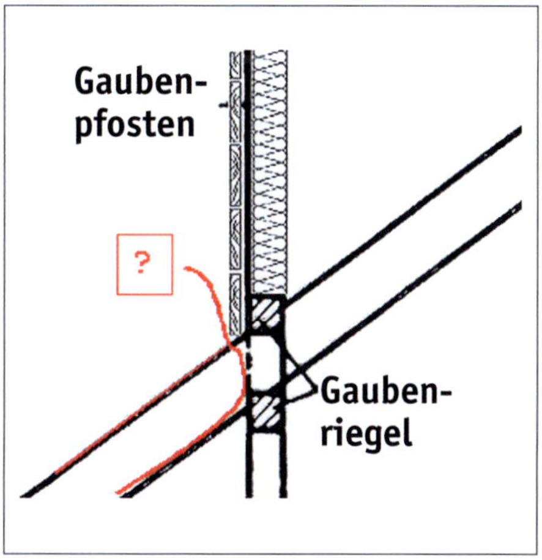

Abb. 343 u. 344: Problempunkte Gaubenwand und Drempel

Abb. 345 u. 346: Altbaugauben sind meist luftundicht; das Schließen offener Fugen setzt die Komplettererneuerung der Innenbekleidungen voraus.

Oft anzutreffende Fehler:

Abb. 347 u. 348: Sperrfolie ist an Drempeln, Giebelwänden und Dachöffnungen nicht luftdicht angeschlossen.

Abb. 349a bis c: Klebebänder auf Kunststofffolie oder Kunststoffvlies sind ohne Anpressung nicht dauerhaft.

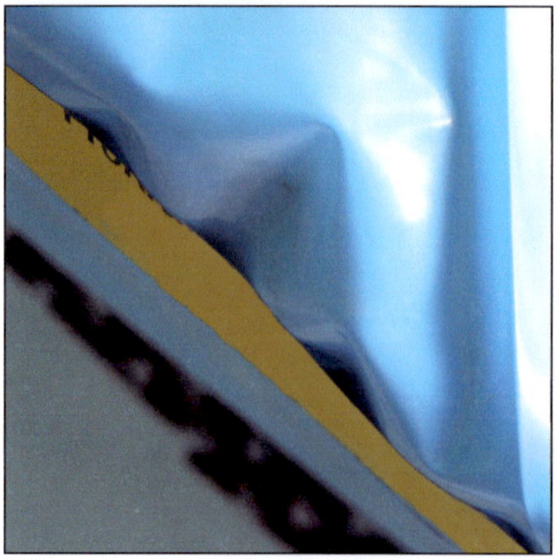

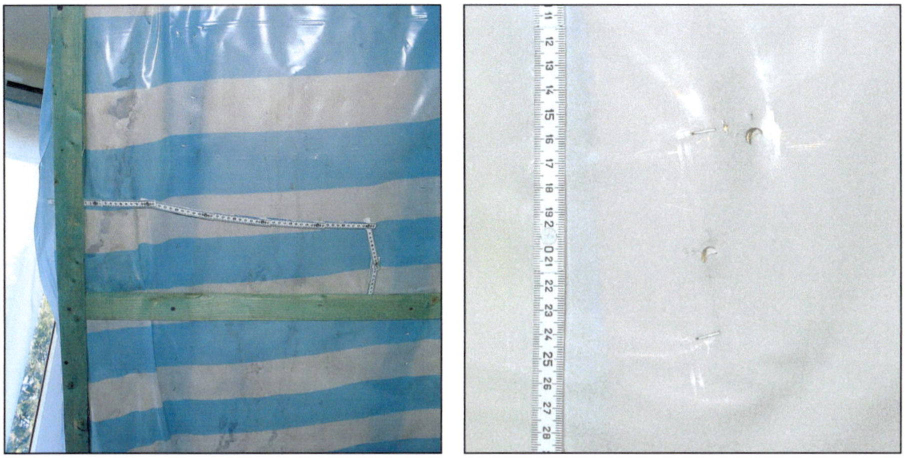

Abb. 350 u. 351: Sperrfolien sind mit Tackerklammern geheftet. Tackerklammern hinterlassen Löcher und sind deshalb ungeeignet für die Folienbefestigung. Sinnvoll und schadenfrei ist die Befestigung mit verzinkten Papp- oder Schieferstiften (Breitkopfnägeln).

nur das Einfügen eines doppelseitigen Klebebandes und das doppelte Einfalzen der Klebenaht; diese wird zusätzlich seitlich durch Breitkopfnägel gesichert.

In denkmalgeschützten Objekten verlegt man Werkstoffplatten unter den Sparren, auf denen dann die Sperrfolie verklebt verlegt (tapeziert) wird.

c) Die Sperrfolie ist an Abseiten, Drempeln, Giebelwänden und Dachöffnungen nicht (dauerhaft) luftdicht angeschlossen. Die Bauwirklichkeit zeigt, dass auch hier nur lagegesicherte Anschlüsse dauerhaft dicht sind.

   Voraussetzung für den sicheren Anschluss ist eine glatte und feste Anschlussfläche (Innenputz), gegen die ein Pressdichtband und die Sperrfolie geklebt wird. Der Anschluss wird anschließend mit einer verdübelten Anpresslatte gesichert. Auch bei Klebepasten ist die Anpresslatte unverzichtbar.

   Gegen unverputztes Mauerwerk sind Klebeanschlüsse nicht möglich.

   Möglich und fachgerecht ist dagegen der Putzanschluss auf Steckmetall.

d) Anschlüsse an Bauholz sind grundsätzlich nicht möglich, weil sie nicht dauerhaft sind. Bauhölzer müssen immer ganz mit der Sperrfolie eingefasst werden.

e) Anschlüsse an leichte Trockenbauwände sind grundsätzlich nicht möglich. Offene Stoßfugen solcher Wände sind wirksame Luftleiter.

f) Kabel- und Rohrdurchgänge müssen möglichst vermieden werden. Sind sie unverzichtbar, helfen nur Glattrohre mit angepassten Dichtmanschetten weiter. Kabel fasst man zu Bündeln zusammen und vergießt sie in einem Hüllrohr, das dann mittels Anschlussmanschette eingedichtet werden kann. Flex-, Wickel- und Mantelrohre können grundsätzlich nicht luftdicht angeschlossen werden.

g) Deckenabhänger dürfen die Sperrfolie nicht durchdringen. Sie können daher nicht direkt am Dachstuhlgebälk befestigt werden. Nach verlegter Foliensperre verankert man die Abhänger an verschraubten HALFEN-Schienen oder gesonderten Montagehölzern.

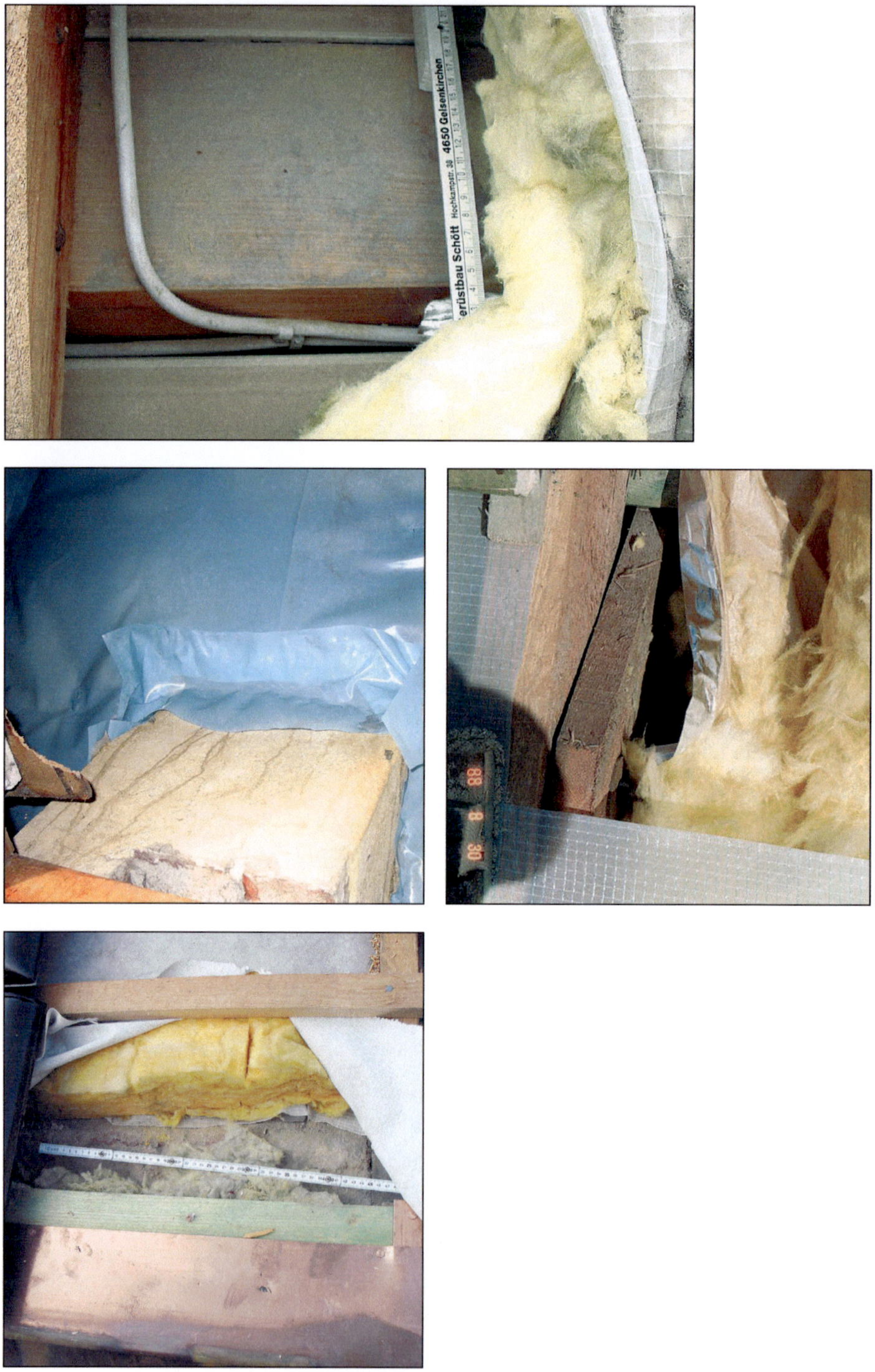

Abb. 352 bis 355: Luft- und Dampfsperren fehlen ganz oder sind nicht angeschlossen.

h) Fensteranschlüsse dürfen nicht einfach verklebt werden. Die Sperrfolien oder gesonderte Anschlussmanschetten werden in die Fensterkastennuten eingeklebt und die Klebestellen mittels Bauplatten (Leibungsbekleidung) eingepresst und gesichert.

2.6.3 Problem Dachfenster im Altbaudach

Altbaudächer sind nie oder nur selten mit Dampf- und Luftsperren ausgestattet.
Was ist zu tun bei Wohnraumdachfenstern im Altbau mit Deckenbekleidungen oder Innenputz ohne Dampf- oder Luftsperre im Dachraum?

- Deckenbekleidung ausbauen und Sperrfolien im betroffenen Raum neu einbauen und anschließen.
- Sperren von außen verschlauft einbauen und Wärmedämmung einlegen; nur möglich bei Gesamtsanierung des Daches oder abgrenzbaren Dachteilen.

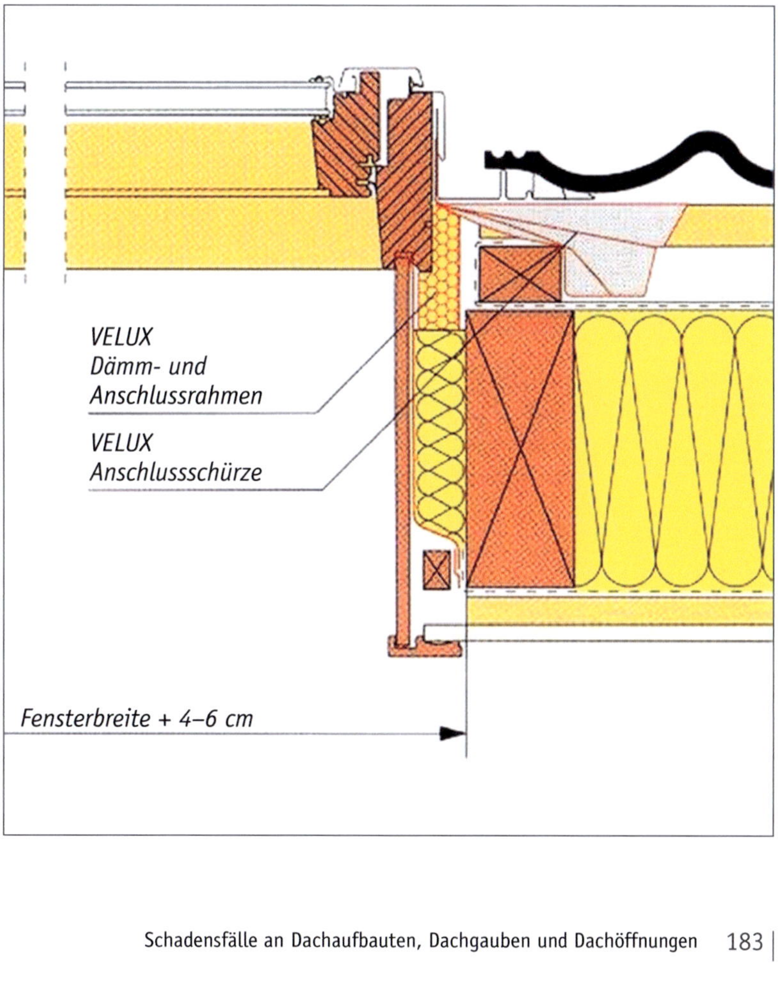

Abb. 356a: Anschluss an Dachfenster mit Anpresslatte und Falzeinpressung der Sperrfolie [Quelle: VELUX Deutschland GmbH]

Abb. 356b und c: Klebeanschlüsse an Fensterrahmen sind ohne Einpressung nicht dauerhaft.

- Die vorhandene Deckenbekleidung als Sperrschicht nutzen. Dazu ist Folgendes notwendig bzw. Voraussetzung:
    - Die Deckenbekleidung muss intakt und ohne Risse oder Abrisse sein.
    - Profilbrett- oder Paneelbekleidungen sind nicht geeignet.
    - Es dürfen keine Durchbrüche oder Löcher, z. B. für Steckdosen, Schalter oder Heizleitungen im betroffenen Deckenbereich vorhanden sein.
    - Es muss ein Rechennachweis der Feuchtebelastung des Daches geführt, und die Bedingungen aus DIN 4108 Teil 3 müssen eingehalten werden.

2.6.4 Wettersicherheit am Dachfenster

In das genutzte (bewohnte) Dachgeschoss darf kein Wasser eindringen. Das Dach mit der nur regensicheren Dachdeckung muss über einem bewohntem Dachgeschoss auch im Bereich von Dachfenstern wasserdicht sein.

Damit eindringendes oder eintreibendes Wasser schadlos zur Traufe abgeführt wird, sind Unterdeckungen und Unterspannungen so an den Fensterkasten anzuschließen, dass Wasser um das Fenster herum abgeleitet wird. Dabei ist besonders der Folienabweiser über dem Fenster unverzichtbar.

Dachfensteranschlüsse werden heute fast nur noch mit vorgefertigten Eindeckrahmen ausgeführt, die der Fensterhersteller gleich mitliefert. Das Prinzip dieses Anschlusses gleicht dem unterdeckten handwerklichen Blechanschluss (siehe 1.7.2, S. 112), bei dem im Fall der konturierten Dachdeckung eine Überlappung des Deckwerkstoffes über das Anschlussblech von mindestens 100 mm gefordert wird.

Tatsächlich sind Anschlussbleche von Eindeckrahmen oft nur 65 mm breit, also wesentlich schmaler als die in der Fachregel geforderten 100 mm Mindestbreite.

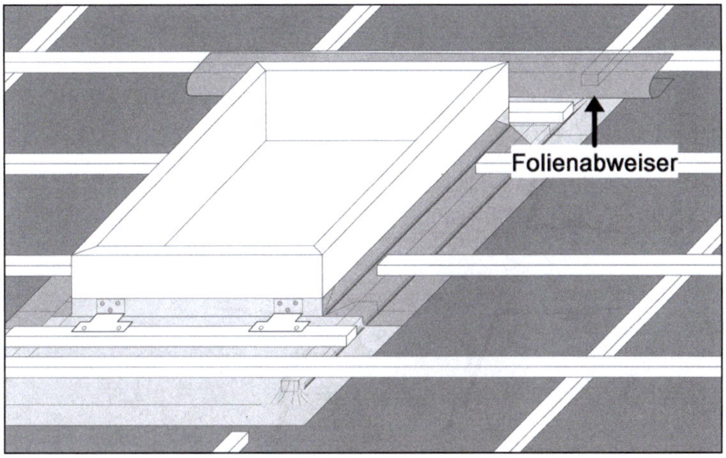

Abb. 357: Abweisrinne (Folienabweiser) am Dachfenster [Quelle: ZVDH]

Abb. 358: Hier fehlt der Folienabweiser.

Die Verfasser der Fachregeln formulieren:

> *Fachregeln des Dachdeckerhandwerkes*
> *3.1.4 Anschluss an die Dachdeckung*
>
> Dachfenster haben einen allseitigen zur Deckung passenden Anschlussrahmen. Bei industriell hergestellten Anschlussrahmen kann von den Mindestmaßen der »Fachregeln für Metallarbeiten im Dachdeckerhandwerk« abgewichen werden, wenn die Funktionsfähigkeit der Anschlussrahmen durch praxisnahe Versuche nachgewiesen und durch eine Materialgarantie beim ZVDH zugesichert wird.

Planer, Handwerker und Sachverständige sind also gehalten, sich vom Fensterhersteller nachweisen zu lassen, dass ihr Anschlussrahmen ausreichend regensicher ist. Nur wenn der Hersteller dies nachweist, ist eine regelgerechte Anschlussausführung anzunehmen.

Technische Probleme ergeben sich am Übergang von Seitenanschlüssen zum Brustanschluss: Da die Seitenanschlussbleche auf der Decklattung, also tiefer als die Dachpfannen liegen, das Brustanschlussblech aber auf der Dachpfanne aufliegen muss, entsteht an diesem Übergang regelmäßig ein Höhenversprung und bei flacher Dachneigung eine Wasserrinne. Seitliches Austreten des Wassers unter die Deckung ist dann unvermeidbar.

Anschlussrinnen am Fenster müssen offen zugänglich und dürfen nicht verstopft sein. Der Übergang von Abweisrinne zum Brustanschlussblech darf nicht durchhängen. Seitliches Einkanten des Brustbleches soll Wasserübertritt verhindern. Häufige Schadensfälle sind Wassereintritt durch verstopfte Anschlussrinnen, insbesondere bei flacheren Dachneigungen und Baumbestand in Bauteilnähe.

2.6.5 Belichtung und Einbauhöhe

Damit in den Räumen unter dem Dach Licht und Ausblick richtig zur Geltung kommen und so die Wohnqualität heben, muss auf die Größe der Fenster besonders geachtet werden. Die Landesbauordnungen schreiben – je nach Bundesland – zwischen 1/8 bis 1/10 der Raumgrundfläche als Mindestlichtfläche vor.

Großzügiger ist die Empfehlung nach DIN 5034 »Tageslicht in Innenräumen«: »Die Breite des durchsichtigen Teils des Fensters (bzw. die Summe der Breiten aller Fenster) sollte mind. 55 % der Breite des Wohnraumes betragen.«

In der Praxis heißt das:

- je größer der Raum, desto größer die Lichtfläche
- je größer die Lichtfläche, desto größer der Wohnkomfort. Die Energie- (Licht-) einstrahlung durch Dachflächenfenster ist bis zu dreimal so stark wie diejenige durch Fenster in Außenwänden. Sonnenschutz auf Südseiten ist deshalb in einigen Bundesländern Pflicht.

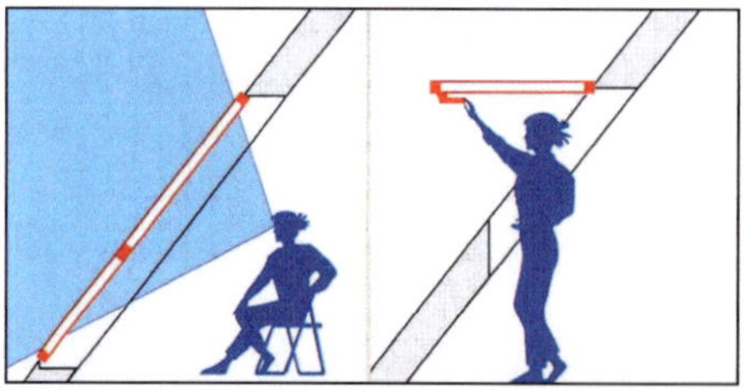

Abb. 359 (li.): Klapp-Schwing-Fenster [Quelle: Velux]

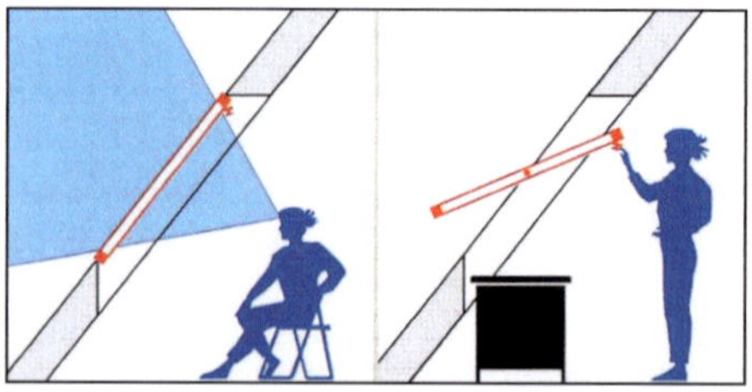

Abb. 360 (re.): Schwingfenster [Quelle: Velux]

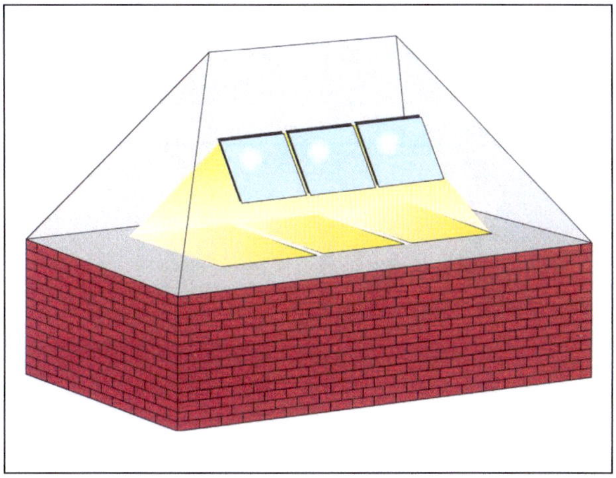

Abb. 361: Licht- und Wärmeeinfall durch Dachfenster sind bis zu dreimal so groß wie bei Wandöffnungen. [Quelle: Velux]

Der Fenstersturz sollte nicht tiefer als 1,90 bis 2,00 m über OK FF liegen und muss zur besseren Lichtausbeute und besseren Nutzung waagerecht bekleidet sein. Ein senkrecht zum Sparren – falsch – angelegter Fenstersturz engt Sicht und Lichteinfall stark ein und ist sowohl für die Kopffreiheit hinderlich wie auch optisch unbefriedigend.

Die Fensterbrüstung richtet sich nach den Nutzungswünschen der Bewohner: Am Schreibtisch soll sie nicht tiefer als die Schreibtischplatte sein. Um auch im Sessel nach draußen schauen zu können, darf die Brüstung (hier OK Rahmen Fensterflügel) nicht höher als 60 cm liegen. Wenn die Brüstung keine Fensterbank hat, sollte sie lotrecht ausgebildet sein. Wird die Brüstungshöhe von 90 (bzw. 110) cm unterschritten, müssen besondere Absturzsicherungen vorgesehen werden.

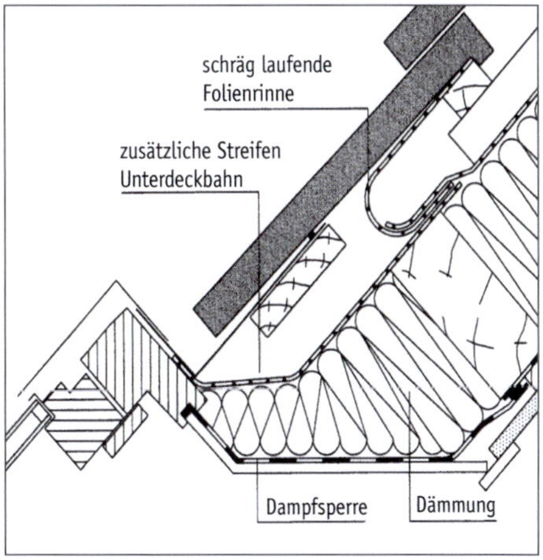

Abb. 362 u. 363: Senkrechte Sturz- und Brüstungsbekleidungen sind fehlerhaft (links). Richtig sind waagerechter Sturz und lotrechte Brüstung [Quelle: ZVDH].

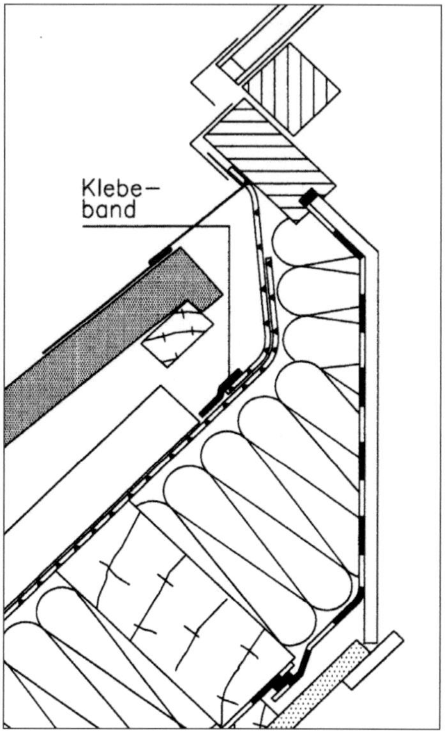

Abb. 364 u. 365: Senkrechte Sturz- und Brüstungsbekleidungen sind fehlerhaft (links). Richtig sind waagerechter Sturz und lotrechte Brüstung [Quelle: Abb. 365: ZVDH].

2.6.6 Technische Problempunkte Dachgaube

2.6.6.1 Gaubenfensterbank

Fensterbänke müssen hinten und seitlich aufgekantet und in die Blendrahmennut eingelassen sein. Offene oder beschädigte Innenecken der Aufkantungen können zu Wasserschäden führen.

In der Richtlinie »Leitfaden zur Montage von Fenstern und Türen« wird gefordert:

Die äußere Fensterbank muss das ablaufende Oberflächenwasser von Fenster und Fassade kontrolliert ableiten. Sind aufgesteckte Endstücke der Fensterbank nicht schlagregendicht, muss mit einer wannenförmig ausgebildeten Dichtungsbahn unter der Fensterbank eine zweite wasserführende Ebene hergestellt werden.

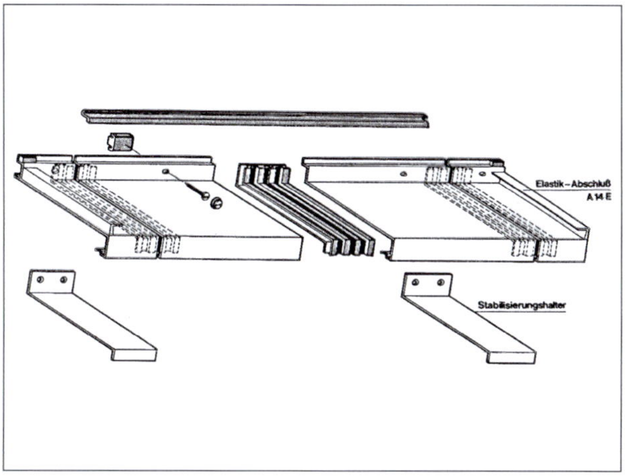

Abb. 366: Fensterbank eines Profilherstellers mit Stoßblechen und Seitenabschlüssen [Quelle: Febal Bausysteme, Dortmund]

Abb. 367 (li.): Wasserschaden unter dem Gaubenfenster

Abb. 368 (re.): Ursache: Heruntergedrückte Aufkantung der Fensterbank

Abb. 369 u. 370: Offene Fensterbankaufkantung, nicht eingefügte Anschlussdichtung und als Ergebnis Durchnässung des Fensterbanklagers.

2.6.6.2 Gaubenflachdach

Das Gaubendach soll möglichst mit ausreichender Neigung und gezielter Wasserabführung konstruiert und hergestellt werden. Dem Sachverständigen werden oft die Fragen gestellt: Wie ist mit dem gefällelosen Gaubendach umzugehen? Ist das ein Mangel? Was sagen die Fachregeln zur Dachneigung und zur Ausführung der Abdichtung? Was ist zu tun?
Zunächst werden die technischen Daten des Gaubendaches ermittelt und festgehalten:

- Art und Dicke der Abdichtung
- Art und Neigung der Unterkonstruktion
- Art und Lage (Höhe) der Abläufe
- Art und Höhen von Dachrändern und Kehlen.

Die Fachregel besagt, dass gefällelose Abdichtungen dann möglich (fachgerecht) sind, wenn eine gegenüber der Regelausführung höherwertige Abdichtung (dickere Kunststoffbahn, zusätzliche oder höherwertige Bitumenschweißbahn) verwendet wird. Fehlt es an der höheren Qualität der Abdichtung, gibt es nur zwei Möglichkeiten der Mangelbeseitigung:

- Verlegung einer neuen oder zusätzlichen Abdichtung oder
- Umbau des Gaubendaches in ein Gefälledach.

Das Gaubenflachdach muss in eine Dachrinne entwässern oder zwingend mit seitlichen Wasserabläufen oder mindestens mit Wasserspeiern ausgestattet sein. Einfaches Abtrennen der Abdichtung an den Gaubenschultern (Kehlauslauf) führt sicher zu Wasserschäden.

2.6.6.3 Gaubenrandkanten

In der bituminösen Abdichtung sind fest eingeklebte Metallkanten von Übel und schadbehaftet (empfohlene Lösung siehe 1.7.1.d). Abdichtungen aus Kunststoffdachbahnen können mit Randkanten aus Verbundblech hergestellt werden. Randabdeckungen müssen ausreichende seitliche Überdeckung und Abtropfabstände vor der Wand haben. Für Kupferblechabdeckungen gilt ein Mindestabtropfabstand von 50 mm.
Direktbefestigungen mit Dichtschrauben eignen sich nicht für Mauer- und Attika-Abdeckungen, weil sie sich lockern und an Dichtigkeit und Halt verlieren. Fachgerecht sind nur unsichtbare Befestigungen in Form von Klemmhaltern oder die Flächen-(»Enkolit-«)verklebung.
Randaufkantungen sind mit verschieblich montierten Metallabkantungen abzudecken. Mängel sind offene Verschraubungen mit Dichtschrauben und unsachgemäße Lötnähte, bei denen das Lötzinn als Spachteldichtung missbraucht wurde.
Im Enkolit-Verfahren verklebte Abdeckungen sind fachgerecht, wenn die Unterkonstruktion annähernd so breit ist wie die Abdeckung, ausreichende Kleberbettung (ca. 3 kg/m²) aufgebracht ist, die Abdeckbleche nicht länger als 3 m und unterlegte Stoßbleche voll eingeklebt sind.

Abb. 371 u. 372: Gaubendach mit Kapitalfehlern; Mängelbeseitigung mit Totalerneuerung der Dachabdichtung

2.6.6.4 Entwässerung des geneigten Gaubendaches

Mit Ausnahme von Kleinstgauben sollten Sattel- oder Walmgaubendächer über eine eigenständige Dachrinne entwässert werden. Die Rinne ist unter den Kehlausläufen zu schließen und mit einem Anschlussblech zu versehen. Die Gaubenkehle darf nicht frei auf das Hauptdach entwässern, das Wasser muss in die Gaubenrinne geführt werden. Die Rinne selbst ist über Rinnenabläufe, Rohrbögen und Regenrohre zu entwässern.

a) Gaubendach mit Kapitalfehlern (Abb. 371–372):

- Rinnenhalter auf Kunststoffbahn gesetzt
- Verwendung unterschiedlicher Bahnentypen
- Verbundblech am Dachrand fehlt
- Kehlübergang ohne Verbundblech
- es fehlt ein geformter Auslauf an der Gaubenschulter
- Unterdeckbahn ist unter die Kehle geführt.

b) Gaubendach mit unkontrollierter Wasserführung (Abb. 373–375):

- unkontrollierte Wasserführung an der Gaubenschulter (Kehlauslauf)
- eingeklebte Zinkblechkehle
- einteiliges Dachrandprofil
- fehlerhafte weil direkt eingeklebte und ungeschützte Dachtraufe.

c) Handwerklicher Fehler an Zinkabdeckungen (Abb. 379–383):

- Lötnaht ist aufgeschert und undicht
- Lötzinn darf nicht als Spachtel benutzt und über die Lötnaht gespachtelt werden

Abb. 373 bis 375: Gaubendach mit unkontrollierter Wasserführung

Abb. 376: 4 Fehler an einer Flachdachgaube:
- Entwässerungsgefälle fehlt
- unkontrollierter Wasserablauf an den Gaubenschultern
- zu niedere Wangendachkanten
- fehlerhafte Mauerabdeckung (siehe auch Abb. 377 bis 378)

Abb. 377 (li.): Abtropfabstand mind. 2 cm, bei Kupfer mind. 5 cm

Abb. 378 (re.): Fehler an der Mauerabdeckung;
- Randbohle ist zu schmal (volle Blechauflage ist notwendig).
- Abdeck- und Stoßbleche müssen voll verklebt sein.

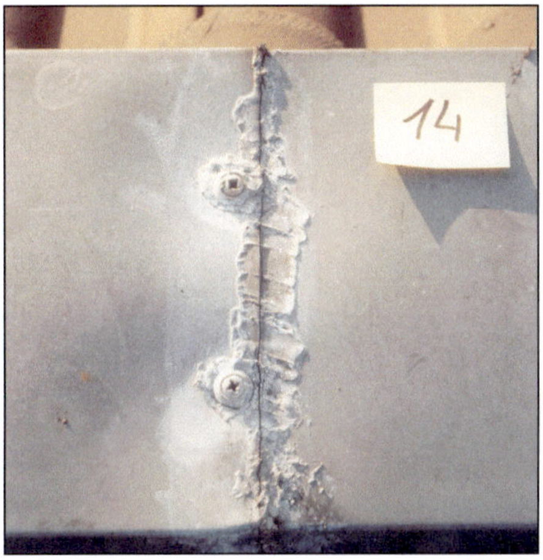

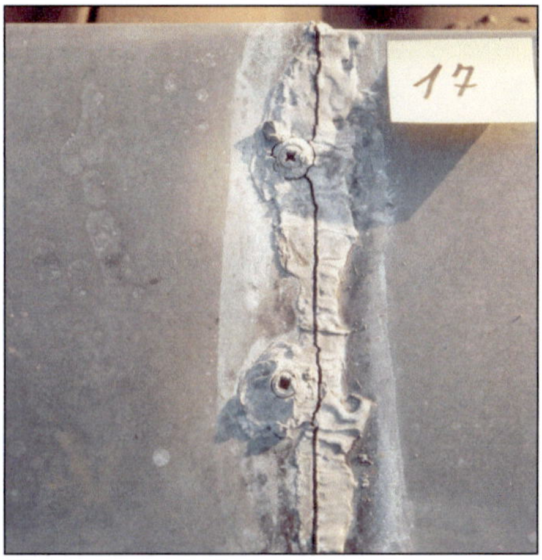

Abb. 379 u. 380: Lötzinn als Spachtel gebraucht ergibt keine dauerhafte Lötnaht.

Abb. 381 (li.): Direkt eingeklebte Zinkrandblende mit offenen Schäden und Undichtigkeiten

Abb. 382 (re.): Offene Lötnaht in der direkt eingeklebten Randblende

Abb. 383: Offener (= undichter) Übergang von Randblende und Kehlauslauf an der Gaubenschulter

Abb. 384 u. 385: Gaubendächer mit Abdichtungen aus Kunststoffdachbahnen. Wasser bleibt stehen, Schmutz sammelt sich auf den Gaubendächern.

- einteiliges Dachrandprofil (»Asphaltleiste«) direkt mit Bitumendichtung verklebt
- Blechlötnähte sind aufgeschert
- Der Kehlauslauf an der Gaubenschulter ist nicht wasserdicht. Fachgerecht ist nur die Kapillarlötung (= Einbringen von Lot in eine Blechüberlappung).

2.7 Profil- und Sandwichelementdächer

Blechprofile unterliegen werkstoffbedingten Längungen und Verkürzungen, durch Wind- und Auflasten beulen und verwinden sie. Schraubbefestigungen lockern sich unter solchen Bedingungen, wenn die Verschieblichkeit nicht konstruktiv sichergestellt ist.
Im Beispiel des Trapezprofildaches lockern sich die in den Tiefsicken angebrachten Schrauben, wobei Wasser durch offene Bohrlöcher direkt einlaufen kann.
Dass selbst Schraubenverbindungen von Überlappungen an Trapezprofilen nicht dauerhaft dicht sein können, beweisen nachfolgende Abbildungen von einem Sporttribünendach.
Direktbefestigungen mit Dichtschrauben eignen sich **auch** nicht für Mauer- und Attika-Abdeckungen, weil auch sie sich lockern und Dichtigkeit und Halt verlieren. Fachgerecht sind hier nur unsichtbare Befestigungen in Form von Klemmhaltern oder Flächen-(»Enkolit-«)verklebung.
Dachdeckungen aus Metallprofilen befestigt man immer auf oder an den Obergurten mit zusätzlichen Kalotten oder verdeckt unter Abdeckblech.
Klemmprofile werden auf Klemmhalter aufgeklipst. Die Verschieblichkeit darf auch an Anschlüssen nicht behindert werden.

2.7.1 Probleme bei Profildächern

Konstruktive Probleme treten auf bei Querstößen und an traufweisenden Anschlüssen. Ernst Neufert hat schon 1936 in seiner »Baukonstruktionslehre« eine Mindestneigung für Metalldachdeckungen von 15° gefordert. Die Regeln der Bautechnik gehen ebenfalls davon aus, dass erst bei Dachneigungen ab 15° eine gewöhnliche Regensicherheit erreicht wird. Bei Dachneigungen unter 15° werden deshalb zusätzliche Sicherungen

Abb. 386 u. 387: Profildach mit fehlerhafter Schraubbefestigung im Wasserlauf (Untergurt)

Abb. 388 u. 389: Wasserschäden infolge Direktbefestigungen mit Dichtschrauben im Wasserlauf

Abb. 390 u. 391: Direktbefestigungen sind meist nicht sicher und insbesondere nicht dauerhaft dicht.

Abb. 392 (li.): Befestigung mit Kalotten auf Obergurten

Abb. 393 (re.): Verdeckte verschiebliche Befestigung mit Pressstück und Abdeckblech

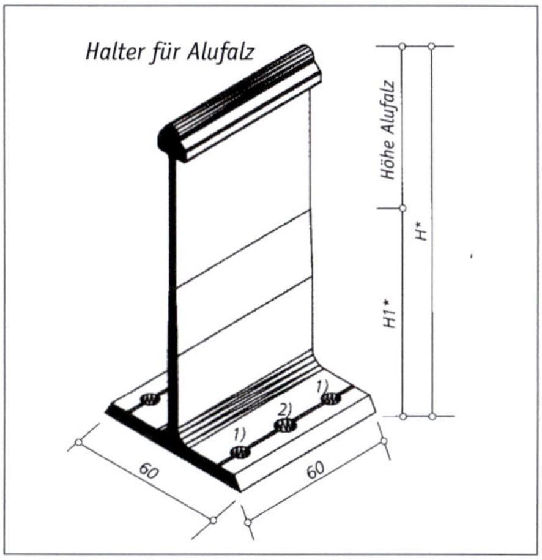

Abb. 394 (li.): Regenabweisendes Abdeckblech

Abb. 395 (re.): Klemmhalter für Klemmprofile [Quelle: Aluform Systeme GmbH]

(Dichtbänder) und Maßnahmen (Unterdächer) gefordert. Die Bauwirklichkeit nimmt davon heutzutage kaum Notiz:
Das trapezförmige Dach eines öffentlichen Gebäudes ist mit Klemmprofilen eingedeckt. Die beiden seitlichen Trapezflächen werden in eine mittig liegende, etwa 4 m breite Rinne entwässert, die ebenfalls aus Klemmprofilen hergestellt ist. Dieser etwa 40 m lange Mittendachteil ist in eine Metallkastenrinne vor dem Aufzugsmaschinenhaus entwässert.

Die Mängel:

- Dachneigung ca. 2 %
- Profilstöße überlappt, mit Silicon verklebt und mit Blindnieten genietet
- Profilüberlappung in eine Blechrinne mit Rückfalz, aber ohne Aufkantung
- Traufen der Profile nicht abgekantet (siehe Abb. 398–400).

Wasser trat ein, worauf der Dachdecker den Übergang zur Rinne mit Flüssigkunststoff abzudichten versuchte. Dichtigkeit wurde trotzdem nicht erreicht. Bewertung und Mängelbeseitigung:

- Bei Dachneigungen von 2 % sind Abdichtungen gefordert.
- Profildachdeckung und Anschlüsse sind bei einer Dachneigung von 2 % nicht herstellbar.
- Zur Mängelbeseitigung muss das Dach als wasserdichte Flachdachabdichtung hergestellt, d. h. komplett umgebaut werden.

2.7.2 Problem Luftdichtheit bei Sandwichprofilen

Luftdichtheit ist in Langfugen und in Anschlüssen gefordert. Bei sehr sorgfältiger Montage und Anpressen der Profile mittels Schraubzwingen können die Profilstöße

Abb. 396 u. 397: Hier undichte Profilüberlappung trotz Nietung und Silicon

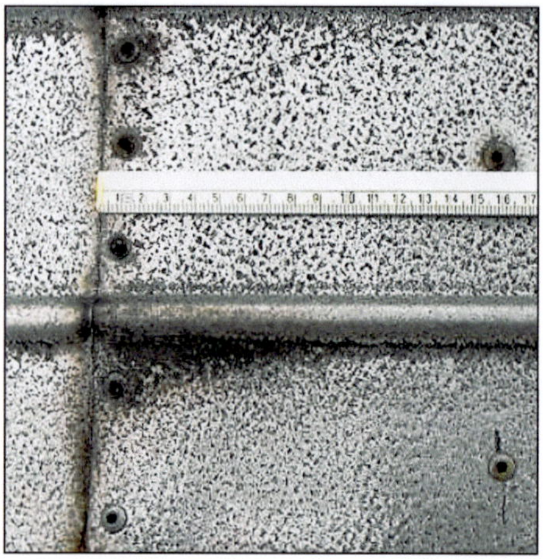

Abb. 398 bis 400: Hilf- und erfolglose Flüssigkunststoffbeschichtung in einem undichten Profildach

Abb. 401 u. 402: Traufenausbildung ist trotz Dichtbändern fehlerhaft: Profilabkantung und Traufblechaufkantung fehlen.

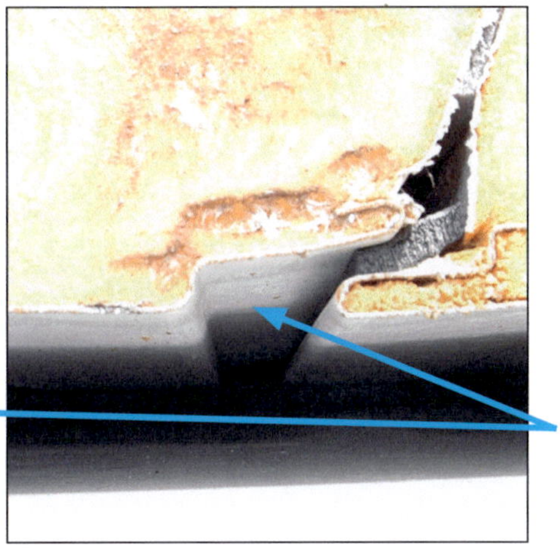

Abb. 403 u. 404: Sichtbar offene Langfuge zwischen Traufe und Profil trotz unterlegtem Dichtband

annähernd dicht schließend angepresst werden. Es verbleiben aber offene Luftdüsen in Längsrichtung der Profile an Dachtraufen, First und Anschlüssen. Bei Montage der Elemente per Hand sind dicht schließende Profilstöße nicht zu erreichen.

Traufenanschlüsse lassen sich selbst mit Dichtbändern nicht luftdicht herstellen, weil die Profilierung auch von Pressdichtbändern nicht ausgefüllt wird. Luftdichtheit ist hier nicht herstellbar.

Luftdichtheit bei Verbundprofilen (Sandwichelementen) ist technisch nicht herstellbar, zumindest nicht nach den Vorgaben deutscher Baunormen. Dachdeckungen aus Sandwichelementen eignen sich demzufolge nicht für den Raumabschluss an genutzten beheizten Objekten wie Wohngebäuden, Büros und Schulen u. ä.

2.8 Solardachkonstruktionen

Um den Energiehunger zu stillen, zapft man auch die Sonnenstrahlung an. Das auf den ersten Blick überzeugende Prinzip kollidiert jedoch mit baulichen Gegebenheiten und handwerklichen Möglichkeiten. Das Dach ist als Träger der Kollektorelemente ausgemacht. An dieser Stelle soll auf Mängel- und Schadenmöglichkeiten im Zusammenhang mit der Tragkonstruktion Dach hingewiesen werden.

Abb. 405: Photovoltaik- und Solarthermiekollektoren auf einer Wohnanlage

2.8.1 Steildächer

2.8.1.1 Aufdachkonstruktionen

Das Montageprinzip der verschiedenen Hersteller gleicht sich dahingehend, dass Metallrahmen über Haltewinkel oder Stockschrauben an der tragenden Dachkonstruktion verankert werden müssen. Die Lastabtragung und Windlastsicherung muss im Vorfeld rechnerisch nachgewiesen werden, sofern dies nicht durch eine Musterstatik bereits erfüllt ist.

Solaraufständerungen stellen Zusatzlasten dar, die bei bestehenden Bauwerken in der Tragfähigkeitsrechnung in der Regel nicht berücksichtigt sind. Nicht selten werden Dachstühle dabei mit Durchsenkungen bis zum Dacheinbruch überlastet. Solarkon-

Abb. 406: Aufdachkonstruktion auf Dachziegeldeckung

Abb. 407 (li.): Haltewinkel dürfen nicht an der Konterlatte befestigt werden.

Abb. 408 (re.): Zerdrückter Dachstein [Quelle: Jochen Zimmermann, Mannheimer Versicherung]

struktionen dürfen grundsätzlich erst nach rechnerischem Tragfähigkeitsnachweis (Baustatik) aufgestellt und montiert werden. Dabei beinhaltet der Nachweis auch die Verankerung am Tragwerk und die Verbindungsmittel.

Anker aus Stockschrauben, die direkt in Dachsparren oder Pfetten geschraubt werden, müssen nach den Randabstandregeln der DIN 1052 (Konstruktiver Holzbau) bemessen sein. Diese Regel legt die Mindestrandabstände parallel und senkrecht zur Holzfaser und damit die Mindestquerschnitte von Dachsparren und Holzpfetten fest: Die Holzquerschnitte sind dabei abhängig vom Schraubendurchmesser und der Montageart als vorgebohrte oder nicht vorgebohrte Schraubbefestigung (siehe Tabelle auf folgender Seite).

d	**Mindestbreiten** hölzerner Tragkonstruktionen **70 % vorgebohrt** **d + 2 × 5d**	**ohne Vorbohren** **d + 2 × 7d**
8	88 mm	128 mm
10	110 mm	150 mm
12	132 mm	180 mm
14	154 mm	210 mm

Verankerungen auf Konterlatten, die selbst nur auf Sparren genagelt sind, sind technisch völlig unzureichend. Entweder ist eine Direktbefestigung auf den Dachsparren vorzunehmen, sofern diese die notwendige Breite haben, oder es sind besondere Montagebohlen (mind. 40 mm dick) auf den Dachsparren zu verschrauben. Eine Verankerung durch Ankerplatten seitlich an Dachsparren ist wegen der Unterdeckungen nicht möglich.
Die Ankerpunkte sind in jedem Fall Durchbrüche durch die Dachdeckung und meistens müssen dabei die Deckelemente des Daches (Dachziegel, Dachsteine, Wellplatten, Dachplatten) angepasst oder durchbohrt werden. In der Regel mindern solche Veränderungen die Regensicherheit einer Dachdeckung, z. B. wenn Kopf- und Fußfalze von Dachziegeln weggeschlagen werden. Undichtigkeiten treten auch bei Wellplattendächern auf, selbst wenn die Stockschrauben durch die Wellenberge gesetzt sind. Ursachen sind dabei meist nicht richtig eingepasste Pressdichtungen.

Abb. 409 u. 410: Fachgerechte Trägermontage auf Tragbohle mit Durchgangziegel [Quelle: SV Ulrich Daniel]

Abb. 411 (li.): Stockschraube mit Dichtkappe im Welldach

Abb. 412 (re.): Fehlgesetzte Stockschraube

Da die Ankerpunkte auch Druck auf die Deckelemente ausüben, treten nicht selten Bruchschäden an Dachziegeln, Dachsteinen oder Wellplatten auf.
Das besondere, oft nicht beachtete Problem bei aufgeständerten Systemen ist, dass die Dachdeckung weder kontrollierbar, noch für Wartung und Instandhaltung zugänglich ist. Die Solarflächen sind auch mit Dachleitern nicht begehbar. So kann das Auswechseln eines einzelnen schadhaften Deckelements zur handwerklichen Tagesleistung werden, weil nämlich bereits das Auffinden der Schadstelle die Demontage größerer Teile der Kollektoranlage notwendig macht.
Bei Schneefall erhöhen die Kollektorflächen die Gefahr von Dachundichtigkeiten durch Schneeschanzenbildung und Schmelzwasserrückstau.
In und auf Dächern oder an Wandbekleidungen aus Asbestzement dürfen nach TRGS 519 keine Solaranlagen eingebaut werden.
Die Fachgremien des Dachdeckerhandwerks beraten, ob unter Dachdeckungen mit Solarkonstruktionen generell ein mindestens regensicheres Unterdach einzubauen ist. Auf jeden Fall ist ein solches Unterdach sehr ratsam.

2.8.1.2 Einbaukonstruktion in Rahmenkästen

Ein bekannter Fensterhersteller verfolgt das Prinzip, vorhandene Dachfenster nebst Eindeckrahmen mit einer Blechwanne anstelle des Fensterflügels auszustatten und in diese Blechwanne Kollektorelemente einzubauen. Für Einbau und Wetterschutz gelten die gleichen Regeln wie für Einbau und Anschluss von Dachfenstern.
Regensicherheit und Dauerhaftigkeit des Kollektors selbst hängen von Art und Dicke der Blechwanne und seiner Randeinfalzungen ab. Da sich die Elemente einzeln austauschen lassen, ist ihr Ersatz kein technisches Problem.

Abb. 413 (li.): Solarkollektor im Rahmenkasten [Quelle: VELUX Deutschland GmbH]

Abb. 414 (re): Wasserrinne am Brustanschluss eines Thermografiekollektors als Undichtigkeitsquelle

Abb. 415 u. 416: Die Kollektorelemente werden zwischen Dichtprofilen mit beidseitigen Gummilippendichtungen verpresst. [Quelle: a) Alwo OTTO WOLFF b) solv-cala, Solvis GmbH& Co. KG]

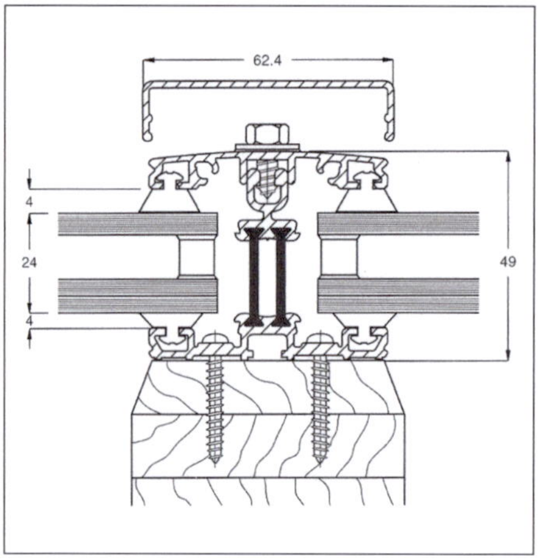

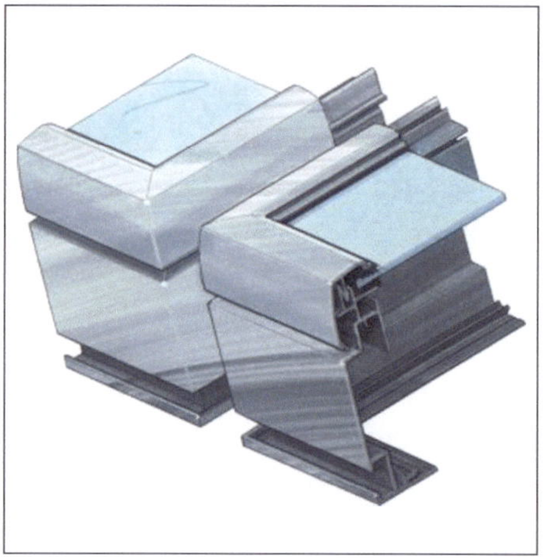

2.8.1.3 Kollektorplatten als integriertes Dachsystem

Ein süddeutscher Fensterhersteller fertigt Kollektorelemente aus Holzrahmen mit aufmontierten Photovoltaik- oder solarthermischen Kollektorplatten. Die Bauelemente übernehmen die Funktion der Dachdeckung.

Die Elemente werden auf die Dachlattung gelegt, mit Haltewinkeln verschraubt und Stöße der Elemente mit Abdeckblechen abgedeckt. Die Elemente haben geringe Aufbauhöhe, Regenwasser des Daches wird über die Kollektorelemente abgeleitet. Dabei übernehmen Dichtleisten den Schutz gegen eindringendes Wasser.

Das Prinzip des integrierten Systems beruht im Idealfall auf der Klemmleistendichtung. Bei dieser werden die Kollektorscheiben zwischen Doppelgummilippen eingepresst. Die Einpressung erfolgt durch Metallprofilrahmen mit Schraubpressung, eine Alternative ist die Quetschpressung im gummierten Metallrahmen (Abb. 415 und 416).

Abb. 417: Kollektorplatten als integriertes Dachsystem [Quelle: ROTO Sunroof GmbH & Co. KG]

Die Fachregeln des Dachdeckerhandwerks weisen darauf hin, dass

- unter einem Solardach erhöhte Temperaturen entstehen und Schichten des Daches (Unterdach, Unterdeckung, Konstruktion) erhöht wärmebelastet sind
- deshalb eine notwendige Hinterlüftung der Anlage – gemäß Zulassung und Herstelleranweisung – unbedingt einzuhalten ist
- bei fehlender Regensicherheit der Kollektorflächen ein wasserdichtes Unterdach anzuordnen, und der traufseitige Bereich mindestens als regensicheres Unterdach auszubilden ist.

Die Unterlüftung des Solardaches wird am besten durch eine zusätzliche Unterkonstruktion aus Hilfssparren und Zu- und Abluftschlitzen an Traufe und First sichergestellt. Unterdeckungen aus wärmeempfindlichen Kunststoffvliesen oder Folien dürfen nicht in das Dach eingebaut werden.

2.8.1.3.1 Wasserschaden wegen technischer Fehlkonstruktion

Unter einem dachintegrierten Kollektorsystem in einer Reihenhaussiedlung zeigten sich kurze Zeit nach dessen Einbau Wasserschäden. Die Kollektorplatten waren in Aluminium-Profilrahmen eingefasst. Die Anschlüsse an die Dachdeckung und die Verbindungen der Kollektorplatten untereinander bestanden aus gekanteten Aluminiumblechen, die in umlaufende Nute eingesteckt und durch eine von außen eingedrückte Gummidichtung abgesichert waren. Die Konstrukteure der Anlage hatten nicht bedacht, dass sich Metallbleche bei Wärme dehnen, und wenn diese Dehnung behindert wird, eine Wellung des Blechs eintritt. Eine solche Wellung hatte die von außen eingefügte Gummidichtung gelockert und herausgedrückt: Wasser konnte in die Rahmenfalze eindringen und die Dichtanschlüsse hinterlaufen (Abb. 418–420).

Zur Mängelbeseitigung mussten Dachanschlüsse und Elementstöße komplett umkonstruiert und neu hergestellt werden. Die neuen Anschlüsse wurden nach dem Prinzip der

Abb. 418 bis 420: Konstruktiv fehlerhafte Anschlüsse der Kollektorrahmen: In Rahmennut eingesetzte Dichtprofile sind ungeeignet.

Abdeckbleche auf die Elementrahmen geführt und mittels Pressdichtband und Pressleiste abgesichert.

2.8.1.4 Metalldeckungen und Einbauwannen

Die wasserableitende Dachdeckung besteht aus Blechdachdeckungen, Blechprofildeckungen oder Blechwannen, die Solaraufständerung wird nach dem Prinzip der Aufdachkonstruktion auf die Blechdachfläche gesetzt.

2.8.1.4.1 Blechdachdeckungen aus verfalzten Blechscharen

Blechdachdeckungen aus verfalzten Blechscharen werden nach den Regeln für Metalldächer auf Vollschalung und Trennlage verlegt. Anschlüsse und Übergänge zu Dachdeckungen mit Dachziegeln, Dachsteinen, Dachplatten oder Schiefer werden nach den üblichen Anschlussregeln hergestellt.

Abb. 421: Wanne aus Kupferblechscharen unter Kollektorelementen

Für die Verankerung der Solarkonstruktion auf der Blechdachdeckung ist ein gesonderter Tragfähigkeitsnachweis zu führen. Die Konstruktion darf nicht einfach mit Klemmhaltern an den Blechfalzen befestigt werden. Entweder sind besondere zugelassene Haften an den Klemmstellen oder zugelassene andere Befestiger einzubauen.

2.8.1.4.2 Klemmprofildeckungen

Für Klemmprofile gilt das oben Gesagte sinngemäß, jedoch werden die Klemmprofile nicht auf Vollschalung verlegt. Die Zulassung der Profile gilt nur für Profilhalter und Blechprofil. Auch hier müssen Aufständerungen und deren Halter eine gesonderte Bauaufsichtliche Zulassung haben. Auf flach geneigten Dächern sind zusätzliche Aufständerungen für die Kollektorflächen notwendig. Die dazu nötige Unterkonterkonstruktion verlangt grundsätzlich Durchgänge durch die Profilbleche. Die dauerhaft regensichere

Abdichtung dieser Durchgänge ist ein bis heute noch nicht gelöstes technisches Problem.

2.8.1.4.3 Trapezprofildeckungen

Die Aufständerung wird auf den Obergurten mittels besonderer zugelassener Kalotten bewerkstelligt. Die Befestigungsstellen müssen mit untergesetzten Metallformteilen abgestützt werden (Abstandhalter). Befestigungen auf Stockschrauben sollten wegen mangelnder Biegesteifigkeit nicht verwendet werden, weil Pressdichtungen auf dem Obergurt nicht dauerhaft dicht sind.

2.8.1.4.4 Verbundprofildeckungen (Sandwichprofile)

Auf Verbundprofildeckungen können keine Solaraufständerungen angebracht werden.

2.8.1.4.5 Einbauwannen als wasserableitende Elemente

Die vorgeblich einfachste Lösung besteht darin, dass man auf die Dachlattung anstelle der Dachpfannen aufgekantete Blechwannen verlegt. Die Aufkantungen werden nach Art einer Leistendeckung mit Metallprofilen abgedeckt, die auf der Dachlattung verschraubt werden und wiederum als Halteleiste für die Kollektorelemente dienen.

Die Hersteller dieser Elemente verwenden nicht viele Gedanken an die Dichtungsübergänge zur Dachdeckung und bieten oft für den seitlichen Anschluss nur einfache Winkelbleche an.

Bei dieser Anschlusstechnik entsteht zunächst ein Problem am Brustanschluss. Da die Blechwannen auf den Dachlatten aufliegen, muss das Wasser über eine Höhenstufe auf die nächste Dachziegel-/Dachsteinreihe geleitet werden. Bei Dachneigungen unter 30° entsteht dabei regelmäßig eine Wasserrinne, in der das Wasser aufstaut. Wasser dringt dann zwischen den Blechen kapillar ein. Bei Anlagen größerer Breite müssen die Anschlussbleche wasserdicht verlötet werden, was wiederum die Dehnung behindert und zu Quetschbrüchen führt.

Die unterlegten Seitenanschlüsse werden meist nur über die Dachlattung verlegt und nicht flächig mit Holzschalung unterfüttert, was dazu führt, dass sie nach unten durchbiegen und Wasser seitlich in das Dach leiten können.

Die Kehle wird oft ohne die erforderliche Kehlschalung hergestellt. Das Einbau- und Anschlussproblem überlässt man dem Handwerker vor Ort, der es – je nach Fachwissen – mehr oder weniger gut zu lösen versucht.

Mögliche Mängel und Fehlerquellen:

- Die Bleche der Blechwannen sind zu dünn. Aluminiumbleche müssen 1,0 mm dick, Edelstahlbleche mindestens 0,5 mm dick sein.
- Die Blechwannen müssen an den Rändern mindestens 40 mm hoch aufgekantet sein und einen Rückfalz besitzen.

- Die Seitenanschlüsse müssen vollflächig unterlegt sein, einen 20 mm hohen Falz haben und von Dachpfannen oder Dachplatten mindestens 100 mm breit überdeckt sein.
- Die Kehle muss über Kehllager so ausgeführt sein, dass sich keine Wasserrinnen bilden.
- Die Blechwannenkonstruktion muss so angekeilt unterfüttert werden, dass der Brustanschluss keine Höhenstufe zur anlaufenden Dachdeckung erfährt.

2.8.1.4.5.1 Wasserschaden wegen Fehlkonstruktion

Das Dach eines Einfamilienwohnhauses hatte eine Neigung von etwa 24°, die Dachdeckung bestand aus Dachsteinen auf Lattung und einem Unterdach aus Holzfaserplatten; die Plattenstöße waren mit Klebebändern überklebt.

Abb. 422 bis 424: Grob fehlerhafte Wannenanschlüsse führen zu Wasserschäden.

Der Bauherr hatte in sein Altdach eine photovoltaische Kollektoranlage einbauen lassen und sich nach Beratung für ein Einbauwannensystem entschieden. Nach dem ersten Regenschauer regnete es in sein Dachgeschoss hinein. Die Ursache für den Wassereintritt lag in konstruktiv falschen Anschlussübergängen zur Dachdeckung und den nicht wasserdichten Klebestößen des Unterdaches (Abb. 422–424):

- Der traufseitige Anschluss bestand aus Bleiblech. Weil die Kollektorwanne auf der Dachlattung auflag, entstand am Übergang zur Kopflinie der Dachsteine ein Höhenversprung, in dem Wasser stehen blieb. Da die Bleischürzen nur unter die Blechwanne geschoben waren, drang in diese Überlappungen Wasser ein.
- Die seitlichen Anschlüsse bestanden aus einem Blechwinkel mit Rückfalz, auf den die Dachsteine nur wenige Zentimeter Überdeckung hatten. Am Übergang zum Brustblech konnte das Regenwasser rückweisend direkt unter die Dachdeckung einlaufen.
- Die Kehle bestand aus einem Bleistreifen ohne Kehllager und lag lediglich auf einer Latte auf. Der Kehlstreifen war gegen die Blechwanne aufgekantet, so dass sich auch hier das Wasser staute und nach innen übertrat.
- Die Blechwannen waren als Scharen von etwa 75 cm Breite und mit seitlichen 2 cm hohen Aufkantungen versehen. Diese Aufkantungen wurden von je einem U-förmigen Aluminium-Strangprofil abgedeckt, das gleichzeitig als Montageleiste für die Solarkollektoren diente. Die Bohrlöcher der Verschraubungen waren nicht abgedichtet und die Aufkantungen nicht hoch genug, so dass auch hier Wasser eindrang.

Das Kollektorsystem war in seiner Gesamtheit nicht regensicher, konnte auch nicht nachgebessert werden und musste insgesamt wieder ausgebaut werden.

2.8.1.5 In Deckelemente integrierte Kollektoren

Das Solarelement ist fest in das Deckelement integriert. Sofern Überlappungen der Deckelemente nicht beeinträchtigt sind, entstehen in Bezug auf die Regensicherheit keine Probleme. Bei Solarelementen auf ebenen Dachplatten ist zu beachten, dass die Elemente den Wasserlauf auf der Dachplatte nicht behindern und keinen Wasserstau verursachen.
Auch hier gilt, dass die ausschließlich verwendeten PV-Module Wärme entwickeln und deshalb zusätzlich unterlüftet werden müssen.
Dichtprobleme bereiten Kabeldurchgänge und Kabelanschlüsse. Empfehlenswert ist ein wasserableitendes Unterdach auf Holzschalung.

Abb. 425:
In Deckelemente integrierte Kollektorplatten [Quelle: CREATON Ziegelwerke]

2.8.2 Flachdächer

2.8.2.1 Flachdach-Aufstandsysteme

Eine Metallrahmenkonstruktion auf Stützen trägt die schräg gestellten Kollektorplatten. Die Stützen sind in der Betondecke oder auf tragenden Bauteilen des Daches verankert. Einzige technische Erschwernis ist die wasserdichte Einfassung der Stützen. Dazu gibt es in der Dachtechnik brauchbare Lösungen:

- Die Stützen müssen aus Rundrohr bestehen und mit einer angeschweißten Glocke (Wetterhaube) ausgestattet sein.
- Die Rahmenkonstruktion soll mindestens 50 cm über der Abdichtung liegen.
- Die Rundstützen müssen mit geeigneten Anschlussmanschetten ausgestattet sein. In der Bitumenabdichtung aus Edelstahl mit Klebeflansch, in der Kunst-

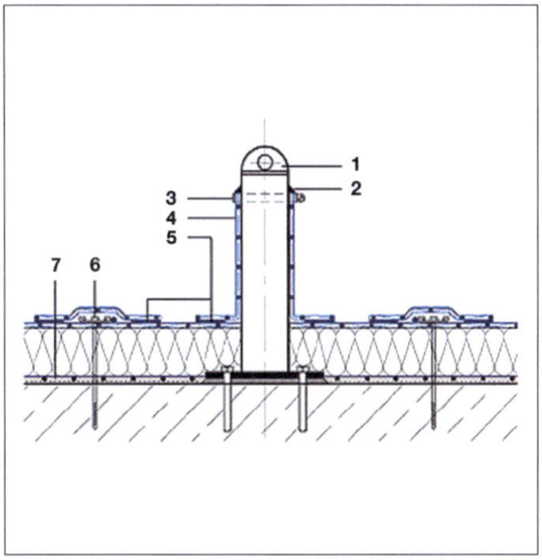

Abb. 426 (re.):
Aufstandsystem im Bitumenabdichtung, hier technisch falsch mit Anschlussmanschetten aus Flüssigkunststoff

Abb. 427 (li.):
Beispiel für eine fachgerechte Stützeneinfassung [Quelle: Sika Deutschland GmbH]

stoffabdichtung aus angeformter Manschette und in der Flüssigabdichtung mit direkter Einfassung.

- Flüssigkunststoffeinfassungen sollten nicht bei Bitumen- oder Kunststoffbahnen verwendet werden.

2.8.2.2 Flachdach-Auflagersysteme

Die Trägerkonstruktion wird über Schwellen, Lastwannen oder einfache Auflagerprofile direkt auf die Abdichtung gestellt. Diese oft gewählte Ausführung enthält für das Dach die größten Risiken und für den Eigner und Betreiber das größte Schadenpotenzial:

- Die Abdichtungen werden parallel zur ihrer Ebene belastet, was keinesfalls sein darf.

Abb. 428 bis 430: Flachdach-Auflagersystem; Sandkörner als Kerbkeime verursachen Kerbbruchschäden an Abdichtungen. [Quelle: FDT-Flachdach]

Abb. 431 (li.): Bei Auflagersystemen sind Wartung, Reinigung und Instandhaltung erschwert bis unmöglich.

Abb. 432 (re.): Vom Wind verwehte Solarelemente [Quelle: SV Jochen Homeier]

- Bei Kunststoffbahnenabdichtungen führen schon kleine Fremdkörper unter den Schwellen zu Kerbschäden und Brüchen in der Abdichtung.
- Die Abdichtung unter der Kollektorkonstruktion lässt sich kaum kontrollieren, nur schwer warten und kaum instand setzen. Das Dach lässt sich nicht reinigen und nicht von Schnee befreien.
- Ältere Abdichtungen, auf die eine Kollektoranlage aufgesetzt wird, haben oft eine kürzere Nutzdauer als die Solaranlage. Eine notwendige Erneuerung der Abdichtung erfordert dann die Komplettdemontage der Kollektoranlage.
- Die Kollektorplatten der Auflagersysteme wirken wie Segel und sind Winddruck- und -sog direkt ausgesetzt. Schäden durch »weggewehte« Solarkonstruktionen sind nicht selten.
- Aufgeständerte Solaranlagen erhöhen das Brandrisiko des Flachdaches. Nach den Prüfnormen für die Widerstandsfähigkeit gegen Flugfeuer und strahlende Wärme muss immer der komplette Dachaufbau geprüft werden.

Nach Meinung des Deutschen Instituts für Bautechnik vom April 2012 benötigen jedoch als Harte Bedachung ausgewiesene Dachkonstruktionen unter aufgeständerten Solaranlagen *»keine weiteren Verwendbarkeitsnachweise und gelten weiterhin als widerstandsfähig gegen Flugfeuer und strahlende Wärme«*.

2.8.2.3 Flachdach-Indach-Systeme

Die Systeme bestehen aus Rahmen ähnlich den Lichtkuppelrahmen, anstelle der Lichtschalen sind Kollektorplatten in Blechkassetten eingefügt. Einbau und technisches Verhalten dieser Systeme entspricht dem üblicher Oberlichtkuppeln. Ein Systemtausch ist leicht möglich (s. Abb. 433).

Abb. 433: Flachdach-Indachsystem

2.8.2.4 Flachdach-Solardichtsysteme

Die Solar-PV-Systeme sind teilflächig auf handelsüblicher Kunststoffdachbahn aufkaschiert. Die Dachbahn erhält damit bis zu 10 verschiedene Funktionsschichten.
Die Verlegung setzt sehr sorgfältige Vorplanung und akkurate Dacheinteilung und Ausführung voraus. Jedes Einzelelement erhält eine eigene Kabeldurchführung, die unterhalb der Abdichtung liegt und mit einem Anschlusskasten mit Kabeln innerhalb oder außerhalb der Dampfsperre verbunden werden muss.
Dachdecke und Abdichtung müssen mindestens 3° Neigung haben, um stehenbleibendes Wasser zu vermeiden. Die Kunststoffbahnen werden in üblicher Schweißtechnik miteinander verschweißt.
Die Dichtungssysteme müssen auf ihre Funktion als »harte Bedachung« überprüft werden. Begehbar sind die Zellenflächen nicht.

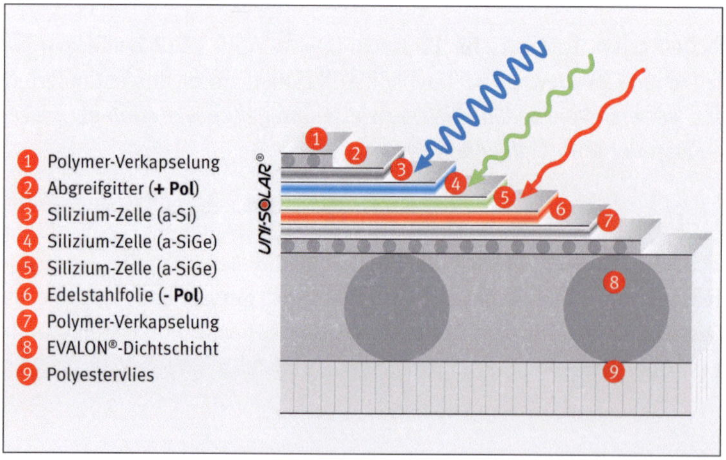

Abb. 434: Solardichtsystem mit Kunststoffdachbahn [Quelle: Evalon-solar, alwitra GmbH & Co. Klaus Göbel]

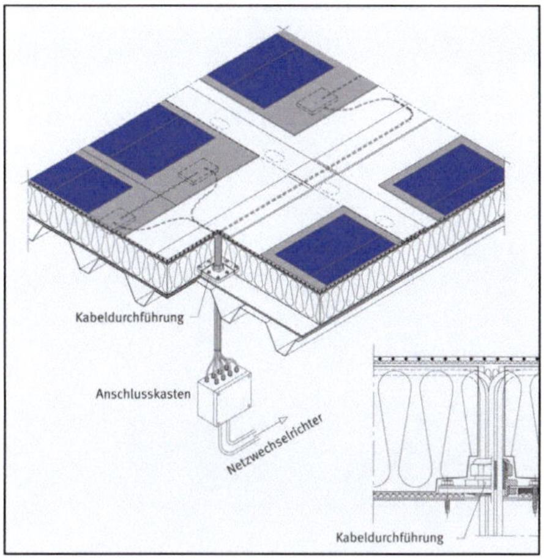

Abb. 435 bis 437: Solardichtsystem mit Kunststoffdachbahn [Quelle: Evalon-solar, alwitra GmbH & Co. Klaus Göbel]

2.8.3 Brandschutz

Gemäß den Musterbauordnungen §§ 14 und 26 müssen bauliche Anlagen so angeordnet, errichtet und instandgehalten werden, dass der Entstehung eines Brandes und dessen Ausbreitung vorgebeugt wird. Leichtentflammbare Baustoffe dürfen nicht eingebaut werden. Nach DIN 4102 müssen auch die Solardachmodule die Anforderungen der »Harten Bedachung« (gegen Flugfeuer und strahlende Wärme) erfüllen und entsprechende Prüfzeugnisse aufweisen. Eine Solardachanlage darf danach Brände nicht weiterleiten und es dürfen keine brennenden Teile vom Dach fallen.
Für eine Brandbekämpfung sollte an gut sichtbarer Stelle eine Hinweistafel angebracht werden, dass sich auf dem Dach eine PV-Anlage befindet. Auf der Tafel sollten der Kabelverlegeplan und die Lage der Wechselrichter vermerkt sein. Von der Feuerwehr

Abb. 438 (li.): Brand einer Solaranlage

Abb. 439 (re.): Brandschaden durch Solaranlage [Quelle: Jochen Zimmermann, Mannheimer Versicherung]

wird außerdem ein Zentralschalter in Hauseingangsnähe gefordert, mit dem der Stromkreislauf abgeschaltet werden kann.

2.8.3.1 Brandgefahren

Der von Photovoltaik-Modulen erzeugte Gleichstrom kann im Fall eines Leitungs- oder Anschlussdefektes einen Lichtbogen erzeugen. Photovoltaikanlagen erzeugen hohe, oft lebensgefährliche Stromspannungen. Technische Mängel und Nachlässigkeiten in der Montage der Module und Kabelanschlüsse bewirken hohe Brandgefahren.

PV-Solarzellen sind in der Regel brennbar und können durch einen Lichtbogen in Brand gesetzt werden. Schadenursachen sind Montagemängel an Kabelverbindern, Wasserbrücken an ungeschützten Anschlüssen, Kabelschäden durch Vögel oder Nagetiere oder auch Kabelbruch durch Windflattern oder Kerbschäden an scharfen Werkstoffkanten bei frei schwingenden Kabeln. Die Versicherungen melden zunehmende Brandschäden, ausgelöst durch Kleindefekte.

Brandquellen können auch defekte Solarmodule selbst sein, wenn sie sich erwärmen und dann zum Brand führen. Die Schadensumfänge durch Brand liegen bei 26 % der insgesamt an Solardächern auftretenden Schadenskosten.

2.8.4 Blitzschutz

Schäden durch Überspannung (Blitzschaden) liegen bei 14 % der insgesamt an Solardächern auftretenden Schadenskosten. Für öffentliche Gebäude ist in den Bauordnungen ein Blitzschutz vielfach vorgeschrieben. Der Verband der Sachversicherer verlangt in der Richtlinie zur Schadensverhütung (VdS 2010) einen Blitz- und Überspannungsschutz für Photovoltaikanlagen mit einer Größe von mehr als 10 kWp.

Durch Blitze können Überspannungschäden an PV-Anlagen entstehen. Diese lassen sich durch eine Blitzableitung (Blitzschutzanlage) und einen Überspannungsschutz

Abb. 440 (li.): Bruchschaden durch Schneelast [Quelle: SV Mischok, VHV-Versicherung]

Abb. 441 (re.): Einbruchschaden durch Schneelast [Quelle: Jochen Zimmermann, Mannheimer Versicherung]

vermeiden. Blitzüberschlag und Überspannung können entstehen, wenn die Abstände zwischen Solarkonstruktionen und Blitzfangstangen zu gering sind. Befindet sich eine Blitzschutzanlage auf dem Dach, müssen die Elemente an diese Anlage angeschlossen werden.

2.8.5 Schäden durch Schnee

Bei Dachneigungen oder Modulneigungen unter 30° bleibt Schnee auf den Solardächern liegen. Rahmenlose Module sind in dieser Hinsicht vorteilhaft, weil der Schnee leichter abrutschen kann. Von Versuchen, Schnee von Solaranlagen auf Steildächern mit Besen oder Schaufel zu entfernen, ist dringend abzuraten. Zum einen können die Moduloberflächen zerkratzt und beschädigt werden – insbesondere bei angefrorenem Schnee, zum anderen sind schneebedeckte Dächer sehr rutschig und Abstürze vom Dach leicht möglich.
PV-Module erzeugen auch dann keinen Strom, wenn die Anlage nur teilweise mit Schnee bedeckt ist. Der Energieertrag im Winter ist im Vergleich zu den Sommermonaten sehr gering, so dass sich größere Aufwendungen ohnehin nicht lohnen. Bei Solarthermieanlagen ist die Wärmeausbeute unter Schnee ebenfalls gering.
Nötig ist jedoch, eine Überlastung des Solarfeldes und des Daches zu vermeiden. Wenn die Schneehöhe unüblich ansteigt, müssen die Schneemassen aus Gründen der Tragsicherheit entfernt werden. Die maximal zulässigen Schneehöhen entnimmt man den Angaben des Herstellers und der Baustatik. Schäden durch Schneedruck liegen bei 12 % der insgesamt an Solardächern auftretenden Schadenskosten.

2.9 Streitfall Tauwasserschaden/Pilzbesatz

Pilzsporen tummeln sich in jedem Kubikmeter Luft. Sie werden meist nicht wahrgenommen und treten erst dann störend auf, wenn sie Pilzwachstum in Form von Fruchtkörpern bilden. In Deutschland sind etwa 200 Schimmelpilzarten bekannt, von denen etwa zwanzig auch gesundheitsgefährdend sein können. Pilze benötigen feuchtes Klima zu ihrem Wachstum: Raumfeuchten dauerhaft über 65–70 %, Wandfeuchten ab 80 % und Holzfeuchten über 20 %. Pilze bilden (meist) ein unsichtbares Wurzelgeflecht, ein so genanntes Mycel und sichtbare Fruchtkörper als pockenartige Verfärbung.

Abb. 442 (li.): Pilzbesatz hinter Gardine

Abb. 443 (re.): Pilzbesatz am Fenstersturz bei Kipplüftstellung des Fensters

Abb. 444: Abgewischter Pilzbesatz, durch Wischen mit Schwamm oder Lappen werden Pilzbesatz und Pilzsporen weiter verbreitet.

Pilzbesatz hat immer mehrere Ursachen:

- befallene Flächen (Wände, Fenster) sind wesentlich kühler als die Umgebungsluft
- der Wasserdampfgehalt (Feuchte) ist höher als die Wassersättigung der Luft, die wiederum von der Lufttemperatur abhängig ist.

Diese Ursachen gelten sowohl für Schimmelbesatz in Innenräumen als auch an Außenflächen. An dieser Stelle sollen nur Schimmelschäden in Innenräumen behandelt werden.

Pilzbesatz entsteht aus Feuchtezufuhr und Abkühlung. Eine Ursache ist die abgeschnittene Luftumwälzung hinter geschlossener Gardine oder durch dicht vor der Außenwand stehendem Mobiliar. Wenn Luftumwälzung die Außenflächen nicht erreicht, kühlen diese unter die kritische Grenze für die Tauwassergrenze ab. Wasserdampf verteilt sich nahezu gleichmäßig in der Luft, kennt keine Begrenzung und gelangt auch hinter Gardinen und Möbel. Als Tauwasser bildet er auf der kühlen Oberfläche einen Wasserfilm oder reichert die Bauteilschicht mit Wasser an. Erst dadurch entsteht die für Schimmelsporen notwendige Wachstumsgrundlage.

Eine weitere Ursache ist die »Dauerlüftung« bei Kippstellung des Fensters. An Fenstersturz und Leibung entsteht ein Kaltluftkeil, der die beschriebene Wachstumsgrundlage für Pilzbesatz schafft.

Schädlich sind auch offene Türen zwischen Räumen hoher und niederer Temperatur sowie zwischen solchen mit hoher und niederer Luftfeuchtigkeit. Das »Warmhalten« des nicht beheizten Schlafzimmers durch die offene Schlafzimmertür ist eine typische Ursache. Offene Türen zwischen Räumen unterschiedlicher Raumtemperaturen führen fast immer zu Feuchteschäden.

Eine ebenfalls typische Schadenursache ist das Belüften der kalten Kellerräume durch geöffnete Kellerfenster oder Kellertüren im Sommer bei hoher Außentemperatur. Die warme, viel Wasserdampf tragende Außenluft kühlt im kalten Keller ab und der enthaltene Wasserdampf kondensiert an Kellerwänden und Einrichtungen.

Schadenfördernd ist auch das großflächige Verteilen von Pilzsporen durch einfaches Abwischen. Pilzbesatz kann nicht mit Haushaltsreinigern beseitigt werden. Der sehr wirksame Gebrauch von Formaldehyd ist verboten, wirksame Bekämpfungsmittel sind wasserstoffperoxidhaltige WC-Reiniger, mit denen die verpilzten Flächen mehrmals abgetupft werden.

Handelsübliche »Pilzvernichter« sind meist unwirksam. Reiner Ethylalkohol (Ethanol) vernichtet ebenfalls den Pilz, seine enthaltenen Vergällungsmittel bieten aber anschließend neuem Wachstum beste Bedingungen.

2.9.1 Schuldfragen bei Feuchteschäden und Schimmelbesatz

Der Schuldige bei Feuchteschäden und Schimmelbesatz ist aus Sicht des betroffenen Mieters natürlich immer ...

1. ... der Hauseigentümer, denn er hat den baulichen Zustand zu vertreten:
   - Wärmeschutz/Wärmebrücken
   - Luft- und Dampfdichtheit
   - Schutz gegen Niederschlag und Schlagregen
   - Anpassen des Wärmeschutzes bei baulichen Veränderungen (Einbau neuer Fenster, Außenputz, Dachdeckung, Dachausbauten).

und aus Sicht des Vermieters natürlich ...

2. ... der Mieter, denn er hat die Art der Nutzung zu vertreten:
   - Aufstellen des Mobiliars und der Dekoration (hinterlüftet)
   - angemessene Beheizung der Räume
   - Abschotten von Räumen unterschiedlicher Beheizung und Nutzung (Bad/Wohnraum/Schlafzimmer)
   - regelmäßige Belüftung der Räume
   - Reinhaltung nach technischen Grundsätzen
   - Renovierung nach technischen Grundsätzen.

Tab. 12: Zu erwartende Luftwechselzahl und Luftwechseldauer bei verschiedenen Fensterstellungen. [Frank Frössel: Mauerwerkstrocknung und Kellersanierung. Stuttgart: Fraunhofer IRB Verlag, 2. Auflage, 2002].

Lüftungsart	Fensterstellung	Luftwechselzahl in h^{-1}	ungefähre Dauer der Lüftung, um einen Luftwechsel zu erzielen
Spaltlüftung 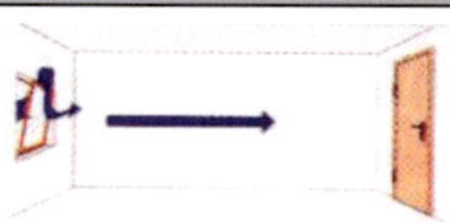	Fenster in Kippstellung Tür geschlossen	1 bis 2	30 bis 60 Minuten
	Fenster halb offen Tür geschlossen	5 bis 10	6 bis 12 Minuten
	Fenster gekippt Tür ganz offen	2 bis 4	15 bis 30 Minuten
Stoßlüftung 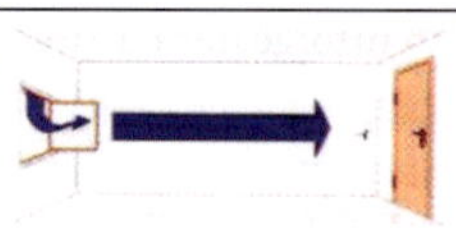	Fenster offen Tür geschlossen	15 bis 19	4 bis 8 Minuten
Querlüftung 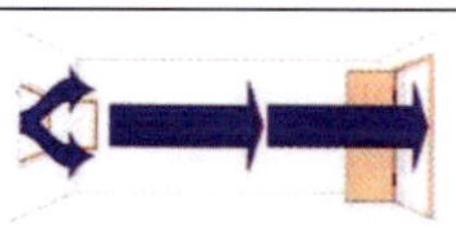	Fenster und Türen offen	ca. 40	1 bis 2 Minuten

Abb. 445 (li.): Wärmebrücken durch unsachgemäßen Dämmstoffeinbau

Abb. 446 (re.): Fast völlig von innen beschlagenes Wohnzimmerfenster durch massive Raumfeuchte.

Abb. 447 (li.): Flächig mit Wasser beschlagenes Isolierglasfenster als sicherer Indikator für dauernd überhöhte Innenraumfeuchte.

Abb. 448 (re.): Pilzkeil am Deckenauflager über einem Küchenfenster bei typischer Keillüftung der Küche.

2.9.2 Wie verhält sich der Sachverständige?

Im Streit um Pilzschäden in der Wohnung ist äußerste Zurückhaltung zu empfehlen. Dem am Ort eintreffenden Sachverständigen wird von den Bewohnern im Voraus mit Misstrauen begegnet. Man befürchtet, dass der Sachverständige die Fehler beim Bewohner sucht und diesen für unsauber oder schlampig hält. Wenn dieses Misstrauen nicht abgebaut wird, führt auch das korrekteste Gutachten nur zu weiterem Streit.

Wie geht man vor?

- Zunächst lässt man sich die Schadstellen (Pilzflecken) einzeln zeigen, notiert und fotografiert sie.
- Baulichen Ursachen wie Wärmebrücken oder Wandrissen wird gründlich nachgegangen.

- Möglichst ohne Kommentar notiert und fotografiert man Stellen, die weiteren Aufschluss über die Ursachen geben könnten, z. B. Wasserbelag oder -spuren an Fenstern, auf Kipplüftung stehende Fenster, zugestellte Raumecken, offene Schlafzimmertüren u. ä.
- Im Gespräch erfragt man, wie die einzelnen Räume beheizt und ob Türen offen gehalten werden. Man fragt auch nach bisherigen Maßnahmen zur Beseitigung von Pilzflecken. Erst zum Schluss lässt man sich erklären, wie und wann Fenster zum Lüften geöffnet werden.
- Danach kommt der schwierige Teil: Der Sachverständige erklärt den Bewohnern in sachlicher Form die Entstehung von Tauwasser und dessen Niederschlag an Kaltflächen und er erklärt auch, mit welchen einfachen Mitteln Tauwasserniederschlag verhindert werden kann. Auch auf eventuell notwendige Änderungen in der Möblierung ist an dieser Stelle hinzuweisen. Der Sachverständige sollte sicherstellen, dass er jedem in verständlichen Worten die Zusammenhänge der Schimmelbildung erläutert hat.
- Unter keinen Umständen macht man den Vorwurf nicht korrekter Lüftung oder anderer Fehler. Solche Hinweise werden von den Wohnungsinhabern immer als Vorwurf verstanden. Sich sagen lassen zu müssen, man wäre schlampig, darin verstehen Bewohner im Allgemeinen keinen Spaß.
- Ziel muss sein, dass die Wohnungsinhaber gedanklich dahin kommen, dass sie selbst erkennen, wie sich Pilzbesatz vermeiden lässt. Und darin kann man sie unterstützen.
- Und schließlich werden Methoden zur Beseitigung von Pilzbesatz beschrieben, nämlich mittels Gummihandschuh, Bürste oder Pinsel und verdünntem WC-Reiniger (enthält Wasserstoffperoxid, welches den Pilz sicher abtötet).

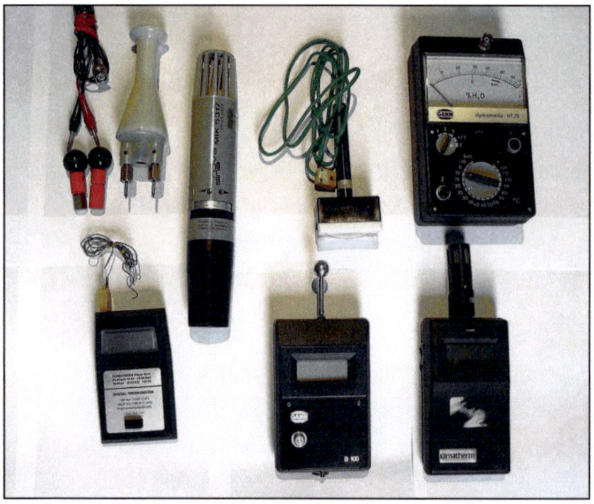

Abb. 449: Messgerätesammlung

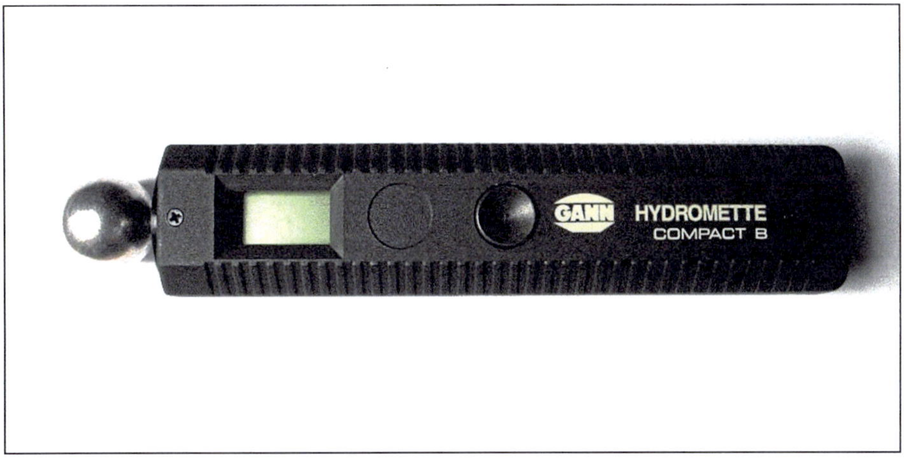

Abb. 450: Für die Mehrzahl der Schadenfälle reicht ein einfacher Feuchteindikator völlig aus.

2.9.3 Bewertung von Messergebnissen

Der Mann mit dem Messkoffer macht vielleicht einen guten Eindruck, kann aber meist nicht mit brauchbaren Messergebnissen punkten. Jedes Messergebnis ist nur eine Augenblicksaufnahme, schon morgen können die Werte ganz andere sein. Festgestellte Feuchtemesswerte geben noch lange keinen Aufschluss über Herkunft und Ursache der Feuchtigkeit.

Viel wichtiger als die Feuchtemesswerte selbst ist das Feststellen der Feuchteverteilung im Bauteil. Mit einem Messraster lässt sich eine Feuchteausbreitung eingrenzen und in ihrer Ausdehnung bestimmen, was wiederum die Suche nach den Ursachen ermöglicht. Dazu reicht einfaches Messgerät, mit dem sich Unterschiede in der Feuchtekonzentration bestimmen lassen, zum Beispiel die GANN Hydromette Compact B, die für die meisten Untersuchungen verwendet werden kann.

Vergleichstabelle **Anzeigewerte - Baufeuchte**

LCD-Anzeige COMPACT B

0 10 20 30 40 50 60 70 80 90 100

Gips- bzw. anhydritgebundene Baustoffe/Estriche in Gew./CM-%	- 0,3 -	- 0,5 -	- 1,4 -	- 2,0 -	- 2,3 -	- 2,7 -	%
Zementgebundene Baustoffe/Estriche in CM-%		- 1,5 -	- 2,1 -	- 3,0 -	- 3,5 -	- 4,0 -	CM-%
Zementgebundene Baustoffe/Estriche in Gew.%		- 2,7 -	- 3,6 -	- 4,5 -	- 5,5 -	- 6,0 -	Gew-%

Die in vorstehender Tabelle genannten Werte stellen unverbindliche Richtwerte dar. Bitte bedenken Sie bei der materialbezogenen Bewertung der angezeigten Meßwerte mit dem Feuchteindikator GANN HYDROMETTE COMPACT B, daß es sich nicht um eine qualifizierte Feuchtemessung nach VOB oder den einschlägigen Fachvorschriften handelt.

Dieses Gerät beruht auf dem Messprinzip des kapazitativen elektrischen Feldes zwischen einer Messkugel und dem zu messenden Bauteil. Das Gerät misst nicht den Feuchtegehalt, sondern zerstörungsfrei die Feuchteverteilung auf einer Messskala von 0–100. Bei Mauerwerk können Messwerte bis 12 als trocken, bis 25 als noch normale Ausgleichsfeuchte, bis 35 als schwach feucht und darüber hinaus als stark feucht bis durchnässt interpretiert werden. Bei Beton ergeben sich generell höhere Messwerte. Bei Abdichtungen und wärmegedämmten Bauteilen kann das Vorhandensein von Wasser und dessen Verteilung gemessen werden, nicht jedoch der Feuchtegehalt.

2.10 Streitfall optische Mängel

2.10.1 Farbabweichungen

2.10.1.1 Scheinbare Farbabweichungen

- Der Bauherr bemängelt Farbabweichungen (Farbschattierungen) auf seinem Ziegeldach. Verwendet wurde ein grün glasierter Flachdachziegel. Die Farbe der Dachziegel ist einheitlich, jedoch sind Farbabweichungen von Blickrichtung und Lichteinfall abhängig erkennbar. Die Farben changieren zum Blau (Abb. 451–452). Es handelt sich hier um eine scheinbare Farbabweichung. Nah- und Makro-Aufnahmen zeigen, dass die Ziegelglasur feinstes bis feines Craquelé-Rissmuster zeigt. Durch Lichtbrechung entstehen die festzustellenden Changierungen.
  Die Craquelierung ist ein auf wenige Ziegelhersteller begrenztes Phänomen und wird von diesen als »unschädlich« bezeichnet. Tatsächlich handelt es sich um Spannungsrisse in der Glasur, die während des Abkühlprozesses nach dem Ziegelbrand entstehen.

Abb. 451 (li.): Denkmalgeschütztes Bauwerk mit grün glasiertem Ziegeldach

Abb. 452 (re.): Die glasierten Dachziegel changieren bläulich fleckig.

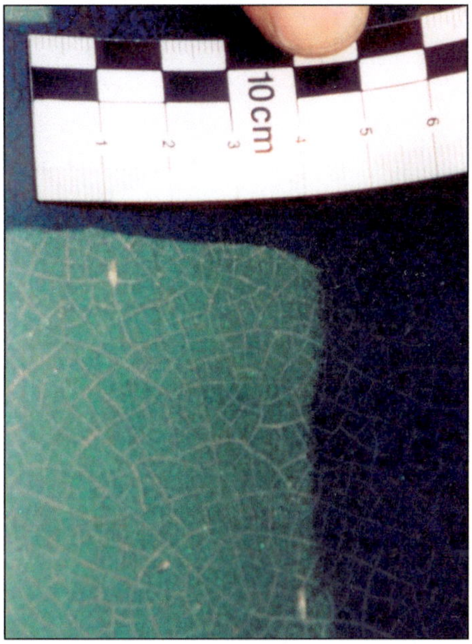

Abb. 453: Ursache der Changierung sind Glasurcraquelés und Lichtbrechung

- Ein weiterer Streitfall zeigt Farbabweichungen bei glasierten Dachziegeln an Giebelziegeln und Firsten, die nur in direktem Sonnenlicht auftreten, bei bedecktem Himmel jedoch nicht mehr sichtbar sind:
  Die Giebelziegel zeigen im Sonnenlicht eine deutlich hellere Farbe als die Deckziegel. In der Draufsicht wird die Ursache sichtbar: Die Giebelziegel sind mit einer dickeren Glasur versehen, deren Reflexion die Grundfarbe überlagert (scheinbare Farbabweichung).
- In einem weiteren Streitfall wird ein Grauschleier auf einem glasierten Ziegeldach bemängelt. In diesem Fall sind die Craquelés sehr grob und der Mineralsalzgehalt des Ziegeltons blüht durch die Craquelés hindurch aus, wodurch die bemängelte Vergrauung des Daches entsteht (durch Überlagerung entstehende Farbabweichung).

2.10.1.2 Tatsächliche Farbabweichung

In einem weiteren Fall wurden für das Ziegeldach Giebelziegel mit abweichender Engobe geliefert. Hier handelt es sich um eine tatsächliche Farbabweichung infolge unterschiedlicher Ziegelengoben.
Die Dachränder der Dachstein-Deckung wurden erneuert. Die neu eingedeckten Dachsteine unterscheiden sich farblich deutlich von der Altdeckung. Dachsteine wittern ab und verändern Farbe und Aussehen bereits nach wenigen Jahren. Das ist unvermeidbar, das muss der Fachmann wissen und seinen Kunden darauf hinweisen.

Abb. 454 u. 455: Dach mit blau glasierten Dachziegeln; Ansicht im September (li.) und Ansicht im Dezember (re.)

Abb. 456 u. 457: Formziegel erscheinen unter direkter Sonne heller als die übrigen Dachziegel (Spiegeleffekt)

Abb. 458: Blauschwarz glasiertes Ziegeldach mit grauweißem Schleier

Abb. 459 u. 460: Ursache: Glasurcraquelés mit Ausblühungen

Abb. 461: Echte Farbabweichung der Giebelziegel

Abb. 462 u. 463: Dachsteine ändern kontinuierlich ihre Farbe; später ersetzte Dachsteine sind immer erkennbar.

2.10.2 Verschmutzungen

Kupferläufer am Mauerwerk von St. Cyriakus in Gernrode. Eine Dachrinne fehlt, Regenwasser rinnt direkt an der Fassade ab. Im Wohn- oder Profanbau wäre dies ein grober Mangel.
Die Denkmalschutzbehörde hat bei der Dachsanierung eine Dachrinne nicht erlaubt. Im Denkmalschutz geht hier die historische Bauweise (ohne Turmdachrinne) vor der Fachregel.

Abb. 464: Grünläufer unter einem Kupferhelm

2.10.3 Fleckbildung

- Fleckbildung an einer Schieferbekleidung.
  Bei der Fleckbildung in Abb. 465 handelt es sich um technisch unschädliche und nicht immer vermeidbare Dendriten-Flecke. Das Auftreten von Dendriten ist auf beschränkte Teile einer Schieferlagerung begrenzt. In der Schiefergrube werden auffällige Lagerungen aussortiert und als preisgünstigere Chargen verkauft. Ausgesuchte Schieferqualitäten zeigen Dendritbildung nicht oder seltener. Dendriten sind keine Ausblühungen und keine Auswaschungen, sie schädigen den Schiefer nicht und mindern nicht seine Wetterschutzeigenschaft. Trotzdem verbleibt ein optischer Mangel, weil diese Fleckbildung nicht üblich und nicht typisch für Schieferdeckungen und -bekleidungen und im Übrigen (weitgehend) vermeidbar ist.

Abb. 465 u. 466: Fleckbildung an einer Schieferbekleidung

- Ziegeldeckung mit farbigen Flecken
  Die Dachziegel sind angeliefert und entsprechen dem ausgewählten Ziegelmuster. Aber etliche Ziegel sind mit farbigen Flecken verunziert. Der Kunde beschwert sich sofort. Der Dachdeckermeister ist ebenfalls erschrocken, reklamiert die Lieferung beim Ziegelwerk und sagt dem Kunden »umgehende Neulieferung mit fleckenfreien Ziegeln« zu. Das Ziegelwerk hat aber seine Produktion nicht im Griff. Offensichtlich tritt beim Auftrag des Glasurschlickers eine Entmischung ein, die leider erst nach dem Brand als Kreise oder Flecken sichtbar wird. Die Ersatzlieferung zeigt wieder die schon beanstandeten Flecke. Der Dachdecker, nun in Zeitnot, lässt die Dachziegel trotzdem verlegen und weist seine Gesellen an, Ziegel mit großen Flecken auszusortieren. Eine nochmalige Ersatzlieferung wird bestellt. Der Kunde fühlt sich überfahren, kündigt den Auftrag und lässt einen anderen Dachdeckermeister das Dach mit anderen Dachziegeln neu eindecken.

Der Fall endete für den Dachdeckermeister ungünstig. Weil er seinem Kunden eine Neulieferung mit fleckenfreien Ziegeln zugesagt hatte, spielten Größe und Sichtbarkeit oder Nichtsichtbarkeit dieser Flecken keine Rolle. Der Dachdeckermeister musste den Schaden tragen.

Fachregeln Dachsteine

Damit bei ebenen Dachsteinen mit tiefliegendem Seitenfalz die klaren Linien der streng geometrischen Deckung erhalten bleiben, ist die Unterkonstruktion so auszuführen, dass möglichst keine Durchbiegungen entstehen.

2.10.4 Unebenheiten im Dach

- Neubau mit Flachziegel-Dachdeckung mit Mangelvorwurf »Unebenheiten im Dach«.
  In Dachdeckungen aus ebenen Deckwerkstoffen, wie hier mit Flachziegeln, fallen Unebenheiten in der Dachfläche sofort auf, weshalb der Ebenflächigkeit der Unterkonstruktion erhöhte Sorgfalt zukommen muss.
  Für Dächer gibt es als normative Vorschrift zur Ebenflächigkeit für Neubauten nur die DIN 1052 »Konstruktiver Holzbau«. In ihr ist die Festlegung von Maximaldurchbiegungen gefordert. Bei Altbauten gilt einzig der »unbefangene Eindruck« des Betrachters aus der »üblichen Blickrichtung und Entfernung«. DIN 18202 »Maßtoleranzen« regelt nur Passprobleme und ist am Dach nicht ohne Weiteres anwendbar.

Abb. 467 bis 469: Grobe Unebenheiten im Dach infolge großer Durchbiegung des Dachstuhls [Quelle: Jochen Homeier, vereid. Sachverständiger, Essen]

Abb. 470 (re.): Eingesunkener Dachteil durch konstruktive Änderung des Dachstuhls

- Für Dachdeckungen mit ebenen Deckwerkstoffen sind Dachstühle aus üblichem Bauholz S10 nicht geeignet. Durchbiegungen sollten mit höherwertigen Hölzern (KSV oder BSH) und mit Dachlatten oder Schalung größerer Querschnitte begrenzt werden.
- Der Durchhang im Dach von Abbildung 470 ist dann ein optischer Mangel, wenn der Defekt aus üblicher Blickrichtung sichtbar ist und störend ins Auge fällt.

2.10.5 Fluchtabweichungen im Dach

Gradlinigkeit von Dachdeckungen war in früheren Zeiten – abgesehen von Prestigebauten – meist kein Thema.

Abb. 471: Dach in Südanatolien

Heute werden an Fluchtrichtungen erhöhte, oft zu hohe Anforderungen gestellt.

- Das hier gezeigte Dach (Abb. 472) war Anlass zu heftigem Streit um Grad- oder Ungradlinigkeit der Dachdeckung. Unerfahrene Sachverständige sind geneigt, Pauschalvorwürfe wie »Die Dachziegel sind nicht überall geradlinig gedeckt« kritiklos in ihr eigenes Gutachten zu übernehmen. Bei genauerer Analyse stellt man aber oft fest, dass die Fluchtungenauigkeiten sich auf wenige Bereiche beziehen, sich genau eingrenzen, beschreiben und oft auch mit geringem Aufwand beseitigen lassen. An diesem Objekt wurden insgesamt vier erkennbare Fluchtabweichungen an Giebeldeckreihen festgestellt, wovon nur zwei erheblich (auffallend oder störend) waren. Diese Abweichungen wurden benannt, örtlich zugeordnet und dokumentiert und insbesondere wurde das Maß der jeweiligen Abweichung fotometrisch festgestellt. Der als »krumm und schief« bezeichnete Dachfirst weist, befindet man sich auf ihm, erkennbare Fluchtabweichungen auf.

Abb. 472 (li.): Wegen krummer Deckung bemängeltes Dach

Abb. 473 (o. re.) bis 475 (u. re): Konkavbogen am Ortgang (re.), ausgestellter Giebelziegel an der Traufe und welliger Dachfirst (li.)

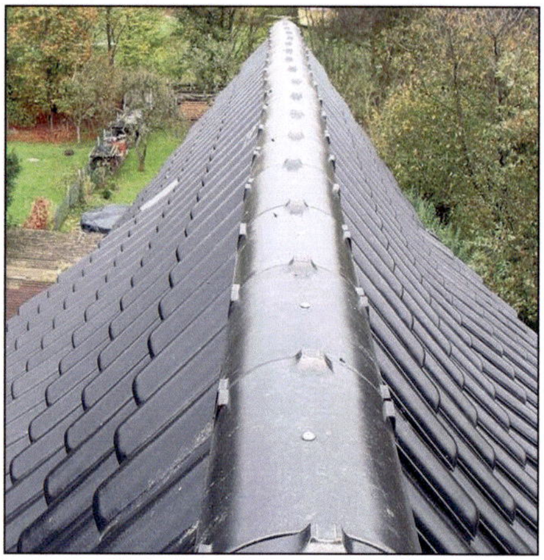

Da diese aber aus üblichem Betrachtungsabstand nicht sichtbar sind, können sie auch nicht als optischer Mangel bezeichnet werden.

- Ein Dachdeckermeister zeigte sich erbötig, neben der Dachneudeckung auch die Gesimskästen und Metallbekleidungen an Giebeln und Traufen auszuführen. Das fertige Werk zeigte deutlich sichtbare und erhebliche Krümmungen und Beulen auf. Ursache hier war die uneben angebrachte Unterkonstruktion, die der Dachdecker quasi freihändig montiert hatte.
  Alle Bekleidungen, ob aus Metall oder Bauplatten, werden nur ebenflächig und kantengerade auf absolut ebener Unterkonstruktion. Deshalb ist schon der Unterkonstruktion bevorzugte Aufmerksamkeit zu widmen.

2.10.6 Verkrümmungen und Oberflächenschäden

Verkrümmungen und Oberflächenschäden sind oft nur aus direkter Nähe sichtbar.

Für **Dachziegel** gilt das nachstehend dargestellte Produktdatenblatt.

Produktdatenblatt für Dachziegel
4 Anforderungen **4.4 Struktur und Oberfläche des Dachziegels – Toleranzen**

Grundlage für die Toleranzbestimmung ist ein gebrauchsüblicher Betrachtungsabstand (6 bis 10 m außerhalb der Dachfläche). Alle aufgeführten Merkmale schränken die Gebrauchsfähigkeit des Dachziegels in der angegebenen Toleranz nicht ein.

Art	Beschreibung
Oberflächenbesonderheiten	Rillen, Reliefwirkungen, Farbflecken, Falten usw.
Haarrisse	Risse, welche nur die Oberfläche bei naturroten, engobierten und glasierten Dachziegeln betreffen oder die Haftung der Engobe und der Glasur am Scherben nicht beeinträchtigen
Blasen	Örtliche, oberflächliche Erhebung des Werkstoffes, welche bei der Fertigung entstehen und eine mittlere Abmessung bis 10 mm aufweisen
Krater	Verlust an Werkstoff, oftmals wegen der Ausdehnung eines Kornes (z. B. aus Kalk oder Pyrit), in einer mittleren Abmessung bis 7 mm auf dem im Einbauzustand sichtbaren Bereich des Dachziegels Zu unterscheiden sind: – Eckabsplitterung: Absplitterung an einer Ecke des Ziegels, – Längssplitter: Splitter, welche entweder die Falzrillen oder andere reliefartige Bereiche des Dachziegels betreffen.
Schleierbildung	Vorübergehende Ausblühungen, die allmählich durch Niederschlag entfernt werden
Farbnuancen	Farbnuancen in ein und demselben Los, welche für die Gesamtheit einer Lieferung typisch und absichtlich aus ästhetischen Gründen hervorgerufen worden sind, sind zulässig. Bei einfarbigen Dachziegeln sind Nuancen zulässig, welche sich aus dem spezifischen keramischen Verfahren ergeben.
Kratzer, Reibungsspuren	Herstellungs- bzw. transportbedingt
Falten	Bedingt durch Pressvorgang

Grundlage für die Toleranzbestimmung ist ein gebrauchsüblicher Betrachtungsabstand (6 bis 10 m außerhalb der Dachfläche). Alle aufgeführten Merkmale schränken die Gebrauchsfähigkeit des Dachziegels in der angegebenen Toleranz nicht ein.

Für **Dachsteine** wird in DIN EN 490 festgelegt:

> *Anhang C*
> *Oberflächenbeschaffenheit*
>
> Die der Witterung ausgesetzte Fläche der Dach- und Formsteine sollte so sein, dass das fertige Dach im Gesamtbild harmonisch wirkt. Geringe fertigungsbedingte Farbunterschiede sind zulässig.
> Oberflächliche, d. h. nicht durchgehende Risse, auf den nicht der Witterung ausgesetzten Flächen der Dach- und Formsteine, die mit dem Herstellungsverfahren in Zusammenhang stehen, sind ebenso wie Kratzer und Abschürfungen

durch Verpackungsart, Verladung oder Transport zulässig, sofern sie nicht die anderen Qualitätseigenschaften beeinflussen.
Unter dem Einfluss natürlicher Bewitterung treten Veränderungen von Farbe und Erscheinungsbild auf.

Deckwerkstoffe werden gestapelt, verladen, mehrfach transportiert um schließlich auf dem Dach verlegt zu werden. Da man nicht jedes Deckelement in Watte und Seidenpapier packen kann, entstehen zwangsläufig Scheuerstellen, Abplatzungen oder Abbrüche sowohl an Dachziegeln, wie auch an Dachsteinen und Dachplatten. Auf dem fertigen Dach lösen solche Schäden immer wieder Streit aus.

Abb. 476 (li.): Dachziegel mit üblichen Scheuerstellen

Abb. 477 (re.): Absplitterung an der Krempe

Abb. 478 (li.): Absplitterung am Wetterschenkel des Giebelziegels

Abb. 479 (re.): Farbanstrich der Schnittkanten an der Kehle weicht von Ziegelfarbe ab.

Dazu muss man wissen: Es gibt Baustoffnormen und Produktdatenblätter, in denen die Grenzen möglicher Beschädigungen beschrieben und festgelegt sind (siehe Produktdatenblatt Dachziegel S. 233).
Diese Festlegungen gelten aber nur als Qualitätsmaßstab des Herstellers, das heißt, der Deckstoff muss bei der Herstellung und ab Werk diesen dort gestellten Anforderungen entsprechen. Die Festlegungen gelten nicht für den auf dem Dach verlegten Deckwerkstoff.

Für auf dem Dach verlegte Deckstoffe gelten andere Regeln:

- Die Beschädigung darf nicht die technische Tauglichkeit des Deckwerkstoffes mindern (z. B. Eckausbruch, der die Regensicherheit mindert).
- Die Beschädigung darf aus üblichem Betrachtungsabstand nicht direkt sichtbar sein. Hier ist gemeint, dass ein möglicher Käufer des Hauses diesen Schaden als störend und preismindernd bezeichnet.

Im Streit stehen auch Anschnitte bei Dachziegeln und Dachsteinen: Der rote Ziegelscherben eines farblich beschichteten Dachziegels wird an Schnittkanten (Kehlen) sichtbar. Unklar ist, ob solche Schnittkanten farblich nachbehandelt werden müssen. Hierzu gibt es keine Regel. Im Zweifel ist die »örtlich übliche« Ausführung anzuwenden. Gestritten wird auch, wenn Farbanstriche in Ton oder Glanz von der Pfannenoberfläche abweichen; Glasuren oder Glanzengoben sind beispielsweise mit Farbanstrichen nicht annähernd zu erreichen. Dafür gibt es keine Lösung. Im Zweifel muss auf den örtlichen Eindruck aus üblichem Betrachtungsabstand zurückgegriffen werden.

2.10.7 Minderwert und merkantile Bewertung

Bei optischen Abweichungen von der üblichen Ausführung (optischer Mangel) ist zunächst zu bewerten, ob der Mangel beseitigt werden muss (z. B. aus Vertragsgründen). Ist die Frage nach dem Minderwert im Fall des optischen Mangels gefragt, ist immer auf den merkantilen Minderwert abzustellen. Dieser merkantile Minderwert ist der Geldbetrag, um den ein potenzieller Käufer den Kaufpreis mindern könnte/würde. Die optische Abweichung müsste also einem nicht vorbelasteten Käufer des Objektes auffallen. Die Minderwert-Berechnung ist immer eine persönlich geprägte Schätzung. Diese Schätzung sollte aber so strukturiert sein, dass sie von Außenstehenden verstanden, nachvollzogen und möglicherweise akzeptiert werden kann. Möglichen Verfahren sind das Teilwertverfahren nach Klocke oder das Rechenverfahren nach Holzapfel.

2.10.7.1 Minderwert-Ermittlung im Teilwertverfahren (nach Klocke)

Das Verfahren ist eine strukturierte Schätzung, bei der der Wert (Preis) des Bauteils zugrundegelegt wird, in dem sich die optischen Abweichungen befinden. Im nachstehenden Beispiel ist dies die Leistungsposition »Dachdeckung aus Dachziegeln«, enthaltend Werkstoffe und Lohn, jedoch ohne Unterkonstruktion und ohne Aufwendungen für Dachränder, Anschlüsse u. ä., hier angenommen mit 32.000,00 €. Je nach Bedeutung des Daches für das Objekt wird der Anteil für den technischen Gebrauchswert herausgerechnet. Dieser ist immer höher als der Geltungswert (das Dach ist zuerst einmal ein Wetterschutz und erst nachrangig ein Prestigebauteil). Im Fall des Geschäftshauses eines Werbeunternehmens wird hier als Beispiel der Geltungswert mit 30 % sehr hoch angesetzt. Der Geltungswert wird aufgeteilt in die Anteile Prestige, Farbe, Schönheit, Form und Gestaltung. Je nachdem, welcher der Anteile in welchem Maß betroffen ist, wird ein Prozentsatz als Minderung angesetzt, die kumulierten Werte ergeben den Minderwert gesamt.

Tab. 13: Minderwertermittlung zum Schadenfall aus 2.10.1.1

Teilwert des Bauteils = 100 %	technischer Gebrauchswert %	merkantiler (Geltungs-) Wert %
100,00	70,00	30,00
32.000,00	22.400,00	**9.600,00**
Prestige-Wert %	**Farbe/Schönheit %**	**Form/Gestaltung %**
50,00	20,00	30,00
4.800,00	1.920,00	2.880,00
Minderwert Prestige %	**Minderwert Farbe/Schönheit %**	**Minderwert Form/Gestaltung %**
40,00	50,00	10,00
1.920,00	960,00	288,00
		Minderwert gesamt **€ 3.168,00**

2.10.7.2 Minderwert-Ermittlung nach Verfahren HOLZAPFEL

www.holzapfel-sachverstaendiger.de

Das Rechenprogramm ermittelt nach Vorgabe der einzustellenden Werte selbstständig den anzunehmenden merkantilen Minderwert.

Die rechnerische Ermittlung optisch bedingter merkantiler Minderwerte an Dach, Flachdach und Wandbekleidung.
© Sachverständigenbüro Dipl.-Ing. W. Holzapfel (Dachdeckermeister)

Bearbeiter:	Mustermann
Objektanschrift:	Musterstadt
Datum:	

Art des Objekts		Sichtbarkeit		Bauteile	Wert netto EUR
Einfamilien-Wohnhaus	○	allseitig einsehbar	○	Unterkonstruktion	7.600,00
Mehrfamilien-Wohnhaus	●	direkt einsehbar	●	Deckg. / Bekleidg. / Abdichtg.	18.450,00
Bürohaus / Verwaltungsgebäude	○	beschränkt sichtbar	○	Dachkanten / Wandkanten	2.100,00
Öffentliches Gebäude	○	nicht direkt sichtbar	○	Gauben / Dachterrassen	5.500,00
Werkhalle	○	kaum / nicht sichtbar	○	Einbauteile	0,00
Solitärbau	○			....	0,00
				Gesamtwert netto EUR:	**33.650,00**
Optischer Anspruch in % (10-100):	**50**			**Anteilswert netto EUR:**	**6.460,80**

Art der Beeinträchtigung in % (0-100)		Ausmaß in % (10-100)	Einzelergebnisse in EUR
Form, Ebenflächigkeit	65	100	2.099,76
Farbe / Farbabweichung	40	50	646,08
Oberflächenschäden	35	50	565,32
Handwerkliche Ausführung	0	50	0,00
Kantenabweichung	80	25	646,08

Merkantiler Minderwert **netto** EUR (**ohne** Mwst.):	**3.957,24**
Merkantiler Minderwert **brutto** EUR (**inkl.** Mwst.):	**4.709,12**

Mehrwertsteuer-Satz in %:	**19,00**	*751,88 EUR gesetzl. Mwst.*

(Mwst. = "Mehrwertsteuer" bzw. Umsatzsteuer)

2.11 Grenzfälle der Sachfeststellung und Hinzuziehen von Sonderfachleuten

2.11.1 Grundsätze verantwortbarer Sachverständigentätigkeit

Sachverständige stoßen immer wieder an die Grenzen ihres Wissens. Hier gilt es, sich nicht selbst zu überschätzen, nicht den »Alleskönner« herauszustellen und fachliche Hilfe bei Anderen einzuholen, deren Kenntnis um das angefragte Problem höher ist. Nicht selten telefoniert oder schreibt man tagelang herum, bis der richtige Fachmann gefunden ist.

Die Grundsätze verantwortbarer Sachverständigentätigkeit sollten sein:

- Eigenes Können und eigene Grenzen erkennen und nicht überschreiten.
- Eigenes Wissen ständig erweitern, fortgeschrittene Kenntnisse der Chemie und Physik sind unabdingbar.
- Fremdes Fachwissen aufspüren und nutzen.
- Fremdes Wissen nicht als eigenes ausgeben.

Verwendet man in seinem Gutachten Äußerungen, Darstellungen oder Berechnungen Anderer, gilt selbstverständlich die Zitatpflicht, d. h. die Offenlegung der Herkunft, möglichst mit Datum und Inhalt der Fragestellung und Antwort.

2.11.2 Regeln für die Fremduntersuchung

- Art und Umfang der Probenahme möglichst im Voraus absprechen, ansonsten großzügige Probenahme und exakte Kennzeichnung.
- Proben einzeln in PE-Beuteln sichern und luftdicht verschließen (verschweißen).
- Art, Umfang und Kosten der Überprüfung mit dem Sonderfachmann absprechen und schriftlich festlegen.
- Den Auftraggeber über jeden Schritt und die Kosten ständig informieren.

Die beste technische oder chemische Analyse ist nutzlos, wenn Sie sie nicht verstehen und nicht selbst erklären können. Bei Rückfragen stehen Sie sonst als der Dumme da. Ausarbeitungen beispielsweise auf dem Gebiet der chemischen Analyse oder der Tragfähigkeitsberechnung sind nicht jedermann geläufig. Solche Darstellungen kommentarlos in das Gutachten einzufügen, ist nicht zielführend, weil auch Gerichte und Anwälte meist nichts damit anfangen können. Der Sachverständige ist also gehalten, den Inhalt und das Ergebnis der Ausarbeitungen mit eigenen Worten zu beschreiben und zu erklären. Dazu muss er aber selbst wissen, was der Chemiker oder der Statiker gemeint hat und wie er vorgegangen ist. In den meisten Fällen hilft ein Telefonat mit dem externen Fachmann, in dem man sich die Einzelheiten erklären lässt.
Halten Sie sich externe Fachleute und Institutionen (Uni, Prüfanstalt, Beratungszentrum, Fachlabor) warm. Das heißt, achten Sie darauf, dass sich Ihre Geschäftsbeziehung auf einer guten Basis befindet. Bezahlen Sie beispielsweise eingehende Rechnungen unverzüglich.
In besonders schwierigen Fällen weisen Sie im Zweifel auf Grenzen Ihres eigenen Wissens hin und zeigen Sie stattdessen Möglichkeiten durch kompetentere Fachleute auf.

2.11.3 Schadensbeispiele

a) Wegen Rissen in einer Kunststoffdachbahn stritten Bauherr, Dachdecker und Hersteller um die Ursachen der Schäden. Es sollte festgestellt werden, ob Fabrikations-

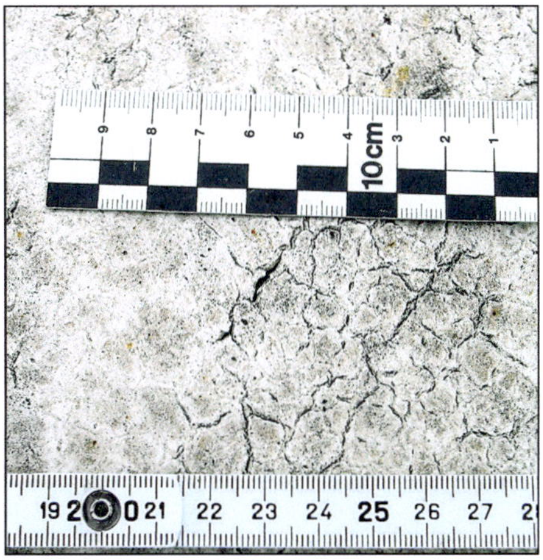

a

Abb. 480: Schrumpfungsrisse in einer Kunststoffdachbahn

fehler, verwendeter Kleber oder Luftschadstoffe aus Abgasen die Ursachen sind. Fragen dieser Art kann selbst der umfassend chemisch gebildete Sachverständige nicht allein lösen. Er braucht dazu die Unterstützung eines Fachlabors, in diesem Fall wurde der Lehrstuhl für analytische organische Chemie einer Universität beauftragt. Der mit der Untersuchung beauftragte Wissenschaftler muss genaue Vorgaben bekommen, welche Prüfungen er ausführen soll. Es reicht nicht, ihn zu fragen, woher die Rissbildungen stammen. Am besten bespricht man dies mit ihm direkt und lässt sich mögliche Untersuchungsmethoden vorschlagen und beschreiben. Im vorliegenden Fall wurden Proben aus der geschädigten Abdichtung und Vergleichsproben aus einer ungeschädigten Dachbahn untersucht und verglichen. Es wurden in beiden Proben untersucht:

- Wassergehalt
- CAO (aus Kreidefüllstoff)
- Schwefel 2 und 3
- Di-/Triisocyanat (aus Kleber).

Jede der Untersuchungen kostete je Probe zwischen 850 und 1.400 €.

Es wurde festgestellt:

- Der Wassergehalt der geschädigten Proben war stark erhöht.
- Der CAO-Gehalt war stark gemindert.
- Schwefel und Isocyanat wurden nur in sehr geringen Mengen festgestellt.

Die daraus abgeleitete Erklärung war, dass durch Wasser die Füllstoffe ausgewaschen und der Kunststoff geschrumpft war. Weshalb die Auswaschung auftrat, wurde nicht mehr untersucht. Es handelte sich hierbei um einen Fabrikationsfehler der Kunststoffbahn.

Abb. 481:
Pilzbefall an der Holzschalung: Schimmel oder holzzerstörender Pilz?

b

b) Infolge einer Dachundichtigkeit war die Holzschalung durchnässt und an dieser Pilzbesatz aufgetreten.

Festzustellen war,

- um welche Pilzart es sich handelt, z. B. Schimmel oder holzzerstörender Pilz
- ob der Pilz gesundheitsschädlich ist
- ob und wie der Pilz bekämpft werden kann
- ob und in welchem Umfang befallene Hölzer entfernt werden müssen.

Es wurde ein biologisches Fachinstitut beauftragt, dem in verschweißten PE-Beuteln Proben des befallenen Holzes zugesandt wurden. Im Ergebnis konnte der Pilzbefall durch Austrocknung und Holzschutz-Oberflächenbehandlung bekämpft werden.

Abb. 482:
PU-Dachbeschichtung mit Rissen

c

d

Abb. 483: Kunststoffablösung an Verbundblech in der Auskleidung einer Prozesskammer

c) Eine Dachbeschichtung aus einem PU-Ortschaum zeigte Blasen und Risse. Der Vergleich einer Probe mit flüssigen Vergleichskomponenten zeigte Massenunterschiede in der Zusammensetzung: Der aufgebrachte Schaum war während des Aufbringens entmischt und deshalb nur unzureichend aufgeschäumt.

d) Die Innenbekleidung der Prozesskammer eines Kompostwerkes bestand aus PVC-Verbundblechen, deren Stöße mit PVC-Bahnstreifen überschweißt waren. Nach etwa 18 Monaten Betrieb lösten sich die PVC-Bahnen ab, das verzinkte Stahlblech begann zu rosten.
Der Hersteller der Verbundbleche schob die Ursache auf eine nicht ausreichende Außendämmung und damit verbundene Tauwasserbelastung der Bekleidung, der Unternehmer vermutete eine zu hohe Ammoniumbelastung aus der Kompostierung.
Umfassende Analysen von Proben aus der Prozesskammer und ungeschädigten Verbundblechen brachten als Ergebnis, dass hohe Luftfeuchte von bis 95 % bei Prozesstemperaturen bis 40 °C die Wasserdampfmigration in den Kunststoff beschleunigt hatten. Die Schutzverzinkung der Stahlbleche war im Kontakt mit dem Wasser zu Zinkhydroxid zerfallen, was wiederum die Korrosion des Stahlblechs ausgelöst hatte.

e) Ein Dach aus Stahltrapezprofilen wurde mit einem PVC-Kombiderivat aus Grundierung, Trägerschicht und Deckschicht beschichtet. Nach kurzer Liegezeit stellten sich Vergrauung und Fleckbildung ein, etwa 12 Monate später Kerbrisse in der Beschichtung und Ablösungen.
Im Streit stand, ob ungenügende Qualität des Beschichtungsstoffes oder Applikationsfehler die Ursachen waren. Es wurden Proben entnommen und einem Fachinstitut zur Analyse übergeben.

Abb. 484: Fleckige Dachbeschichtung mit Beschichtungsschäden

e

Festgestellt werden sollten:

- Schichtaufbau der Beschichtung
- Alkydharzgehalt der Schichten
- Lösemittelgehalt der Schichten
- Feststoffanteile der Schichten.

Es wurde festgestellt:

- Eine Grundierung war aufgebracht.
- Die Grundbeschichtung war etwa dreimal so dick wie nach Angabe des Herstellers vorgeschrieben.
- Der Lösemittelgehalt der Grundbeschichtung war sehr hoch.
- In der Deckbeschichtung konnte kein Alkydharz festgestellt werden.

Abb. 485 u. 486: Abblättern der Beschichtung infolge Materialfehlern und fehlerhafter Applikation

Die Ursache für das Vergrauen der Deckschicht lag im Fehlen stabilisierenden Alkydharzes. Hierdurch trat auch vorzeitige Versprödung der Deckschicht ein. Die Grundbeschichtung war in zu großer Schichtdicke und offensichtlich stark gelöst (verdünnt) aufgetragen. Die Verhärtung der Deckschicht auf der zu dicken und zu weichen Grundbeschichtung hatten zu Kerbbrüchen und zum Ablösen der Beschichtung geführt.

2.12 Die ordentliche Dokumentation und Sachbeschreibung

Das Gutachten soll sich ausschließlich mit technischen Details befassen und vor Ort getroffene Feststellungen mit Fachregeln, Normen und Herstelleranweisungen, aber auch mit erkennbaren Aufträgen des Bauherrn vergleichen.
Eigene Bewertung setzt dort ein, wo sich mehrere veröffentlichte Regeln widersprechen, wo eine Regel im Einzelfall nicht anwendbar ist, oder wo veröffentlichte Regeln im Einzelfall nicht existieren.
Nichts zu suchen haben im Gutachten Herabsetzungen des Handwerkers oder anderer Beteiligter, auch keine Schuldzuweisungen. Es geht in der Begutachtung nicht um einen »Kampf gegen Pfusch und Schund«, auch nicht gegen angebliche schlechte Menschen. Es geht einzig und allein um den Sachzustand sowie seine Brauchbarkeit und Dauerhaftigkeit. Solche Überlegungen sind auch hilfreich, wenn bei der Ortsbesichtigung die Parteien in Streit geraten.

Unbrauchbare Aussagen im Gutachten

- **Die Dachdeckung ist an machen Stellen ...**
  - **krumm/undicht/schadhaft ...**
- **Die Rinnen sind nicht überall ...**
  - **mit dem notwendigen Gefälle ...**
- **Die Nähte sind an manchen Stellen**
  - **undicht/offen/gering überlappt ...**
- **Im Dach sind Scheinstellen zu sehen**
- **Die Windsperre ist nicht dicht**
- **Durchs Dach regnet es durch**
- **In meiner langjährigen Gutachterzeit ist mir so etwas noch nicht untergekommen**
- **Offenbar haben am Dach nur Pfuscher gearbeitet**
- **Die Leistungen des ... sind insgesamt miserabel**
- **Man sieht, dass der ... keine Ahnung hat**
- **Die Arbeiten sind ein Hohn für alle Dachdecker**

Prüfkriterien für das Gutachten

1. **sind die Sachfeststellungen**
   - **quantifiziert**
     - **Anzahl/Größe genau festgehalten?**
   - **qualifiziert**
     - **objektiv und nachvollziehbar beschrieben?**
   - **örtlich bestimmt und zugeordnet?**
2. **sind die Bewertungen**
   - **schlüssig und auf geltende Regeln bezogen?**
   - **sind alle geltenden Regeln herangezogen?**
   - **ist der Grundsatz der Bauaufgabe beachtet (der Zweck muss dauerhaft erfüllt sein)?**
3. **sind optische Mängel nachvollziehbar bewertet und nicht nur geschätzt?**
4. **Zeigt sich das Gutachten objektiv,**
   - **oder werden einseitige Darstellungen der Parteien ungeprüft übernommen?**

Die Antwort auf die fälschlich von Gerichten immer wieder formulierte Beweisfrage *»Wer hat den Mangel zu vertreten«* sollte immer mit *»Aus technischer Sicht …«* beginnen. Selbstverständlich ist, dass

- jede Feststellung einzeln beschrieben und dokumentiert wird
- Verallgemeinerungen im Gutachten nichts zu suchen haben
- Allgemeinverbindlichkeit einer Feststellung nur mit allen Beteiligten festgestellt werden kann.

2.13 Der Mängelbeseitigungsvorschlag

Der Mängelbeseitigungsvorschlag ist immer mit eigenem Planungsrisiko behaftet. Deshalb sollte unterschieden werden zwischen:

- Hinweis zur Beseitigung von Mängeln
- Vorschlag für eine Mängelbeseitigung
- Kostenschätzung für Mängelbeseitigung
- Sanierungsplan und Arbeits- oder Leistungsbeschrieb.

Grundregel:

- Meist gibt es mehrere Möglichkeiten zur Mängelbeseitigung, darauf sollte hingewiesen werden (nicht die bequemste aussuchen).
- Die Qualität der handwerklichen Ausführung ist immer auch von den Fertigkeiten der Handwerker abhängig. Bitumendachdecker sollte man beispielsweise nicht zum Umgang mit Kunststoffbahnen zwingen.

2.13.1 Der ortsübliche/angemessene Preis

Den ortsüblichen Preis gibt es im Dachdeckerhandwerk schon lange nicht mehr, auch wenn er von Gerichten immer wieder verlangt wird. Deshalb sind Beweisfragen nach dem ortsüblichen Preis problematisch. Die bekannte Vorgehensweise, einige Fremdbetriebe nach ihren Preisen abzufragen, bringt zwar ein statistisches Ergebnis, aber niemals das sachlich richtige. Besser ist, auf den angemessenen Preis abzustellen, der lässt sich wenigstens annähernd sicher ermitteln. Anhaltspunkte zur Bewertung sind veröffentlichte Untersuchungen des Zentralverbands des Dachdeckerhandwerks über mittlere Lohnkosten des Gewerbes.

2.13.2 Die Preisanfrage

Die Preisunterschiede sind oft gravierend und bewegen sich regelmäßig im Bereich zwischen 10 und 30 %. Damit gehen ebenso regelmäßig auch erhebliche Qualitätsunterschiede einher. Der Sachverständige sollte sowohl darauf als auch auf den Umstand hinweisen, dass mit Mängelbeseitigungen beauftragte Betriebe meist über den bekannten Kostensätzen anbieten und abrechnen. Die Gründe dafür liegen auf der Hand.

Der Sachverständige und der Auftraggeber sind daher gehalten, nicht nur den Preis, sondern auch den Leistungsinhalt eines Angebotes und die Leistungsfähigkeit des Betriebes zu prüfen.

Kosten eines Betriebes hängen von der Betriebsstruktur, der personellen und sachlichen Ausstattung, dem betrieblichen Service-Umfang und dem erreichten Qualitätsstandard ab.

Betriebe ohne eigenes Büro (»Frau Meisterin« erledigt nebenher die Schreibarbeit), ohne technischen Meister (die Mitarbeiter werkeln sich selbst überlassen vor sich hin) und mit gewöhnlichem Qualitätsstandard können kostengünstiger arbeiten als besser ausgestattete Betriebe. Solche mit umfangreichem Service und niederer Kulanzschwelle haben höhere Kosten als diejenigen Betriebe, deren Entgegenkommen bei Streitfällen gering ausgeprägt ist. Deshalb können erforderliche und angemessene Kosten nur bei detaillierter Kenntnis des beurteilten Betriebes bemessen werden.

2.13.3 Die Kostenschätzung

Die Kostenschätzung kann in Form eines Leistungsverzeichnisses aufgestellt und mit Preisen ausgestattet werden. Im Vorspann sollte jedoch immer darauf hingewiesen werden, dass diese Leistungs- und Kostenaufstellung keine Arbeitsanweisung und keine Planungsgrundlage für die Ausführung der Mängelbeseitigung ist, sondern lediglich der Ermittlung der wahrscheinlich entstehenden Kosten dient.

Es ist auch nicht verkehrt, darauf hinzuweisen, dass mit Mängelbeseitigungen beauftragte Betriebe regelmäßig mit höheren EP kalkulieren, schon zum Selbstschutz und aus der Erkenntnis heraus, dass ihnen bei der Ausführung besonders gründlich auf die Finger geschaut wird.

Stichwortverzeichnis

E

F

G

O

P

Q

R

S

T

U

V

W

Z

Steildächer

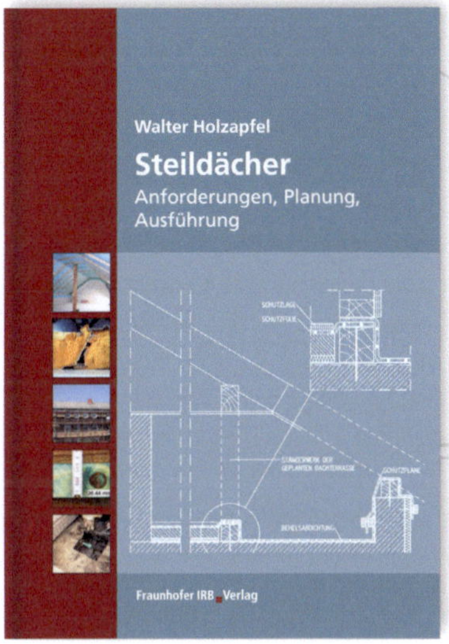

– Anforderungen
– Planung
– Ausführung

Walter Holzapfel
2010, 273 Seiten, 339 überw. farb. Abb., Tab., Kart.
ISBN 978-3-8167-8214-8

Dieses Fachbuch bietet Lösungen, die über die Mindestanforderungen bestehender Normen und Fachregeln hinausgehen. Der Autor weist auf immer wiederkehrende Fehler hin und räumt mit Irrtümern auf. Die unterschiedlichen Dachdämmsysteme und Möglichkeiten das Steildach für den Wetterschutz zu rüsten sind weitere Bestandteile des Buches. Dabei werden die neuesten, aktuellen Fachregeln des Dachdeckerhandwerks berücksichtigt.

Aus dem Inhalt:
- Anforderungen an das genutzte Steildach
- Möglichkeiten für das dichte Steildach
- Unterdächer, Unterdeckungen und Behelfsdeckungen
- Entwässerung des Steildaches
- Dampf- und Luftsperren
- Dämmstoffe und ihre Verwendbarkeit
- Aufdachdämmungen und Dachdämmsysteme
- Dachdeckungen und ihre An- und Abschlüsse
- Schutzmaßnahmen bei Dachaufstockungen, Dachgauben und Dachterrassen
- Vermeidbare Fehler bei allen genannten Ausführungen

Fraunhofer IRB Verlag
Der Fachverlag zum Planen und Bauen

Nobelstraße 12 · 70569 Stuttgart · Tel. 0711 9 70-25 00 · Fax -25 08 · irb@irb.fraunhofer.de · www.baufachinformation.de

Schimmel im Haus

erkennen – vermeiden – bekämpfen

Michael Köneke
4., überarb. und erw. Aufl. 2013, 111 Seiten, 20 Abb., 9 Tab., Kart.
ISBN 978-3-8167-8457-9
E-Book: ISBN 978-3-8167-8841-6
BuchPlus [Printversion + E-Book]: ISBN 978-3-8167-8906-2

Geht es wirklich immer nur um »Heizen und Lüften«? Ja und nein. Das Buch gibt einen anschaulichen, leicht verständlichen Überblick über die gesamte Problematik der Schimmelbildung in Wohnungen und Gebäuden. Prägnant und sachlich beschreibt der Autor mögliche Risiken und gesundheitliche Auswirkungen der Schimmelbildung. Er erläutert die maßgeblichen bauphysikalischen Einflussfaktoren, die zur Schimmelbildung führen sowie geeignete Messmethoden zur Untersuchung des Feuchtehaushalts und gibt Hinweise zur Bekämpfung und Vermeidung von Schimmel. Mit Auszügen aus Gerichtsurteilen macht er deutlich, wie dieses brisante Thema in der Rechtsprechung behandelt wird.

Fachwerkhäuser restaurieren – sanieren – modernisieren

Materialien und Verfahren für eine dauerhafte Instandsetzung

Wolfgang Lenze
9., erw. Aufl. 2013, 260 Seiten, zahlr. Zeichnungen u. Fotos, Geb.
ISBN 978-3-8167-8949-9
E-Book: ISBN 978-3-8167-8950-5

Fachwerkhäuser sind mehr als nur Dekorationsstücke einer historischen Stadtkulisse. Bei sachgemäßer Sanierung erweisen sie sich als dauerhafte Gebäudekonstruktionen, die modernen Wohnkomfort in einem historischen Ambiente bieten. Dieses praxisgerechte Handbuch für Sanierer und Hausbesitzer zeigt detailliert alle erforderlichen Materialien, Techniken und Verfahren für eine dauerhafte Instandsetzung auf historischer Grundlage. Dabei werden Vorgehensweisen, Konstruktionsmerkmale, Materialien und Rezepturen genannt, die sich an traditionellen Handwerkstechniken orientieren.

Fraunhofer IRB Verlag

Der Fachverlag zum Planen und Bauen

Nobelstraße 12 · 70569 Stuttgart · Tel. 0711 9 70-25 00 · Fax -25 08 · irb@irb.fraunhofer.de · www.baufachinformation.de